Siegmund Exner

Untersuchungen über die Lokalisation der Funktionen in der

Großhirnrinde des Menschen

Siegmund Exner

Untersuchungen über die Lokalisation der Funktionen in der Großhirnrinde des Menschen

ISBN/EAN: 9783743379800

Hergestellt in Europa, USA, Kanada, Australien, Japan

Cover: Foto ©berggeist007 / pixelio.de

Manufactured and distributed by brebook publishing software (www.brebook.com)

Siegmund Exner

Untersuchungen über die Lokalisation der Funktionen in der

Großhirnrinde des Menschen

UNTERSUCHUNGEN

ÜBER DIE

LOCALISATION DER FUNCTIONEN

IN DER

GROSSHIRNRINDE DES MENSCHEN.

———

MIT UNTERSTÜTZUNG DER KAISERLICHEN AKADEMIE DER WISSENSCHAFTEN
ZU WIEN HERAUSGEGEBEN

VON

PROF. SIGMUND EXNER

ASSISTENTEN AM PHYSIOLOGISCHEN INSTITUTE IN WIEN.

MIT 25 TAFELN.

WIEN, 1881.

WILHELM BRAUMÜLLER

K. K. HOF- UND UNIVERSITÄTSBUCHHÄNDLER.

VORWORT.

Man betrachtet, und diess gewiss mit Recht, die Physiologie als einen Grundpfeiler der Pathologie. Bewegungen, welche sich in der ersteren abspielen, dringen auch in das Gebiet der letzteren ein. Doch hat die Physiologie stets in innigem Contact mit den klinischen Wissenschaften gestanden und in Rücksicht auf einen ihrer Zweige muss sie geradezu zu dieser in die Lehre gehen. Ich meine die Physiologie des Centralnervensystems. So gross die Erfolge des Thierexperimentes sind, sie können uns über eine gewisse Gränze hinaus nicht führen, und ich fürchte, dass jenseits derselben die Verschiedenheiten zwischen dem Centralnervensystem des Menschen und der Thiere grössere sind, als gewöhnlich vorausgesetzt wird. Man erwäge, wie sich Repräsentanten der verschiedenen Thierclassen nach Entfernung der Grosshirnhemisphären verhalten, ja wie unähnlich selbst die Erfolge partieller Rindenzerstörungen an Säugethieren sind, die intellectuell eine weite Kluft zwischen sich lassen.

Was speciell das Thema der vorliegenden Untersuchungen anbelangt, so ist die Physiologie ausschliesslich auf die Beobachtung am Krankenbette angewiesen, und da es sich darum handelt, das Gesetzmässige von dem Zufälligen zu unterscheiden, so kann die Zahl der zu Grunde gelegten Fälle nie gross genug sein. Es müssen also alle je beschriebenen und vollständigen Krankengeschichten in

Betracht gezogen werden. So kommt es, dass der wesentliche Theil
dieser Untersuchungen entgegen der modernen Richtung unserer
Wissenschaft auf Schreibtischarbeit beruht.

Es ist das erste Mal, dass ein Physiologe vom Fach die Localisation der Functionen in der Grosshirnrinde des Menschen zum Gegen-
stande einer Untersuchung macht. Was wir bisher hierüber wissen,
ist theils nach Analogieen mit dem Thiere erschlossen, theils das
Ergebniss der unmittelbaren Beobachtung von Seite der Nerven-
pathologen. Es ist kein Zweifel, dass diese vor dem Physiologen
das voraus haben, dass sie die Kranken von Angesicht zu Angesicht
sehen; diesen Vorsprung aber glaube ich dadurch ausgeglichen zu
haben, dass ich erstens, was bisher in dieser Form noch nicht geschehen ist, das vorliegende Material streng methodisch verarbeitet
habe, zweitens dieses kritischer und doch in reichlicherer Quantität
sammelte, und drittens, dass ich die seit Jahren in Wien zur Beobachtung kommenden Fälle von Rindenläsionen, soweit ich von ihnen
erfuhr, im Leben untersuchte. Auch die Krankenfälle, welche dem
einzelnen Pathologen unmittelbar zur Beobachtung kommen, sind ja
nur von beschränkter Anzahl.

Insbesondere auf den ersten Punkt lege ich Werth. Die experi-
mentellen Forschungen ergeben uns Resultate von der Form: Wenn
man a, b, c und d hervorruft, so erhält man die Erscheinung e.
Auf diesem Resultat kann dann fortgebaut werden, indem es entweder gleich die Form eines Lehrsatzes erhält, oder indem die
Bedingungen geändert und so die Ursachen von e weiter einge-
schränkt werden. Bei den Formen der Untersuchung aber, wo das
zufällig gelieferte Material einmal vorliegt, und es sich darum
handelt, zu ermitteln, was aus demselben hervorgeht, kann man
Resultate, die dazu geeignet sind, in weitere Calcüle einbezogen zu
werden, nur so erhalten, dass man sagt: Ich scheide aus dem vorliegenden Material nach den Regeln a, b, c aus, was diesen nicht
entspricht, den Rest verarbeite ich nach den Regeln d, e, f und

erhalte das Resultat *x*. Dieses Resultat hat dann eine greifbare Gestalt, man kann seine Abhängigkeit von jeder der aufgestellten Regeln, den Grad der Wahrscheinlichkeit desselben u. s. w. ersehen, und kann es in jedes fernere Calcul einbeziehen.

Die Klarlegung der Resultate vorliegender Untersuchung erforderte eine grosse Reihe von Tafeln. Durch die Munificenz der kais. Akademie der Wissenschaften, sowie durch das Zuvorkommen des Herrn Verlegers wurde die Herstellung derselben ermöglicht. Dieselbe brauchte natürlich geraume Zeit, und diess mag als Erklärung dafür dienen, dass mancher interessante Krankheitsfall jüngeren Datums nicht in meine „Sammlung" aufgenommen wurde. Diese Zusammenstellung von Fällen ist schon im Jänner 1880 beendet worden.

Wien, Ostern 1881

Sigm. Exner.

INHALT.

Einleitung.

Bis vor einem Jahrzehnt war unter den Physiologen die Ansicht, dass die verschiedenen Theile der Grosshirnrinde functionell gleichwerthig sind, eine allgemein angenommene. Sie wurde meines Wissens (abgesehen von einigen gleich zu nennenden speciellen Punkten) in der zweiten Hälfte unseres Jahrhundertes gar nicht mehr ernstlich discutirt; es schien vielmehr, dass sie auf einer Reihe von wohl constatirten Krankheitsfällen, sowie auf physiologischen Versuchen an Thieren [1]) als auf einer festen Grundlage ruhe. Erstere hatten gezeigt, dass durch Krankheit oder mechanischen Insult die verschiedensten Stellen der Hirnrinde leistungsunfähig geworden sein können, ohne dass irgend eine einigermassen begränzte Gruppe von den dem Gehirn zugeschriebenen Functionen ausgefallen oder nur wesentlich beeinträchtigt worden wäre. Letztere schienen zu ergeben, dass alle nachweisbaren psychischen Functionen eines Thieres um so mehr leiden, einen je grösseren Theil der Grosshirnrinde man ihnen entfernte, gleichgiltig, ob das entfernte Stück vom Vorder-, Mittel- oder Hinterlappen des Gehirns genommen war.

Das Vertrauen, mit dem man sich dieser Anschauung hingab, war eine offenbare Folge der Reaction gegen die Gall'schen Lehren, welche damals eben abgewirthschaftet hatten, und deren Hohlheit theilweise durch die genannten Untersuchungen aufgedeckt wurde. Es erlitt dieses Vertrauen auffallender Weise keine Erschütterung, als sich im Laufe der Jahre mehr und mehr klar stellte, dass ein, wenn auch bis zur Unkenntlichkeit modificirter, Rest eines Gall'schen Satzes nicht mit dessen übriger Localisationslehre über

---

[1]) Vgl. Flourens, Rech. expérim. sur les propr. et les fonct. du syst. nerv., Paris 1842; sowie Longet, Anatom. u. Physiol. d. Nervensystems. Uebers. von Hein. 1847; insbes. Bd. I, pag. 599 ff.

Bord geworfen werden darf; ich meine die Lehre von der Localisation der Sprachfunctionen.

Gall hatte nämlich das Functionscentrum für die Sprache in
die Stirnlappen des Grosshirns verlegt. Bouillaud[1]) schloss sich
im Jahre 1825 dieser Anschauung insoferne an, als er wenigstens
die Articulation der Worte ebenda localisirte, wobei er sich auf
Sectionsbefunde berufen konnte. M. Dax[2]) und sein Sohn G. Dax[3])
stellten dann weiter, ebenfalls auf Sectionsbefunden fussend, die
Behauptung auf, dass es nur die linke Hemisphäre ist, deren Erkrankung oder Verletzung Sprachstörungen erzeuge. Eine allgemeine Anerkennung fand die Localisation der Sprachfähigkeit aber
erst, als Broca[4]) 1861, die Aufstellung Bouillaud's einschränkend
und mit der der beiden Dax combinirend, die linke unterste
Frontalwindung als das Rindenfeld der Sprache bezeichnete. Wenn
sich auch später herausstellte, dass die nach hinten an diese Windung gränzenden Rindenantheile, insbesondere die Reil'sche Insel
und ein Theil des Schläfelappens, bei dem Zustandekommen der
Sprache mit eine Rolle spielen, so hatte man es hier doch mit
einem verhältnissmässig eng begränzten Rindengebiet zu thun, von
dem man wusste, dass es zu einer ebenso begränzten Function in
einer innigeren Beziehung stand, als andere Rindenantheile.

Ein weiterer Umstand, der gegen die Gleichwerthigkeit der
verschiedenen Antheile der Hirnrinde sprach, lag in dem anatomi-
schen Nachweise Meynert's,[5]) dem zufolge die sensibeln Nervenbahnen mehr dem Hinterlappen, die motorischen mehr dem Vorderlappen zustreben.

Der Bann, welcher auf der Localisation der Functionen in der
Hirnrinde lastete, wurde aber erst gehoben, als 1870 Fritsch und
Hitzig[6]) ihre berühmten Experimente an Hunden publicirten.
Ihnen folgte eine Reihe von Untersuchungen verschiedener Autoren,
an den verschiedensten Thieren angestellt, welche zur Folge hatten,
dass die functionelle Verschiedenheit örtlich differenter Rindenantheile für Thiere nahezu allgemein anerkannt wurde; nur mehr
wenige Stimmen erheben sich gegen diese Lehre.

---

[1]) Traité clinique et physiologique de l'encéphalite, Paris 1825, und Arch. de
méd., 1825.

[2]) Congrés méd. de Montpellier, 1836, abgedruckt in Gaz. hebdom., April
1865, Nr. 17.

[3]) Bull. de l'acad. de méd. XXX., 1864/65; Gaz. méd. 1864, pag. 765.

[4]) Bull. de la soc. anatom. de Paris, August 1861.

[5]) Sitzber. d. Akad. d. Wiss. in Wien 1869, LX. Bd.

[6]) Archiv f. Anatomie und Physiologie 1870.

Sie lässt sich kurz dahin zusammenfassen, dass die einzelnen
Theile der Hirnrinde 1. in ungleicher Beziehung zu diversen willkürlichen Bewegungen stehen. Nimmt man dem lebenden Thiere
ein Stück Hirnrinde, so verliert es dadurch an Fähigkeit, gewisse
Muskelgruppen, bestimmten Zwecken entsprechend, in Contraction
zu versetzen; dieselben Muskelgruppen können aber noch durch
reflectorische und im allgemeinen auch durch instinctive Bewegungsimpulse in Contraction versetzt werden. Ein anderes Stück Hirnrinde steht zu einer anderen Muskelgruppe in derselben Beziehung.
2. Stehen verschiedene Theile der Hirnrinde in ungleicher Beziehung
zu den Sinnesorganen, so dass die psychische Verwerthung eines
Sinneseindruckes gebunden ist an die Anwesenheit eines bestimmten
Rindenantheiles; verschiedenartige Sinnesorgane gehören zu verschiedenen Rindenbezirken.

Es war natürlich, dass die Frage nun auch für den Menschen
wieder aufgenommen wurde. Hier ist der einzig mögliche Weg
der Forschung, Beobachtung am Krankenbett und Vergleichung
dieser Beobachtungen mit dem Sectionsbefunde. Auch hier hat
Hitzig[1]) den ersten Schritt gethan, indem er bei einem verwun-
deten Soldaten, der Motilitätsstörungen im Gebiete des *n. facialis*
und des *n. hypoglossus* zeigte, nach dem Tode eine circumscripte
Verletzung der Hirnrinde nachwies und so die betreffende Stelle
als den Rindenfeldern dieser beiden Nerven angehörig erklären
konnte. Das grösste Verdienst um die Localisation der motorischen
Rindenfelder des Menschen muss französischen Forschern zuge-
sprochen werden, insbesondere ist es Charcot, der nicht nur
durch eigene Untersuchungen den Gegenstand gefördert, sondern
durch seine mächtige Anregung eine grosse Reihe einschlägiger
Studien jüngerer Kräfte hervorgerufen hat. In einem späteren
Capitel komme ich auf die wichtigsten dieser Arbeiten, sowie auf
jene anderer Autoren zurück. Ich halte es nämlich für zweck-
mässiger, erst die eigenen Untersuchungen vorzuführen, um dann
erst deren Resultate mit den Resultaten, welche von Anderen gefunden wurden, zu vergleichen.

Als ich die betreffende Literatur bei Gelegenheit der Vor-
studien zu dem von mir bearbeiteten Capitel „Die Physiologie der
Grosshirnrinde" in Hermann's Handbuch der Physiologie durch-
sah, schien es mir, dass, so verdienstvoll die Arbeiten über die
Rindenfelder des Menschen auch sein mögen, bei der Grösse des
jetzt schon vorliegenden Beobachtungsmaterials die Schlüsse sicherer

---

[1]) S. unter den aufgenommenen Fällen.

gezogen, das Material methodischer verarbeitet und möglicherweise
noch eine Reihe von Fragen gelöst werden könnte, welche noch
gar nicht in Angriff genommen waren. Indem ich mich mehr und
mehr mit dem Gegenstand beschäftigte, bestärkte sich diese meine
Vermuthung.

Die Verwerthung des Materials geschah bisher nur nach einer
Methode. Man beobachtete, dass die Läsion einer bestimmten
Rindenpartie bisweilen, häufig, oder sehr häufig mit einer bestimmten
nervösen Störung, z. B. Lähmung einer Extremität, einhergeht, und
betrachtete in Folge dessen den betreffenden Rindenantheil als das
Rindenfeld für die motorischen Leistungen jener Extremität. Es
ist dieses zweifelsohne diejenige Methode, welche angewendet werden
muss, wenn es sich darum handelt, zunächst einen vorläufigen
Ueberblick darüber zu gewinnen, ob man Aussicht hat, die Lehre
von der Localisation der Rindenfunctionen überhaupt, oder mit
Rücksicht auf einen bestimmten Symptomencomplex, oder auf einen
bestimmten Rindenantheil durchzuführen. Doch birgt diese Methode
eine wesentliche Gefahr in sich. Diese Gefahr leuchtet sogleich
ein, wenn man Ferrier's Buch „The localisation of cerebral disease“[1])
durchsicht. Dieser Autor übertrug die durch seine bekannten Experimente an Affen gefundenen Resultate, geleitet durch anatomische
Anhaltspunkte, auf den Menschen, und stellte nun Krankheitsfälle
zusammen, welche die so gefundene Localisation der Rindenfunctionen für den Menschen bestätigten. Auf diese Weise konnte er,
um ein Beispiel anzuführen, das Rindenfeld des Auges im *Gyrus
angularis* finden, während es, wie fast mit Sicherheit angegeben
werden kann, hier nicht, sondern an einem anderen Orte liegt.

Wie vorsichtig diese Methode gebraucht werden muss, geht
auch daraus hervor, dass man mittelst derselben irgend eine Aufstellung über Localisation plausibel machen kann. Es ist meines
Wissens noch nie behauptet worden, dass das Rindenfeld der oberen
Extremität im *Gyrus supramarginalis* zu suchen ist. Ich kann aber
21 Fälle anführen, in welchen bei Verletzung desselben Motilitätsstörungen in der oberen Extremität vorhanden waren. Es sind dies
die Fälle, welche in der unten gegebenen Zusammenstellung die
Nummern 9, 17, 20, 26, 27, 29, 57, 58, 59, 64, 104, 108, 117,
132, 133, 135, 139, 149, 150, 163, 164 tragen. Sollte Jemand ein-

---

[1]) Da fast die ganze Literatur, welche im Texte genannt wird, sich in der
im Anhang gegebenen Zusammenstellung von Krankenfällen wiederfindet, so glaube
ich den Text nur da mit genauen Citaten belasten zu sollen, wo jenes Verzeichniss
keinen oder (im Falle ein Autor mehrere einschlägige Arbeiten geliefert hat) einen
nicht unzweideutigen Aufschluss gibt.

wenden, dass hier zum Theil sehr ausgedehnte Läsionen vorliegen, so kann ich ihn andererseits auf die Fälle 132 und 164 verweisen, bei welchen das Symptom trotz verhältnissmässig kleiner Läsion nicht fehlte.

Ich bin weit davon entfernt, hiermit sagen zu wollen, dass alle meine Vorgänger in ihren Studien durch diese Methode in erheblichem Maasse irregeführt wurden, ich wollte vielmehr nur zeigen, in welch' hohem Grade man bei Verwerthung derselben von dem subjectiven Ermessen des Autors abhängt. Es handelt sich hier um einen Gegenstand, der noch in hohem Grade strittig ist. Während die einen die Hirnrinde schon in eine grosse Anzahl von Feldern getheilt und jedem der Felder eine Function zugeschrieben haben, leugnen die anderen (Brown-Sequard, Goltz) jede Berechtigung, die verschiedenen Antheile der Hirnrinde als functionsungleichwerthig zu betrachten. Stellt man sich auf den Standpunkt dieser letzteren, so wird man eben wegen der Bedeutung des subjectiven Momentes die ganze Localisationslehre ebenso als unerwiesen betrachten, wie ich die Resultate in den beiden oben angeführten Beispielen als unerwiesen ansehe. Es kommt hiezu, dass in die meisten der zum Zwecke der Begründung der Localisationslehre zusammengestellten Reihen von Krankheitsfällen auch solche Gehirnerkrankungen aufgenommen wurden, bei welchen auch in den Stammganglien liegende oder noch tiefer gelegene Läsionen vorhanden waren, ein Umstand, der in dem oben angeführten Beispiele, in welchem Fälle meiner Sammlung angeführt werden, vermieden ist.

Von dem Standpunkte der Gegner der Localisationslehre aus betrachtet, muss es auch auffallend erscheinen, dass man z. B. ein Rindenfeld der Muskulatur der Zunge, oder des *Levator palpebrae sup.* angenommen hat, und zwar auf einige wenige Fälle hin, bei welchen eine circumscripte Läsion von den betreffenden Symptomen begleitet war. Wer die Literatur etwas genauer kennt, weiss, dass dieselbe Rindenstelle in vielen anderen Fällen auch verletzt war, jene Symptome aber nicht auftraten. Was gibt da die Berechtigung, ein Rindenfeld anzunehmen? Wenn eine Berechtigung hiezu da ist, wenn aus jenen wenigen positiven Fällen gegenüber den vielen negativen etwas geschlossen werden darf, so muss dies erst erwiesen werden, und liegt in diesem Nachweise der Schwerpunkt der Frage.

Aber auch, wenn wir die Localisationslehre im Principe anerkennen, drängt sich die Nothwendigkeit auf, nach besseren Methoden zu suchen, um präcise Antworten auf eine Reihe noch

ungelöster Fragen geben zu können. Wir wissen noch nicht, ob
die Rindenfelder des Menschen sehr klein, man könnte fast sagen
punktförmig, sind, wie die „Rindencentren" Hitzig's, die er ja
selbst als diejenigen Orte bezeichnete, bei deren Reizung die
schwächsten Ströme nöthig sind, um die betreffende Muskelerregung
auszulösen; oder ob sie, wie Munk's sensible Rindenfelder, bedeutende Ausdehnung besitzen. Es ist ferner bisher fast allgemein
als selbstverständlich vorausgesetzt worden, dass die Rindenfelder
sämmtlich neben einander angeordnet sind. Jene Methode hat uns
keinen Aufschluss darüber gegeben, ob diese Voraussetzung richtig
ist. Ferner kann man fragen, ob ein Rindenfeld, falls es bedeu-
tendere Ausdehnung hat, scharf begränzt ist, oder ob es in Betreff
seiner betrachteten Function allmälig in die übrige Rindenmasse
ausläuft. So liessen sich noch viele Fragen anführen, für deren
Lösung neue Methoden gefunden werden müssen.

Auf einige derselben glaube ich eine begründete Antwort
geben zu können.

Ich gehe dazu über, die Art meiner Untersuchungen mitzutheilen. Sie erstreckt sich nur auf die durch Rindenläsionen ver-
ursachten Störungen im Gebiete der motorischen und sensibeln
Nerven.

Methode der Untersuchung.

Ich begann damit, die in der Literatur verzeichneten ein-
schlägigen Krankengeschichten, bei welchen ein Sectionsbefund angegeben war, zu lesen. Es sind wohl mehrere tausend Fälle, die
ich durchsehen musste. Da es mir nicht möglich war, mir auch
nur die Abhandlungen zu merken, die ich zu diesem Zwecke in
Händen hatte, entwarf ich mir einen Zettelkatalog, in welchem die
gelesenen Fälle nach dem Autor alphabetisch geordnet angemerkt
waren. Diesen Katalog publicire ich im Anhang, weil ich erstens
wünsche, dass dem Leser die Möglichkeit geboten ist, mich auf
Schritt und Tritt der Untersuchung zu controliren, und weil ich
zweitens dieses Verzeichniss von Gehirnfällen für denjenigen für
werthvoll halte, der nach mir eine ähnliche Untersuchung machen
will, oder auch nur zu anderweitigen Studien Gehirnfälle aufzu-
suchen hat. Es sind in diesem Katalog theils die einzelnen Fälle

einer Abhandlung, theils auch nur die Abhandlungen genannt, in
welchen Fälle vorkommen; letzteres nur dann, wenn in dieser
Abhandlung kein für meine Zwecke verwendbarer Fall vorkommt.
Damit hängt es zusammen, dass die Anzahl der Krankheitsfälle,
die ich gelesen, bei weitem grösser ist als die der im Katalog ent-
haltenen Citate.

Um jede Willkür auszuschliessen, habe ich mir feste Regeln
gemacht, nach welchen einzelne aus den gelesenen Fällen in meine
Sammlung aufgenommen wurden, d. h. nach welchen diejenigen
Fälle ausgelesen wurden, die mir geeignet schienen, in der Localisationsfrage verwerthet zu werden. Ich war dabei kritischer als
alle meine Vorgänger, freilich auf Kosten der Anzahl der Fälle.
Ich will im Laufe der Abhandlung diese ausgelesenen Fälle als die
„Sammlung" der Fälle bezeichnen, zum Unterschied von dem
„Katalog", unter welchem ich die alphabetische Zusammenstellung
aller gelesenen Fälle verstehe. Unter den aufgenommenen befinden
sich nur solche, welche ich im Original gelesen habe. Blos bei
einigen wenigen, bei welchen mir das Original nicht zugänglich
war, wohl aber ein von einem ganz verlässlichen und bekannten
Autor herrührendes Referat vorlag, machte ich eine Ausnahme,
und ist dies bei jedem dieser Fälle erwähnt.

Die Bedingungen, unter welchen ich einen Fall in die Sammlung aufnahm, waren, abgesehen davon, dass sowohl die Krankengeschichte als der Sectionsbefund unzweideutig beschrieben sein
musste: es durfte eine andere Läsion als die betreffende Rindenläsion weder im Gehirn noch im Rückenmark vorhanden sein. Eine
Ausnahme hievon machte ich nur in zwei Fällen; erstens, wenn
man es mit einer sogenannten latenten Läsion zu thun hatte, d. h.
wenn überhaupt keine Motilitäts- und keine Sensibilitätsstörung auftrat; zweitens nahm ich einen Fall auch dann noch auf, wenn eine
beschränkte Lage der zunächst unter der Rinde liegenden weissen
Substanz von der Erkrankung mit ergriffen war. Die erste Ausnahme rechtfertigt sich von selbst; die zweite gestattete ich mir
mit Rücksicht auf die Versuche von Hermann[1]), Braun[2]) und
Gliky[3]), welche zeigen, dass der Effect der elektrischen Reizung
derselbe bleibt, ob man die Rinde oder die unter der betreffenden

[1]) Ueber elektrische Reizversuche an der Grosshirnrinde. Arch. f. d. ges.
Physiologie, herausg. von Pflüger, Bd. X.
[2]) Beiträge zur Frage von der elektrischen Erregbarkeit des Grosshirns.
Eckhard's Beiträge zur Anatom. und Physiol., 1874.
[3]) Ebenda, Heft VII.

Stelle gelegenen weissen Fasern reizt. Es ist aber noch ein anderer Grund, der mich bestimmte, einen Fall deshalb nicht zu
verwerfen, weil eine dünne Schichte weisser Substanz unter der
Rinde zerstört ist. Man findet nämlich häufig in den Sections-
protokollen „Zerstörung der Rinde in ihrer ganzen Dicke" angegeben. Es ist kaum denkbar, dass, wenn die ganze Rinde zerstört
ist, gleich die ersten Lagen weisser Substanz unter derselben vollkommen normal sein sollten. In einem anderen, viel ausführlicher
gehaltenen Sectionsprotokoll kann man die Angabe finden: „die Zerstörung greift stellenweise 1 Millimeter in die weisse Substanz über".
Soll man nun den zweiten Fall verwerfen, den ersten aufnehmen?
Man würde dadurch oft die bestbeschriebenen Fälle verlieren und
die flüchtig beschriebenen in die Sammlung bekommen. Ich nahm
entsprechend der oben genannten Regel auch jene Fälle nicht auf,
in welchen sogenannte secundäre Degeneration vorhanden war. Ich
weiss, dass dies mancher Pathologe eine überflüssige Vorsicht finden
wird, weiss auch, dass ich dadurch viele sehr schöne Fälle verlor,
doch glaubte ich bei der Neuheit der Lehre von der absteigenden
Degeneration in Folge von Rindenläsionen in dieser Weise sicherer
zu gehen. Eine weitere Bedingung zur Aufnahme eines Falles war,
dass man es mit keiner eigentlich traumatischen Verletzung, bei
welcher heftige Erschütterung oder gar Fissur der Schädelknochen
vorhanden war, zu thun hatte. Eine Ausnahme bildeten natürlich
die latenten Fälle und jene, in welchen sich erst lange nach der
Verletzung Herdsymptome einstellten, als deren Ursache sich später
ein Abscess o. dgl. erwies.

Fast alle Fälle, in welchen sich nebst dem Herd, dem die
Symptome zugeschrieben wurden, noch eine diffuse Meningitis vor-
fand, wurden als unbrauchbar betrachtet. Es wurde hievon nur in
einigen wenigen Fällen, in welchen die Bedeutung der Meningitis
vollkommen klar zu Tage liegt, eine Ausnahme gemacht, so z. B.
in dem Fall Hitzig's, bei welchem man wohl mit der möglich
grössten Sicherheit die Symptome, welche der ursprünglichen Läsion
angehörten, trennen konnte von jenen, welche auf die erst zuletzt
auftretende Meningitis zu beziehen sind.

Die für mich als unbrauchbar erkannten Fälle bekamen im
Katalog das Zeichen ubrb., von den brauchbaren machte ich mir
einen kurzen Auszug, welcher die Symptome und die Localität der
Läsion enthielt. Nun hatte ich eine Anzahl von Abgüssen einer
normalen Hemisphäre. Jeder aufgenommene Fall wurde auf einem
solchen Abguss verzeichnet, indem ich mit Oelfarbe die lädirte
Stelle bemalte und durch die Farbe der Bemalung das Symptom

bezeichnete. Es bedeutete z. B. Gelb eine Motilitätsstörung [1]) im Gebiete des Facialis, Roth der oberen Extremität, Grau eine Störung im Gebiete des Tastsinnes etc. Es macht bei der bekannten Erscheinung der ~Restitution bisweilen Schwierigkeit zu bestimmen, welche von den Symptomen man als echt, welche als unwesentlich betrachten soll. Es muss da jeder Fall besonders ins Auge gefasst werden. Gewöhnlich ist in dem Auszug meiner „Sammlung" der Grund angegeben, warum ich so oder so verfahre. Waren mehrere Symptome gleichzeitig vorhanden, so wurden die verschiedenen Farben als Flecken auf eine zu Grunde liegende Farbe aufgetragen. Ich erhielt auf diese Weise eine Sammlung von 169 Fällen. Auf einem Tisch aufgestellt, jeder Abguss auf einem Zettel liegend, welcher den obengenannten Auszug enthielt, gestattete mir diese Sammlung, mich bequem und rasch zu orientiren.

Es wurde die Sammlung der Fälle im Jänner 1880 abgeschlossen. Was nachher publicirt wurde, konnte nicht mehr berücksichtigt werden. Ich erwähne dies, weil ich glaube, dass, wenn Jemand die Arbeit in einigen Jahren wieder aufnimmt und die neu veröffentlichten Fälle in ähnlicher Weise verarbeitet, der Wissenschaft ein Dienst geleistet würde. Die vorliegende Publication ist so eingerichtet, dass ein solcher Nachtrag und die Verarbeitung desselben mit dieser zu einem Ganzen ohne Schwierigkeit ausgeführt werden kann.

Die geschilderte Sammlung diente nun als Object der eigentlichen Untersuchung. Es sind drei Methoden, nach welchen ich bei derselben vorging. Die zwei ersten sind die bei weitem verlässlichsten; die Resultate derselben sollten sich gegenseitig theils controliren, theils ergänzen. Die dritte Methode kommt auf die bisher allgemein angewendete hinaus, ist die unsicherste und wurde fast nur da angewendet, wo die Anzahl der Fälle eine zu geringe war, um die beiden anderen Methoden verwerthen zu können, denn diese erfordern eine verhältnissmässig grosse Anzahl von Fällen.

1. Die Methode der negativen Fälle.

Sie beruht darauf, dass man sich, um das Rindenfeld einer bestimmten Function zu ermitteln, die Läsionen aller jener Fälle

---

[1]) Es galt mir gleich, ob die Motilitätsstörung in einer Lähmung, oder in Form jener bei Rindenerkrankung häufig auftretenden klonischer Krämpfe, der partiellen Epilepsie, bestand.

in welchen diese Function nicht gestört war, auf einer Hemisphäre vereinigt denkt. Ist die Anzahl der Fälle eine hinreichende,
so muss das Rindenfeld dieser Function unbezeichnet bestehen
bleiben, während der übrige Theil der Rinde die Zeichnungen der
Läsionen trägt. In der Ausführung gestaltete sich diese Methode
folgendermassen. Ich machte mir Copien der vier wichtigsten Ansichten einer Hemisphäre nach Ecker, vereinigte dieselben auf
einer Tafel, vervielfältigte sie mit dem Hektographen, und ver-
zeichnete nun die Läsionen aller betreffenden Gehirnabgüsse auf
einer solchen Tafel.

Sollte z. B. das Rindenfeld der oberen Extremität bestimmt
werden, so zeichnete ich alle Läsionen jener Abgüsse, auf welchen
kein Roth (die Farbe für die Motilitätsstörung der oberen Extremität) vorkam. Erstreckte sich eine Läsion auf die innere und äussere
Fläche des Gehirns, so wurde sie auf diesen beiden Ansichten gezeichnet. So kommt es, dass ein Fall gelegentlich auf allen vier
Abbildungen der Hemisphäre gezeichnet werden musste. Auf diese
Weise sind die beiliegenden Tafeln II—X entstanden. Ich erreichte
auf diese Weise den Nebenzweck, die Fälle selbst, die zum grössten
Theil ohne Zeichnung publicirt wurden, so gut dies nach der Beschreibung geht, zu illustriren. Selbstverständlich kamen da häufig
viele Fälle auf eine Tafel. Um die einzelnen Fälle doch noch von
einander unterscheiden zu können, habe ich als das Beste befunden,
die Läsionen als schraffirte Felder zu zeichnen. Die Richtung der
Linien ist für jede Läsion eine andere, und eine dieser Linien ist
verlängert und trägt an ihrem Ende die Nummer des Falles der
Sammlung, der dargestellt werden soll. Es sieht nun allerdings auf
den ersten Blick so aus, als könnte man an vielen Orten die
Gränzen der einzelnen Läsionen nicht mehr gut erkennen. Es ist
dies für den gewöhnlichen Gebrauch der Tafeln auch nicht nöthig;
interessirt sich aber Jemand für die genaue Begränzung einer Läsion,
so genügt es, wenn er den geraden Rand eines Papierblattes den
Linien der Schraffirung parallel auf die Zeichnung legt und dann
das Blatt senkrecht gegen die Richtung dieser Linien verschiebt.
Es taucht eine derselben nach der anderen am Rande des Blattes
auf und die Endigung derselben springt dann in die Augen.

Es war, um das Gewirre der Linien nicht zu weit zu treiben,
gelegentlich nöthig, die Fälle auf zwei Tafeln zu vertheilen.

2. Die Methode der procentischen Berechnung.

Sie beruht darauf, dass man die Rinde des Gehirns in willkürliche Felder theilt, und für jedes Feld bestimmt: erstens, wie oft es in der vorhandenen Anzahl von Fällen erkrankt war, und zweitens, in wie vielen dieser Fälle das zu studirende Symptom vorhanden war. Das Verhältniss dieser beiden Werthe wird am zweckmässigsten in Procenten ausgedrückt.

Diese Methode ist bei Weitem die mühsamste. In der Ausführung gestaltete sie sich folgendermassen. Ich theilte die Oberfläche eines meiner Hemisphärenabgüsse durch Furchen in 367 willkürlich gewählte Felder ein. Die Gränzen waren durch Furchen gebildet, damit die so gewonnene Hemisphäre durch Abgiessen vervielfältigt werden konnte. Jedes der Felder, oder wie ich es der Bequemlichkeit zu liebe im Texte nenne, jedes Quadrat (sie sind natürlich nicht genau quadratisch) wurde mit einer Zahl bezeichnet. Taf. I stellt diese Eintheilung nach einer photographischen Aufnahme dar. Sie ist so gemacht, dass die für das Studium der Localisation wichtigsten Windungen die kleinsten Quadrate tragen, so die *Gyri centrales* und ihre nächste Umgebung, ferner die Gegend, in welcher die *Fissura parieto-occipitalis* an die convexe Seite der Hemisphäre tritt.

Nun entwarf ich mir Tabellen, in welchen für jedes dieser Felder verzeichnet war: erstens, wie oft dasselbe durch die Läsion betroffen war, zweitens, wie oft bei Läsion derselben jedes der zu studirenden Symptome aufgetreten war.

Was letztere anbelangt, so waren es nur folgende, auf welche ich überhaupt mein Augenmerk gelenkt hatte: Motilitätsstörungen im Gebiete des *n. facialis*, der oberen Extremität, der unteren Extremität, des Hypoglossus, der bewegenden Muskeln des Augapfels, der Muskeln des *n. trigeminus*, der Nackenmuskeln, Störungen im Gebiete des Tastsinnes, des Gesichtssinnes und der Sprache. Es hat sich als zweckmässig erwiesen, in diesen Tabellen jeden Fall mit seiner Nummer, nicht nur die Summe der Fälle anzugeben, weil man sonst im Falle eines Irrthumes einen grossen Theil der Arbeit wiederholen müsste. Aus schon mitgetheilten Gründen publicire ich auch diese Tabellen, ziehe es aber der Kürze wegen vor, in denselben nicht die einzelnen Fälle zu nennen, sondern in der ersten Columne die Nummer des Feldes, in der dritten nur die Anzahl der Fälle, in welchen es überhaupt Sitz der Erkrankung war, anzugeben, in den weiteren Columnen ist die Zahl genannt,

welche aussagt, in wieviel Procenten von den Fällen, in welchen
das Feld erkrankt war, das an dem Kopfe der Columne genannte
Symptom beobachtet wurde.

Es hat sich im Laufe der Untersuchung herausgestellt, dass
die Rindenfelder in der rechten und linken Hemisphäre verschieden
sind. Es ist deshalb die ganze Statistik für beide Hemisphären
besonders ausgearbeitet, und finden sich demnach in jeder Zeile
zwei Zahlen. Die erste derselben gilt für die rechte, die zweite
für die linke Hemisphäre.

Diese Tabellen enthalten nun thatsächlich die Resultate der
Untersuchung. Es galt aber, dieselben noch in eine übersichtliche
Form zu bringen. Ich glaubte das am besten in folgender Weise
zu erreichen. Es wurden Abbildungen des in Felder getheilten
Hemisphärenabgusses hergestellt, und die vier Ansichten desselben
wieder zu einer Tafel vereinigt. Handelte es sich nun z. B. um
die Darstellung des Rindenfeldes der unteren Extremität, so wurde
dasselbe auf einer dieser Tafeln dadurch zum Ausdruck gebracht,
dass jedem Feld durch Bemalung ein Helligkeitston gegeben wurde,
welcher der Grösse der Procentzahl entsprach. Für die Procentzahlen von 0 bis 100 benützte ich zwölf Helligkeitstöne, welche
zwischen Weiss und Schwarz lagen. Schwarz bedeutet, dass das
Symptom in 100 Procent der Fälle, in welchen das betreffende
Quadrat lädirt war, zur Beobachtung kam; Weiss, dass es in 0
Procent vorhanden war. Dazwischen liegen die übrigen Töne. Die
Genauigkeit, welche auf diese Weise erreicht wird, genügt dem vorliegenden Zwecke. Auf diese Weise wurden die Tafeln XVI—XXIV
hergestellt.

Ich muss schon hier darauf hinweisen, was jede dieser beiden
Methoden leisten, was sie nicht leisten kann, und wie sie sich
gegenseitig ergänzen.

Die erste Methode muss das zu constatirende Rindenfeld un-
schraffirt auf der sonst schraffirten Hemisphäre darstellen. Dabei
ist jedoch Folgendes nicht aus den Augen zu verlieren. Erstens
ist voraussichtlich die Möglichkeit vorhanden, dass das Rindenfeld
zu klein erscheint. Denn es ist aus Thierversuchen, sowie aus
pathologischen Befunden am Menschen [1]) bekannt, dass es, wenn
auch nur selten zutreffende, Umstände gibt, unter welchen die
Läsion eines Rindenfeldes ohne die zu erwartende Störung statt

---

[1]) Für letztere erwähne ich den einen Fall von Obersteiner (Wiener med.
Jahrb. 1878, pag. 286) und einen Fall von Samt (Arch. f. Psychiatr. V., 1875). Ich
komme auf diese noch zurück.

hat. Es ist dies besonders der Fall bei sehr kleinen und bei sehr langsam zunehmenden Läsionen. Im ersten Falle handelt es sich vielleicht nur um einen so unbedeutenden Grad des betreffenden Symptomes, dass es der Beobachtung entgeht; es ist dies aber bei der strengen Anwendung dieser Methode gleichbedeutend mit dem Nichtvorhandensein. Im zweiten Falle handelt es sich wohl um eine in irgend einer Weise zu Stande gekommene Restitution der Function, wie sie bei künstlicher Exstirpation eines Rindenstückes an Thieren beobachtet wird. Beide Umstände vereinigt können bewirken, dass eine langsam und nur wenig in das Rindenfeld einschreitende Läsion das Symptom derselben nicht hervorruft.

Andererseits könnte nach der ersten Methode ein Rindenfeld zu gross erscheinen, denn es gibt Stellen der Hirnrinde, insbesondere an der medialen Fläche der Hemisphäre, an welchen Läsionen höchst selten sind. Eine solche Stelle, welche überhaupt in keinem der in die Sammlung aufgenommenen Fälle lädirt war, oder welche, wenn sie im vereinzelten Falle lädirt war, in Folge der Mitbetheiligung des wahren Rindenfeldes mit dem betreffenden Symptom behaftet war, musste als zum Rindenfeld gehörend erscheinen. Ein Vorzug dieser Methode, den ich bei meinen Studien zwar nicht verwerthete, auf den aber mit Rücksicht auf künftige Studien hingewiesen sei, liegt darin, dass hier nicht nur die nicht reinen Rindenläsionen, sondern alle auch noch so complicirten Erkrankungen, wenn nur eine Rindenläsion dabei war, verwerthet werden können. Diesen Vorzug hat die Methode nicht nur vor meiner zweiten, sondern auch vor der dritten allgemein angewendeten voraus.

Als Mangel der ersten Methode springt sogleich in die Augen, dass die Sicherheit, mit welcher sie ihre Resultate zur Anschauung bringt, nicht erhöht wird durch die eigentlich positiven Fälle. Gesetzt den Fall, es wäre eine bestimmte Rindenstelle einmal erkrankt, ohne Motilitätsstörung des Beines hervorzurufen, so würde die erste Methode diese Stelle als dem Rindenfeld des Beines nicht angehörig darstellen. Wenn nun hundert Fälle vorhanden wären, in welchen nur diese selbe Rindenstelle erkrankt wäre, und in jedem derselben Motilitätsstörung des Beines eingetreten wäre, so müssten wir doch wohl den ersten Fall als eine jener Ausnahmen auffassen, auf die wir bei den grossen individuellen Schwankungen im Gebiete der Localisation, Erregbarkeit etc., welche die Rindenfelder der Thiere zeigen, gefasst sein müssen. Jene hundert positiven Fälle würden aber in dem Resultat der ersten Methode gar nicht zum Ausdruck kommen. Hier ergänzt nun die zweite Methode in vollkommenem Maasse.

Am unentbehrlichsten zeigt sich die Methode der procentischen Berechnung bei Gelegenheit des Studiums der absoluten Rindenfelder im Vergleiche zu den relativen; sie entschädigt da für die Mühe und Arbeit, die sie beansprucht.

Absolute Rindenfelder will ich nämlich solche Rindenfelder nennen, deren Verletzung jedesmal das betreffende Symptom hervorruft; dem gegenüber wird sich zeigen, dass wir auch solche Rindenfelder anzunehmen haben, welche, wenn sie erkrankt sind, nicht in jedem Falle, aber häufig, das zugehörige Symptom veranlassen. Diese will ich relative Rindenfelder nennen. Um nun über letztere überhaupt, sowie über ihr Verhältniss zu den absoluten Rindenfeldern ins Klare zu kommen, ist die zweite Methode unentbehrlich. Weiter ist es durch diese, wenn sie in etwas modificirter Form angewendet wird, möglich, die Frage, ob die Rindenfelder scharf enden oder ob sie allmählig in die benachbarte Rinde auslaufen, zu entscheiden; mit anderen Worten die Frage, ob ein absolutes Rindenfeld von einer Zone relativen Rindenfeldes umgeben ist, zu beantworten. Endlich ist es auf diesem Wege möglich zu constatiren, ob die einzelnen Rindenfelder theilweise ineinander greifen oder scharf von einander getrennt sind.

Es ist leicht einzusehen, dass die zweite Methode insoferne eine Controle für die erste liefert, als, was sich auf den nach der ersten Methode hergestellten Tafeln weiss (als absolutes Rindenfeld) zeigt, auf den Tafeln der zweiten Methode schwarz erscheint. Nur muss hiebei berücksichtigt werden, dass wegen der Ausdehnung der Quadrate, und weil jedes Quadrat als von der Läsion betroffen in Rechnung gebracht wurde, wenn auch nur ein sehr kleiner Theil derselben ergriffen war, die schwarzen Rindenfelder etwas kleiner erscheinen können als die weissen. Im Uebrigen sind die Tafeln der beiden Methoden nicht vergleichbar.

3. Die Methode der positiven Fälle.

Was diese dritte Methode anbelangt, so hat sie überhaupt nur eine Berechtigung, wenn sie in der Form verwendet wird, dass auf eine oder eine zusammengehörige Serie von Tafeln alle Läsionen, welche mit dem Symptome, dessen Rindenfeld ermittelt werden soll, einhergiengen, verzeichnet werden. Wo dann die Läsionen am dichtesten gehäuft sind, kann man das Rindenfeld vermuthen. Warum diese Methode die unsichersten Resultate gibt, leuchtet sogleich ein, wenn man folgendes bedenkt. Gesetzt den

Fall, es wäre der Antheil des *Gyrus fornicatus*, der an den *Lobulus paracentralis* anstösst, das Rindenfeld der unteren Extremität. Es ist ersterer nur äusserst selten Sitz einer Erkrankung (in meiner Sammlung findet sich nur ein Fall, in dem er ergriffen ist), letzterer aber sehr häufig. Es wird nun, wie sich aus anderen Fällen schliessen lässt, die Erkrankung des *Lobulus paracentralis* auch wenigstens in einem Theile der Fälle auf die Functionen der Nachbarwindung störenden Einfluss nehmen. Wir werden also mehrere, vielleicht auch viele Fälle zu verzeichnen haben, in welchen die Verletzung des *Lobulus paracentralis* mit Motilitätsstörung des Beines einhergeht, und würden demnach in jenem das Rindenfeld gefunden zu haben glauben.

Gänzlich ungerechtfertigt ist es, aus einigen, wenn auch sehr circumscripten Läsionen, welche von einem bestimmten Symptome begleitet wurden, das Rindenfeld zu construiren, ohne sich um die anderen Läsionen zu kümmern, bei welchen dasselbe Symptom aufgetreten war. Wie wenig innere Beweiskraft ein auf diesem Wege gefundenes Resultat hat, ist schon daraus zu ersehen, dass zwei hervorragende Vertreter der Localisationslehre, Landouzy und Pitres, über ein solches Resultat verschiedene Ansichten haben konnten. Ersterer glaubt auf Grund einer Sammlung von zum Theil allerdings frappanten Fällen das Rindenfeld für Bewegungen des *Levator palpebrae sup.* im hinteren Theile des *Lobulus parietalis infer.* gefunden zu haben,[1]) während letzterer die Frage als offen betrachtet.[2])

Schliesslich will ich nicht unerwähnt lassen, dass schon Nothnagel auf die Gefahren aufmerksam geworden war, welche in der gebräuchlichen Art, pathologische Fälle für die Localisationsfrage zu verwerthen, liegen, und, um sicherere Resultate zu erhalten, vorgeschlagen hat, nur gewisse Fälle zu benützen.[3]) Als solche bezeichnet er Herderkrankungen, in welchen die Affection 1. chronisch stabil bleibt, 2. ganz beschränkt und isolirt ist, 3. auf die Umgebung in keiner Weise, sei es durch Druck, sei es durch die Production von Circulationsstörungen oder von entzündlichen Veränderungen, einwirkt.

Bei dem Umstande, dass ich mit Nothnagel darin vollkommen übereinstimme, dass man vorsichtig in der Aufnahme von Fällen sei, muss ich mich darüber rechtfertigen, dass ich selbst

---

[1]) Arch. gén. de méd., 1877, p. 145.
[2]) Bull. de la soc. anatom. de Paris, 14. Juli 1876, p. 505.
[3]) Deutsches Arch. f. klin. Med., Bd. 19, p. 6.

nicht jede der Bedingungen Nothnagel's befolgt habe. Ich glaube
nämlich, dass die Bedingung der chronischen Stabilität einer Affection keine nothwendige ist. Denken wir an den Hund Hitzig's,
an dem das motorische Rindenfeld der vorderen Extremität frei-
gelegt, die Lage derselben durch elektrische Reizung genau bestimmt wurde, der dann seiner Fesseln entledigt anscheinend gesund im Zimmer umherlief. Wenn man ihm nun durch einen Ein-
stich dieses Rindenfeld verletzte, zeigte er Motilitätsstörungen. Und
doch ist ein solches Thier nach einigen Tagen oder Wochen wieder
so weit hergestellt, dass es Niemand als verletzt erkennen würde.
Es kann also die Function eines so sicher als nur denkbar fest-
gestellten Rindenfeldes restituirt werden. Man muss demnach vermuthen, dass bei chronisch-stabilen Erkrankungen des Menschen
etwas Aehnliches vorkommen kann, und ich brauche kaum darauf
hinzuweisen, dass man in vielen Krankengeschichten den Nachweis
findet, dass wirklich beim Menschen auch Restitution eintreten
kann. Einen Fall aber, welcher von ähnlicher Unzweideutigkeit
wäre, wie der am Hund künstlich hervorgerufene, zu verwerfen,
scheint mir nicht nöthig, ja sogar ungerechtfertigt. Von der zweiten
Bedingung Nothnagel's, dass die Läsion beschränkt sei, habe
ich schon gesprochen, sie fällt bei Anwendung der Methode der
negativen Fälle fort; und was die dritte anbelangt, so würde ich
ihr sehr gerne nachgekommen sein, wenn ich wüsste, wie dies
anzustellen wäre. Ich glaube nämlich nicht, dass man in die Lage
kommen kann, zu behaupten, dieser Herd habe Circulationsstörungen,
jener habe keine Circulationsstörungen hervorgerufen, es müsste
denn sein, dass in der Leiche sichtbare Spuren von diesen zurück-
geblieben sind. Diese müssen dann aber ohnehin als Zeichen der
Erkrankung angesehen, und das Feld, in welchem sie sich finden,
mit zu der erkrankten Rindenpartie gerechnet werden. Dasselbe
gilt von etwaigen entzündlichen Veränderungen; und was den Druck
anbelangt, so kann ich die Ansicht mancher Pathologen, dass
z. B. ein Tumor, indem er in die Hirnrinde hineinwächst, auf die
zunächst liegenden Windungen stärker drückt als auf die entfernteren, nicht theilen. Das mit Blut gespeiste Gehirn verhält sich
in der Schädelhöhle wie eine Flüssigkeit, und wenn der Tumor,
woran ich nicht zweifle, den Druck zu erhöhen im Stande ist, so
erhöht er ihn in gleicher Weise an den zunächstliegenden wie an
den entfernteren Rindenstellen. Der Tumor wird Circulationsstörungen hervorrufen, er wird vor Allem bewirken, dass in seiner
Nähe wegen der von Aussen auf die Gefässe wirkenden Kräfte
weniger Blut circulirt, als in den entfernteren Hirntheilen, er kann

deshalb seine Umgebung zur Atrophie bringen: der Druck muss aber, so lange in einem Gehirnantheile überhaupt noch Blut fliesst, in diesem eben so gross sein, wie in jedem anderen. Er kann also als solcher die Function einer Rindenpartie nicht mehr als die anderer beeinträchtigen, nur die Circulationsstörungen, welche der Tumor hervorruft, können es thun. Von diesen aber war schon die Rede. Blos wenn die Steifheit der Gefässwände irgend in Betracht käme, könnten Verschiedenheiten im Druck an verschiedenen Stellen der Schädelhöhle zu Stande kommen. Da es sich hier aber zunächst um die Steifheit der Rindenvenen handelt, so kann diese wohl als verschwindend angesehen werden.

Es geht auch hieraus wieder hervor, dass aus einzelnen pathologischen Fällen, sie mögen noch so klar vor uns zu liegen scheinen, für die Localisation nie ein sicherer Schluss zu machen ist. Die pathologischen und vielleicht noch mehr die physiologischen Verhältnisse sind zu complicirt, um in irgend einem speciellen Falle wirklich ganz übersehen werden zu können.

I. Das Rindenfeld der latenten Läsionen.

(Die einzelnen Fälle s. Tafel II und III.)

Ein grosser Theil der Hirnrinde kann Sitz einer Läsion sein, ohne dass irgendwelche motorische oder sensible Störungen auftreten. Verzeichnet man alle Läsionen, welche keines der oben bezeichneten Symptome hervorgerufen haben, auf eine Gehirntafel, so müssen sich die motorischen und sensiblen Felder leer von den schraffirten Rindenantheilen der latenten Läsionen abheben. Auf diese Weise sind Tafel II und III hergestellt. Es zeigt sich schon hier der Umstand, auf den wir noch öfter stossen werden, dass die Verhältnisse für die beiden Hemisphären verschieden sind. Die Verschiedenheit beruht im Allgemeinen darauf, dass die motorischen Felder in der linken Hemisphäre grösser und stärker ausgeprägt sind. Ehe ich auf diese Verschiedenheit aufmerksam geworden war, projicirte ich alle Läsionen auf eine Hemisphäre, was natürlich zur Folge hatte, dass die als motorischer und sensibler Rindenantheil ausgesparte Fläche so klein ausfiel, wie dies nur für die rechte Hemisphäre richtig ist. In dieser Weise findet sich der Gegenstand in dem von mir gearbeiteten Capitel von Hermann's Handbuch der Physiologie dargestellt.

Als Feld der latenten Läsionen wird jede Rindenstelle bezeichnet, welche verletzt sein kann, ohne die genannten Störungen im Gefolge zu haben. Daraus folgt, dass ein und dieselbe Rinden-

stelle einmal als zu einem latenten, ein anderes Mal als zu einem
relativen (niemals einem absoluten) motorischen Felde gehörig bezeichnet werden kann. Es ist dies nur der Ausdruck der Thatsache, dass die Verletzung einer und derselben Rindenstelle einmal
symptomlos, ein anderes Mal mit Symptomen verlaufen kann.

Der Unterschied in den Tafeln der beiden Hemisphären ist
in die Augen springend, wird aber noch bedeutsamer, wenn man
erwägt, dass in meiner Sammlung sich nur 67 Läsionen der rechten
und 101 Läsion der linken Hemisphäre befinden.[1]) Die absolute
Anzahl dieser sogenannten latenten Läsionen ist für beide Hemisphären gleich, nämlich 20, d. h. es ist wahrscheinlicher, dass eine
Läsion, wenn sie die rechte Gehirnhalbkugel trifft, ohne hier zu
besprechende Störung verlauft, als wenn sie die linke trifft. Die
Wahrscheinlichkeiten verhalten sich ungefähr wie 2:3.

a. Auf der rechten Hemisphäre zeigt sich die ganze Rinde
als eventuell latent mit Ausnahme der beiden *Gyri centrales* und
des *Lobulus paracentralis*, dieser exquisit motorischen Rindenpartieen.
Ferner erscheint an der convexen und an der unteren Fläche des
Occipitallappens eine ausgesparte Partie. Es darf aber hierauf kein
Gewicht gelegt werden, denn die nach aussen und unten von dem
Sulcus occipitalis transversus gelegene Rindenstelle ist nur in wenigen
Fällen meiner Sammlung Sitz einer Läsion, und in keinem Fall
derselben ist der grösste Theil der frei gebliebenen Stelle der
unteren Gehirnfläche lädirt. Ebenso verhält es sich mit dem an
den *Lobulus paracentralis* anstossenden Theil des *Gyrus fornicatus*.
Hingegen könnte man geneigt sein, den vorderen Theil des *Lobulus
quadratus* wirklich der motorischen Zone zuzuzählen, wenn nicht
der Umstand, dass an der linken Hemisphäre, an welcher das motorische Feld im Allgemeinen grösser ist, dieser ganze *Lobulus* auch
der indifferenten Zone angehört, dagegen spräche.

Dass der Stirnlappen, Schläfelappen, wohl auch der Hinter-
hauptlappen Sitz ausgedehnter Läsionen sein können, ohne dass
motorische oder sensible Störungen auftreten, ist eine bekannte
Thatsache. Alle jene oft angeführten Fälle von symptomlos verlaufenden Hirnverletzungen, wie solche z. B. in Longet, Anat. et
Physiol. du système nerveux de l'homme et des animaux vertébrés
I, Paris 1842 zusammengestellt sind, gehören, so weit dies aus der
oft mangelhaften Beschreibung zu ersehen ist, hieher, ebenso der

[1]) In der Sammlung befinden sich nur 167 Nummern. Doch beziehen sich
zwei derselben (4 und 8) auf Läsion beider Hemisphären, und ist eine (119), von
dem im Original die Seite nicht angegeben war.

berühmte American crow-bar-case und viele andere.[1]) Hier sind
es aber speciell die Gränzen dieser indifferenten Zone, um deren
genauere Feststellung es sich handelt.

Was zunächst den Umstand anbelangt, dass die vordere
Gränze des motorischen Rindenfeldes durch den *Sulcus praecentralis*
gegeben ist, dass also auch die hinteren Enden der drei *Gyri frontales*
zur indifferenten Rinde rechnen, so beruht dies für die rechte
Hemisphäre hauptsächlich auf dem Fall 156. Es handelt sich hier
um einen blödsinnigen Mann, der keine Lähmungen, noch Sensibilitätsstörungen im gewöhnlichen Sinne des Wortes zeigte. Das
hintere Ende des *Gyrus frontalis inf.* findet sich auch im Fall 41
zerstört, und zwar durch eine Cyste.

Die hintere Gränze des motorischen Rindenfeldes ist durch
den Fall 14 und den Fall 156 gegeben. Von letzterem war schon
die Rede. In ersterem hat man es mit einer Knochenwucherung
zu thun, welche die betreffende Partie der Rinde 1·5 Cm. tief ein-
drückte. Es muss zugegeben werden, dass eine solche Compression
keinen so sicheren Schluss zulässt wie eine wirkliche Zerstörung,
doch muss es als unwahrscheinlich angesehen werden, dass, wenn
sie ein absolutes Rindenfeld beträfe, und nur um ein solches handelt
es sich hier, sie ohne Symptom vorhanden sein könnte. Den bei
Auseinandersetzung der Methoden dargelegten Grundsätzen gemäss
muss die Gränze so gezogen werden, wie die Tafel sie zeigt, dabei
muss allerdings im Auge behalten werden, dass dieser Punkt mehr
wie die anderen einer Bestätigung durch neue Fälle bedarf.

Die Gränze an der medialen Gehirnfläche ist durch Fall 148
nebst dem eben genannten gegeben. Dieser Fall, in dem es sich
um eine gelbe Erweichung, welche sogar ziemlich weit in die Tiefe
reichte, handelt, ist wieder vollkommen verlässlich.

Der erste Blick auf Tafel II lehrt, dass die latenten Läsionen
um so häufiger werden, je weiter man sich von den Centralwindungen entfernt. Es hat dies Ursachen, auf welche ich später,
wenn von der Begränzung der motorischen Rindenfelder die Rede
ist, noch zurückzukommen habe.

Besonders häufig zeigt diese Tafel Läsionen an der vorderen
Hälfte des Stirn- und des Schläfelappens. Um einen Maassstab
dafür zu geben, mit wie grosser Evidenz diese Tafel die Thatsache

---

[1]) Man findet eine Anzahl derselben beschrieben und auf andere verwiesen
in dem von mir gearbeiteten Capitel über Grosshirnrinde in Hermann's Handb. d.
Physiol., Bd. II, 1., p. 333. Vergl. auch die (im Katalog genauer citirten) Fälle von
Harbinson (Br. m. Journ.), Hebread und Perman.

von den motorischen und sensiblen Rindenantheilen einerseits und
von den indifferenten andererseits demonstrirt, sei erwähnt, dass
eine bestimmte Stelle des Stirnlappens — ich wähle aufs Gerathe-
wohl das Quadrat 219 (Tafel I) — sich in meiner ganzen Sammlung nur dreimal, das auf dem Schläfelappen befindliche Quadrat
203 viermal verletzt findet, während ein Quadrat in den Centralwindungen, z. B. 23, neunmal Sitz einer Läsion ist. Trotzdem
blieben bei Anfertigung der Tafel die Centralwindungen frei.

Ich halte diese Thatsachen für so eclatant, dass ich nicht
nur glaube, dass die Anhänger der Lehre von der Gleichwerthigkeit der ganzen Rinde ihre Anschauung ändern werden, sondern
es auch für überflüssig halte, im Laufe dieser Darstellung noch
öfter auf ein derartiges Verhalten aufmerksam zu machen. Ich
sehe es vielmehr als eine Aufgabe dieser Arbeit an, die Thatsachen
so vorzubringen, dass der Leser sich an der Hand derselben leicht
selbst das Urtheil bilden kann.

   b. An der linken Hemisphäre hat die Region der latenten
Läsionen eine geringere Ausdehnung. Es ist ihr hier im Vergleich
zur rechten Hemisphäre noch der ganze Parietallappen und der
grösste Theil des Occipitallappens genommen. (Vergl. Tafel III.) Es
sei gleich hier erwähnt, dass letzterer, wenn auch nicht ausschliesslich, so doch zum grossen Theil, vom Rindenfeld des Auges occupirt
wird, während die motorische Zone von den Centralwindungen sich
nach hinten über den Parietallappen erstreckt. Auch hier zeigt sich,
und zwar in mehr Fällen als auf der rechten Seite, der ganze Stirnlappen bis zum *Gyrus centralis ant.* als der indifferenten Rinde angehörig. Der ganze *Lobulus quadratus* ist im Falle 55 zerstört. Was den
Antheil des *Gyrus fornicatus*, welcher an dieses Läppchen anstösst,
betrifft, so befinde ich mich hier in derselben Lage, in welche mich
diese Stelle der rechten Hemisphäre versetzt hat. Sie scheint so
selten Sitz einer Läsion zu sein, dass es nicht möglich ist, sich ein
Urtheil über dieselbe zu bilden. Auf weitere Details der Gränzen
des indifferenten Feldes glaube ich nicht eingehen zu müssen, da
ein Blick in die Sammlung zeigt, dass sämmtliche auf Tafel III verzeichneten Fälle, welche die Gränze bilden, unzweideutige sind.

   Ehe ich dieses Capitel schliesse, muss ich noch einige Fälle
erwähnen, welche ich in meine Sammlung nicht aufnehmen zu
dürfen glaubte, die ich aber deshalb nicht mit Stillschweigen über-
gehen kann, weil, wenn ich sie aufgenommen hätte, die bisher angeführten Resultate, wenn auch nur um Unbedeutendes, anders
ausgefallen wären. Ich muss also die Gründe anführen, aus welchen
ich sie nicht aufnahm. Zunächst der Fall 2 von Obersteiner.

Es waren keine Symptome vorhanden, welche darauf zu beziehen gewesen wären, dass, wie sich bei der Section zeigte, ein Tumor im *Lobulus paracentralis* (welcher Seite ist nicht angegeben) war. Dieser carcinomatöse Tumor war aber so klein, dass er nach Obersteiner's Schätzung nicht mehr als 30 — 40 Riesenpyramiden zerstört haben konnte. Er hatte, wie ich aus mündlicher Mittheilung weiss, ungefähr das Volumen eines Hanfkornes. Man darf wohl annehmen, dass dieser Tumor wegen seiner Kleinheit so geringe Motilitätsstörungen erzeugt hat, dass sie der Beobachtung entgangen sind. Will man extrem genau sein, so ist in dem *Lobulus paracentralis* ein hanfkorngrosses Stückchen nicht zur indifferenten Region zu rechnen. Es läge in dem der vorderen Centralwindung entsprechenden Theil derselben.

Ein zweiter Fall rührt von Ringrose Atkins her.[1]) Es ist eine oberflächliche Zerstörung im oberen Theil des linken Parietallappens beschrieben, welche latent verlief. Doch ist eine Zeichnung beigegeben, welche den Verdacht erweckt, dass es sich um eine Verwechslung von Hinten und Vorne handelt. Die übrigens sehr skizzenhafte Zeichnung ist nämlich nur correct, wenn man sie umdreht, so dass die Läsion im *Gyrus frontalis sup.* zu liegen kommt. Das Uncorrecte besteht darin, dass die *Gyri centrales* von oben und vorne nach unten und hinten laufend gezeichnet sind. Ich hatte demnach den Eindruck, es sei an der Leiche eine Skizze gemacht worden und später dieselbe verkehrt zur Angabe der Lage der Läsion benützt worden. Das ist die Ursache, aus welcher ich diesen Fall nicht aufgenommen habe.

Endlich ein Fall von Bramwell,[2]) den ich aus formellen Gründen, nämlich weil mir das Original nicht zugänglich war und weil der Referent Wernicke selbst Zweifel gegen die Stichhältigkeit desselben erhob, nicht aufnahm. Es soll nämlich ein Tumor, der, ohne Herdsymptome erzeugt zu haben, in einem plötzlichen Krampfanfall den Tod herbeiführte, die beiden rechten Centralwindungen in ihrer unteren Hälfte zerstört haben. Da der Tumor als abgekapselt beschrieben wird, so wirft Wernicke wohl mit vollem Rechte die Frage auf, ob hier wirklich eine Zerstörung und nicht blos eine Verdrängung stattgefunden hat.

Die Fälle, in denen Cysticercusblasen in der Rinde sassen, ohne nennenswerthe Störungen hervorzurufen, betrachtete ich nicht als latente Läsionen, nahm sie überhaupt gar nicht in die Sammlung

---

[1]) Brit. med. Journ. 1878, p. 640, 2. Fall.
[2]) Edinb. med. Journ. 1878/79, Fall VIII.

auf. Es scheint, dass Cysticercen, sei es wegen ihres langsamen Wachsthumes, sei es, weil sie die Organe nur bei Seite drängen, nicht zerstören, stets unbedeutende und ziemlich unberechenbare Störungen hervorrufen. Ich verweise auf Fälle Griesinger's (Cysticercusfälle im Gehirn, Fall 2 und 46. Ges. Abhandl. 1872, I, und Arch. f. Heilk., Jahrg. 3). In einem derselben sassen mehrere Blasen in den Centralwindungen, und doch ist nur Nachschleppen des Fusses, Zittern der Zunge und Schmerz im Arm angegeben. Auch ein Fall von Samt (Arch. f. Psych. und Nervenkrankh. V., 4. Fall) ist in dieser Beziehung zu nennen. Hier sass ein Cysticercus da, wo der Abscess in Hitzig's Fall sass, und rief keinerlei motorische Störungen hervor.

A. Motorische Rindenfelder.

II. Das Rindenfeld der oberen Extremität.

(Negative Fälle Tafel IV und V. Positive Fälle: 2, 3, 5, 6, 7, 8, 9, 11, 12, 13, 15, 16, 17, 18, 19, 20, 21, 23, 24, 25, 26, 27, 28, 29, 30, 31, 32, 33, 34, 35, 36, 40, 46, 47, 48, 49, 57, 58, 59, 60, 61, 64, 66, 67, 68, 69, 70, 71, 72, 73, 74, 78, 79, 80, 81, 82, 83, 84, 85, 87, 88, 89, 93, 94, 95, 104, 105, 106, 108, 109, 110, 115, 117, 118, 119, 125, 126, 127, 128, 129, 130, 131, 132, 133, 135, 137, 138, 139, 140, 142, 144, 146, 149, 150, 151, 161, 163, 164, 167.)

In meiner Sammlung befinden sich 100 Fälle, in welchen Motilitätsstörung der oberen Extremität vorhanden war. Davon betreffen 35 die rechte, 64 die linke Hemisphäre, und von einem Fall (119) ist die Seite der Läsion im Original nicht angegeben. Es war zu erwarten, dass besonders für dieses Rindenfeld der Unterschied zwischen rechter und linker Hemisphäre ein bedeutender ist, und in der That zeigt Tafel IV und V, sowie Tafel XVI und XVII denselben in sehr auffallender Weise. Es ist deshalb nöthig, die beiden Hemisphären gesondert zu besprechen, und zwar soll uns zunächst das Rindenfeld der gesammten oberen Extremität beschäftigen, erst später wollen wir sehen, ob sich die Differenzirung für einzelne Muskelgruppen derselben durchführen lässt.

a. Rechte Hemisphäre. Die Methode der negativen Fälle ergibt (Tafel IV), dass dieses Rindenfeld aus dem *Lobulus paracentralis*, dem *Gyrus centralis ant.* mit Ausnahme einiger Antheile seines unteren Endes, und aus der oberen Hälfte des *Gyrus centralis post.* besteht.[1] Die Frage, ob der vorderste Antheil des

[1] Wie auf allen Tafeln, welche nach der Methode der negativen Fälle hergestellt sind, so sind auch hier die latenten Läsionen, obwohl sie mit zu den

Lobulus quadratus, sowie ein Theil des *Gyrus fornicatus* mit zu diesem Rindenfeld gehört, muss vorläufig noch offen gelassen werden. Die Tafel XVI, auf welcher die Resultate der procentischen Methode dargestellt sind, zeigt nämlich die genannten Stellen schwarz. Doch sind es für den *Lobulus quadratus* nur 3 Fälle, für den genannten Theil des *Gyrus fornicatus* nur 1 Fall, welche überhaupt als positive Fälle in Betracht kommen.

Was auf Tafel IV weiss, und auf Tafel XVI schwarz ist, stellt nach dem, was in der Einleitung mitgetheilt wurde, das absolute Rindenfeld dar, d. h. die Summe aller jener Rindenantheile, welche in den Fällen meiner Sammlung nie verletzt waren, wenn eine Motilitätsstörung der linken oberen Extremität fehlte. Die Läsion des genannten Feldes bringt also mit hoher Wahrscheinlichkeit jenes Symptom hervor. Ich sage nicht mit Sicherheit, denn ich halte die Anzahl meiner Fälle für zu gering, um einen solchen Ausspruch darauf gründen zu können. Es ist deshalb der Name „absolutes Rindenfeld“ wohl verfrüht, doch glaubte ich einen Unterschied machen zu sollen zwischen jenen Rindenstellen, die unter vielen Fällen auch nur einmal verletzt sind, ohne das bewusste Symptom im Gefolge zu haben, und jenen, bei welchen dies nicht der Fall ist. Um die letzteren zu charakterisiren, wählte ich jenen Namen. Es mag um so eher erlaubt sein, als es ja selbstverständlich ist, dass sich das „absolut“ nur auf eine begränzte Zahl von Fällen beziehen kann. Ich halte es für wahrscheinlich, dass durch neue Fälle das von mir aufgestellte absolute Rindenfeld noch an mancher Stelle beschnitten werden wird.

Wie Tafel XVI zeigt, ist das absolute Rindenfeld umgeben von einer breiten Zone relativen Rindenfeldes. Dieses erstreckt sich fast über die ganze Convexität der Hemisphäre und nimmt, so zeigt es die Abbildung, vom absoluten Rindenfeld an, nach allen Richtungen an Helligkeit zu. Bezeichnen wir das, was in der Abbildung durch die dunkleren und helleren Töne ausgedrückt ist, als grössere und geringere Intensität des Rindenfeldes. Das Rindenfeld hat im Quadrat 116 die Intensität 40, heisst dann, die Verletzung dieses Quadrates ist in 40 Procenten der Fälle von dem betreffenden Symptom begleitet. Es muss nun gefragt werden, was die Ab-

negativen Fällen gehören, nicht aufgetragen. Ich habe vielmehr die nach Tafel II und III von latenten Läsionen occupirten Rindenantheile, welche von den aufgetragenen negativen Fällen frei gelassen wurden, mit kleinen Nullen kenntlich gemacht.

stufungen der Intensität, welche die Methode der procentischen
Berechnung immer zeigt, zu bedeuten haben.

Das Grau, welches auf einem bestimmten Quadrate des relativen Rindenfeldes aufgetragen ist, gibt an, in wieviel Procenten
jener Fälle, in welchen dasselbe Sitz einer Läsion war, Motilitätsstörungen der oberen Extremität vorhanden gewesen sind. Wären
diese Läsionen alle sehr klein, so würde die Bedeutung dieses
Procentsatzes klar zu Tage liegen. Er würde dann ein directes
Maass von der Bedeutung eines Quadrates für die betreffende
Function abgeben. Dadurch, dass die Läsionen zum Theil ziemlich
ausgedehnt sind, wird die Sache complicirter. Denken wir uns
z. B. das absolute Rindenfeld scharf endigen, so dass ausserhalb
desselben nur Quadrate liegen, welche keine Beziehung zur oberen
Extremität haben. Läsionen, welche ein solches Gehirn treffen und
zum Theil im absoluten Rindenfeld, zum Theil ausserhalb desselben
liegen, werden bei Anwendung der genannten Methode bewirken,
dass Quadrate als relatives Rindenfeld erscheinen, die in keinerlei
Beziehung zu den Symptomen stehen. Es liegt also in der Natur
dieser Methode, dass sie scharfe Ränder eines Rindenfeldes ver-
waschen und an Intensität allmälig auslaufend erscheinen lässt.
Man könnte nun denken, dass dies in unserem Falle und allen analogen, die noch zur Besprechung kommen werden, die Ursache ist,
aus welcher das absolute Rindenfeld mit einer Zone relativen Feldes umgeben ist. Dem ist nun durchaus nicht so; ich werde nach
Besprechung der Rindenfelder beider Extremitäten den Nachweis
liefern, dass die absoluten Rindenfelder keine scharfen Ränder
haben, sondern in der That allmälig auslaufen. Es ist demnach
die Darstellung, wie sie die Figuren geben, im Grossen und Ganzen
richtig, und wollte ich hier nur auf einen Umstand aufmerksam
machen, der bei Beurtheilung derselben im Auge behalten werden
muss. Wie aus dem Auseinandergesetzten hervorgeht, bewirkt
nämlich die Ausdehnung der Läsionen, dass das relative Rindenfeld
und jede Intensitätszone desselben gegen den äusseren Rand, also
gegen die indifferente Region hin ausgezogen erscheint. Indem wir
diesen Umstand berücksichtigen, haben wir uns also die Zonen
verschiedener Intensität gegen das absolute Rindenfeld hin als mehr
zusammengeschoben vorzustellen, als dies die Abbildungen zeigen.
Wir erhalten dann ein Resultat, welches jenem ähnlicher ist, das
wir erhielten, wenn alle Läsionen klein wären. Damit ist nun
freilich für die Kenntniss der wahren Gränze des relativen Rindenfeldes nichts gewonnen, ja es muss sogar die Frage offen gelassen
werden, ob eine solche überhaupt existirt. Um so wichtiger aber

ist es zu wissen, dass die Zone z. B. von der Intensität 20 sicher nicht weiter, sondern näher von dem absoluten Rindenfeld entfernt liegt, als es die Tafel der procentischen Berechnung zeigt.

Nach dieser Abschweifung wollen wir zur Betrachtung unserer Tafel zurückkehren.

Sie zeigt, dass das relative Rindenfeld, insoferne es höhere Intensitäten (bis zu 50) hat, den vom absoluten Rindenfeld frei gelassenen Theil des *Gyrus centralis post.* und die an die Central-windungen anstossenden Theile der benachbarten *Gyri,* also die hinteren Drittel bis Hälften der drei Stirnwindungen und die vorderen Hälften der Scheitelläppchen einnimmt. An der medialen Fläche rechnet das hintere Drittel dieses Theiles des *Gyrus frontalis sup.* und die vordere Hälfte des *Lobulus quadratus* hinzu.

Dass ein Theil der Orbitalwindungen verhältnissmässig dunkel erscheint (von der Intensität 50 ist), muss ich vorläufig für zufällig halten. Es sind nämlich nur 2, theilweise 4 Fälle, in welchen diese Stelle überhaupt Sitz einer Läsion ist.

b. Linke Hemisphäre. Entsprechend der besseren motorischen Ausbildung der rechten oberen Extremität, ist das Rindenfeld der linken Hemisphäre ein grösseres. So weit es absolut ist, umfasst es den *Lobulus paracentralis,* die drei oberen Viertheile der beiden *Gyri centrales* und den grösseren Theil des oberen Scheitellappens. (S. Tafel V und Tafel XVII.) Einige Stellen des Occipital-lappens, insbesondere an seiner medialen Fläche, erscheinen auch als dem absoluten Rindenfelde angehörig. Es beruht dies wieder auf einer jener Unregelmässigkeiten, welcher man bei Anwendung meiner Methode gewärtig sein muss, wenn nur wenige Läsionen einer Stelle zur Verfügung stehen. Es sind die meisten der auf Tafel XVII schwarz bezeichneten Quadrate des Occipitallappens überhaupt nur einmal Sitz einer Läsion, und in diesem Male war Motilitätsstörung der oberen Extremität vorhanden. So erschien sie mit der Intensität von 100 Procent bezeichnet. Dass übrigens dieser Rindentheil wirklich eine viel engere Beziehung zur oberen Extremität hat, als er auf der rechten Hemisphäre zeigte, unterliegt keinem Zweifel.

Das relative Rindenfeld von höherer Intensität occupirt die hintere Hälfte des *Gyrus frontalis sup.,* nahezu die ganzen convexen Flächen des *Gyrus frontalis med.* und *infer.,* ferner die beiden Scheitellappen und den oberen Theil des Hinterhauptlappens. An der medialen Fläche ist es der hintere Antheil des *Gyrus frontalis sup.,* des *Lobulus quadratus* und vermuthlich der schon besprochene *Cuneus,* welche dem relativen Rindenfeld höherer Intensität angehören.

Dass der *Gyrus temporalis sup.* verhältnissmässig dunkel erscheint, beruht nicht auf Zufälligkeiten. Es gibt Fälle, in welchen er verletzt ist, die Antheile des Rindenfeldes höherer Intensität sämmtlich unversehrt sind und die Motilitätsstörung doch eingetreten war (z. B. im Fall 49).

Das Rindenfeld der oberen rechten Extremität ist das ausgebreitetste und intensivste Rindenfeld, das ich kennen gelernt habe.

Ehe ich weiter gehe, will ich hier noch einige das Rindenfeld der oberen Extremität betreffende Punkte besprechen. Zunächst ist ein Fall Nothnagel's[1]) hervorzuheben, der in meine Sammlung nicht aufgenommen wurde, weil eine allgemeine Meningitis vorhanden war. Nichtsdestoweniger ist er von Interesse dadurch, dass rechterseits im obersten Theile des *Gyrus centralis ant.* und im hinteren Theile des *Gyrus frontalis sup.* ein 3 Cm. langer, hinten 1·2, vorne 0·5 Cm. breiter tuberkulöser Herd sass, der im Leben keinerlei motorische Störung der Extremitäten hervorgerufen hatte. Ich erwähne diesen Fall, kann mir aber kein Urtheil darüber bilden, ob die Läsion wegen ihrer Kleinheit keine hinlänglich merkbaren Symptome hervorgerufen hat, oder ob diese, was bei der „exquisiten *Meningitis tuberculosa*, besonders an der Basis", wohl geschehen kann, der Beobachtung entgangen sind. Man denke nur, wie leicht ein schwer kranker Mensch es seinem allgemein Herabgekommensein zuschreibt, wenn er mit einer Hand ungeschickt und nur mit einiger Mühe hebt u. dgl. Auch dem besten Beobachter als behandelndem Arzt kann in einem solchen Falle eine kleine Motilitätsstörung entgehen, und auf eine solche müssen wir hier des geringen Umfanges wegen, den die Läsion hat, wohl gefasst sein.

Weiter muss auf die ganze Reihe von Sectionsbefunden hingewiesen werden, welche sich auf Gehirne von Leuten beziehen, die ihre obere Extremität seit langer Zeit nicht mehr besassen oder doch nicht benützen konnten. Als die ersten Befunde derartiger Gehirne von circumscripten Atrophien einzelner Windungen berichteten, konnte man sich der Hoffnung hingeben, dass auf diesem Wege die schlagendsten und sichersten Resultate gewonnen werden würden. Diese Hoffnung wurde gänzlich zu Wasser. Ich stelle im Folgenden die mir bekannt gewordenen Sectionsbefunde kurz zusammen.

    x Amputation des linken Armes 6 Jahre vor dem Tode. Es fand sich rechts Atrophie des *Gyrus centralis post.* an einer 2 Cm.

[1]) Top. Diagn. d. Gehirnkrankh., p. 417.

langen und nicht ganz bis an das obere Ende desselben
reichenden Stelle. Ferner lässt sich eine, wenn auch geringere
Atrophie nachweisen im *Lobulus paracentralis*, insbesondere
in dem der genannten Windung entsprechenden Theile desselben. (Chuquet, Bull. de la soc. anatom., 10 Nov. 1876,
pag. 618.)

β Angeborener Defect des linken Armes. Tod im Alter von
40 Jahren. Atrophie des rechten *Gyrus centralis post.* in einer
Länge von 2 Zollen. Die atrophirte Stelle liegt in der Mitte
der Länge des *Gyrus.* (Gowers, Brain vol. I, 1878, pag. 388.)

γ Amputation des linken Armes 31 Jahre vor dem Tode. Die
ganze rechte Hemisphäre kleiner als die linke. Besonders
tritt die Atrophie hervor am *Gyrus centralis ant.*, so dass der
Lobulus paracentralis in Folge dessen niedriger erscheint. In
geringerem Grade zeigt sich Atrophie auch im *Gyrus centralis
post.* In beiden Centralwindungen zeigt der untere Theil die
Veränderung im geringeren Grade als der obere. (Boyer,
Bull. de la soc. anatom., 27. Avril 1877, pag. 328.)

δ In Folge einer schlecht geheilten Fractur des linken Vorderarmes Contractur und Unbrauchbarkeit desselben und der
Hand. Nach Jahren zeigt sich Atrophie des *Lobulus quadratus dextr.* (Bazy, Bull. de la soc. anatom., Juin 1876,
pag. 438.)

ε Amputation eines Armes 48 Jahre vor dem Tod. Es fand
sich keine atrophirte Rindenstelle. (Charcot, soc. de Biol.,
Sitzung vom 19. Jänner 1878, nach Ferrier, Localis. of
the cerebr. diseas., pag. 83.)

Sei es, dass der Mangel an Uebereinstimmung dieser Sectionsbefunde auf der Schwierigkeit beruht, geringe Atrophien der Rinde
an der Leiche nachzuweisen, sei es, dass die Sectionsbefunde so
variabel sind, weil diejenigen Functionen, welchen das Rindenfeld
noch ausser den Arminnervationen vorsteht, bei verschiedenen Individuen in verschiedenem Maasse vertreten sind: so viel ist sicher,
dass die bisher vorliegenden Sectionsbefunde Amputirter keinen
Beitrag zur Lösung der Localisationsfrage liefern können. Man
müsste denn eine Bestätigung der durch Hirnläsion gefundenen
Thatsachen darin finden, dass die oben beschriebenen Atrophien
sämmtlich in den beiden *Gyri centrales*, dem *Lobulus paracentralis*
und *quadratus*, also an den intensivsten Stellen des Rindenfeldes sitzen.

Einen ähnlichen Mangel an Uebereinstimmung werden wir
bei den analogen Sectionsbefunden, welche sich auf die untere
Extremität beziehen, wiederfinden.

c. Differenzirung des Rindenfeldes der oberen Extremität. Ich halte es für kaum zweifelhaft, dass es gelingen wird, im Rindenfeld der oberen Extremität Bezirke abzugränzen, welche in besonderer Beziehung zu einzelnen Muskelgruppen derselben stehen. Es wird dies gelingen, sobald die Kliniker diesem Gegenstand ihr Augenmerk zugewendet haben, und eine Reihe genauer Beobachtungen hierüber vorliegen werden. Jetzt findet man in der grössten Mehrzahl der Krankengeschichten Angaben wie: „theilweise Lähmung der Hand", „unvollkommene Parese" etc.

Ich habe nur wenige Fälle in meiner Sammlung, in welchen sich genauere Angaben über die betroffenen Muskelgruppen finden. Alle diese beziehen sich auf ausschliessliche oder hauptsächliche Motilitätsstörungen der Hand. Bei dem Versuche, sich aus ihnen eine Anschauung zu bilden, müssen wir, eben wegen der geringen Anzahl derselben, auf die zwei besseren Methoden verzichten und uns mit der Methode der positiven Fälle zufrieden geben.

Es sind nur folgende acht Fälle meiner Sammlung, die hier in Betracht kommen: 3, 11, 46, 129, 130, 142, 146, 161. Zunächst fällt an ihnen auf, dass es sämmtlich verhältnissmässig kleine Läsionen sind, welche zu theilweisen Lähmungen der Handmuskulatur führen. Die grösste Läsion dieser Fälle ist in 46 vorhanden, wobei hervorzuheben ist, dass sie zum überwiegenden Theil ausserhalb des absoluten Rindenfeldes liegt. Alle Läsionen mit Ausnahme von 11 betreffen ganz oder theilweise den *Gyrus centralis ant.*, und zwar den Theil desselben, welcher dem absoluten Rindenfeld der oberen Extremität angehört. Hier ist also das Rindenfeld der Hand zu vermuthen.

In den Fällen 11, 129 und 146 findet sich speciell der Daumen afficirt, in 129 auch noch Zeige- und Mittelfinger, so dass man die Ansicht aufstellen kann, dass das Rindenfeld des Daumens in der unteren Hälfte des *Gyrus centralis ant.* und dessen nächster Umgebung zu suchen ist. Ich nenne die nächste Umgebung, weil die Läsion im Fall 11 im hinteren Theil des *Gyrus frontalis inf.* liegt. In diesem Falle war freilich keine Lähmung, sondern nur Krämpfe der Muskulatur des Daumens vorhanden, welche man auch als Fernwirkung des in der Nähe des Rindenfeldes des Daumens liegenden Tuberkels auffassen kann. Dieser Localisation steht aber noch der Fall 142 entgegen, in welchem eine Contractur des Daumens vorhanden war und die Läsion am oberen Rande der beiden *Gyri centrales* sass. Doch ist dies einer der wenigen Fälle, welche ich in die Sammlung aufgenommen habe, obwohl Meningitis vorhanden war, so dass er als weniger gewichtig als die anderen betrachtet werden muss.

Ferner ist in drei Fällen Lähmung der Extensoren der Hand hervorgehoben: 3, 28, 161 (in ersterem auch noch der *M. interossei*). In allen findet sich eine circumscripte Läsion im mittleren Theile des *Gyrus centralis ant.* da, wo er an den *Gyrus frontalis med.* gränzt. An derselben Stelle findet sich der haselnussgrosse Tuberkel des Falles 146. Hier ist aber nur Contractur des Daumens angegeben, so dass es zweifelhaft ist, ob dieselbe auf eine Lähmung der Strecker oder auf Krampf der Beuger bezogen werden muss.

Alle hier besprochenen Fälle sprechen demnach dafür, dass der *Gyrus centralis ant.*, so weit er dem absoluten Rindenfelde der oberen Extremität überhaupt angehört, speciell auch Rindenfeld der Hand ist. Nur unter Reserve kann weiter ausgesprochen werden, dass das Rindenfeld der Extensoren der Hand in dem mittleren Theil dieses *Gyrus* liegt, und das des Daumens etwas tiefer als dieses und sich wohl theilweise mit ihm deckend, in demselben *Gyrus*.

Ueber Verschiedenheiten an beiden Hemisphären, Art der Begränzung u. dgl. m. lässt sich natürlich vorläufig noch nichts aussagen.

III. Das Rindenfeld der unteren Extremität.

(Negative Fälle Tafel VI und VII. Positive Fälle: 6, 7, 9, 11, 12, 16, 17, 18, 20, 21, 23, 25, 26, 27, 29, 30, 31, 33, 34, 35, 36, 40, 46, 47, 48, 49, 57, 58, 59, 60, 61, 64, 66, 68, 69, 70, 71, 72, 73, 74, 78, 79, 80, 81, 82, 83, 84, 87, 88, 89, 104, 105, 106, 108, 109, 110, 115, 125, 127, 128, 131, 132, 135, 137, 138, 139, 140, 142, 144, 146, 149, 150, 160, 163, 167.)

In meiner Sammlung befinden sich 75 Fälle, in welchen Motilitätsstörungen der unteren Extremitäten vorhanden waren. Von diesen entfallen 26 auf die rechte und 49 auf die linke Hemisphäre. Auch hier findet sich ein nicht unbedeutender Unterschied in der Ausdehnung und Intensität der Rindenfelder beider Rindenhalbkugeln, so dass es nothwendig ist, auch diese gesondert zu behandeln.

a. Rechte Hemisphäre. Die Methode der negativen Fälle (s. Tafel VI), sowie die Methode der procentischen Berechnung (s. Tafel XVIII) ergibt, dass das absolute Rindenfeld für das linke Bein besteht: aus dem *Lobulus paracentralis*, dem obersten (bis zum hinteren Ende des *Sulcus frontalis sup.* reichenden) Drittel des *Gyrus centralis ant.* und einigen Antheilen des obersten Drittels des *Gyrus centralis post.* Die Tafel XVIII zeigt auch noch einige Quadrate hinter und unter dem *Lobulus quadratus* als dem absoluten Rindenfelde angehörig; es sind das dieselben, welche bei Gelegenheit des Rindenfeldes der oberen Extremität besprochen wurden. Auch hier

muss die Anzahl der Fälle für zu gering erachtet werden, um auf
Grund derselben diese Rindenstellen mit Bestimmtheit als dem
Rindenfelde zugehörig ansprechen zu können. Auch in den unteren
Theilen der beiden *Gyri centrales* findet sich je ein Quadrat, das
schwarz gezeichnet ist. Diese müssen wohl als zufällig betrachtet
werden, d. h. es kann dem Umstand, dass diese beiden Quadrate
niemals in einem Fall lädirt waren, in dem die Motilitätsstörung
des Beines fehlte, angesichts dessen, dass es bei der ganzen Umgebung derselben anders ist, kein Gewicht beigelegt werden.

Das relative Rindenfeld, insoferne es von höheren Intensitäten
ist, umfasst die beiden unteren Drittel der Centralwindungen, die
hinteren Antheile der Frontalwindungen, die Parietalläppchen und
den oberen Antheil des Occipitallappens. An der medialen Fläche
gehört ihm ebenfalls der hintere Theil des *Gyrus frontalis sup.* und
die vordere Hälfte des *Lobulus quadratus* an.

Vergleicht man das Rindenfeld der unteren Extremität mit
dem der oberen, so erkennt man, dass der absolute Theil des
ersteren vollkommen in dem absoluten Theil des letzteren liegt.
Lobulus paracentralis und die oberen Enden der beiden Centralwindungen sind absolutes Rindenfeld der beiden Extremitäten der
gegenüberliegenden Seite. Der *Gyrus centralis ant.* gehört in seinen
beiden unteren Dritteln (fast vollständig), als absolutes Rindenfeld, der oberen Extremität an. Fast noch auffallender ist die
Aehnlichkeit des relativen Rindenfeldes der beiden Extremitäten.
Ein Blick auf die Tafeln XVI und XVIII zeigt eine Uebereinstimmung,
welche augenscheinlich darin ihren Grund hat, dass die meisten
Läsionen, welche den relativen Antheil des Rindenfeldes der oberen
Extremität treffen, auch Motilitätsstörungen des Beines hervorrufen,
d. h. noch vollständiger als die absoluten, decken sich die relativen
Rindenfelder der Extremitäten einer Seite. Ich spreche diesen Satz
allgemein aus, denn es wird sich sogleich zeigen, dass dieselben
Verhältnisse auch für die linke Hemisphäre zutreffen.

Ich glaube, gewisse Details, welche die Tafel XVIII zeigt, über-
gehen zu können, da ich Analoges bei Gelegenheit der Besprechung
von Tafel XVI ausführlich erläutert habe.

b. Linke Hemisphäre. Das absolute Rindenfeld umfasst
hier wieder den *Lobulus paracentralis,* ferner die obere Hälfte des
Gyrus centralis post. und den grössten Theil des oberen Scheitellappens. Nur ein kleiner lateraler Theil desselben gehört dem relativen Rindenfelde an. Dieses verhält sich ähnlich wie auf der
rechten Hemisphäre, nur ist die durchschnittlich etwas höhere
Intensität zu nennen, und die bedeutend weitere Ausdehnung nach

hinten an der medialen Fläche. Es ist links der ganze *Lobulus quadratus* und wahrscheinlich der *Cuneus* mit zum relativen Rindenfeld zu rechnen. Was die ganz schwarzen Stellen in diesem und im äussersten Occipitallappen anbelangt, so muss ich wie bei den analogen Stellen des linken Rindenfeldes der oberen Extremität es vorläufig noch für sehr fraglich halten, ob, wenn eine grössere Anzahl von Läsionen dieser Quadrate vorläge, die Schwärzung derselben nicht schwinden würde. Hervorzuheben ist noch, dass sich im relativen Rindenfelde der *Gyrus centralis post.* durch besonders hohe Intensität auszeichnet.

Eine weitere Differenzirung des Rindenfeldes der unteren Extremität bin ich nicht zu geben in der Lage; auch diese muss auf genauere Beobachtungen am Krankenbette warten.

Vergleichen wir hier die Rindenfelder beider Extremitäten miteinander, so zeigt sich wieder, dass das absolute der unteren Extremität von dem der oberen vollkommen gedeckt wird, dass der *Gyrus centralis ant.* als absolutes Rindenfeld allein der letzteren angehört, ebenso die untere Hälfte des *Gyrus centralis post.*; natürlich, soweit sie überhaupt absolutes Rindenfeld dieser sind. Es zeigt sich ferner wieder die grosse Aehnlichkeit in der Ausdehnung und Intensitätsvertheilung des relativen Rindenfeldes beider Extremitäten derselben Seite.

Es liegen auch Sectionsbefunde von Individuen vor, welche geraume Zeit vor ihrem Tode den Gebrauch eines Beines verloren haben. Diese fielen, ähnlich den analogen Fällen, welche die obere Extremität betrafen, sehr ungleich aus, so dass sie zwar als Bestätigung der Lage des Rindenfeldes im Allgemeinen dienen können, nicht aber Neues bieten. Ich führe die folgenden vier Fälle an, die einzigen, die ich in der Literatur in brauchbarer Weise verzeichnet fand, und die als reine Fälle betrachtet werden können.

α Amputation des rechten Beines, 25 Jahre vor dem Tode. Atrophie des *Lobulus paracentralis.* (Luys, Bull. gén. de thérap., 1878, 30. März. Für mich im Original unzugänglich, und nur bekannt aus Nothnagel's Top. Diagnostik der Gehirnkrankh., pag. 449.)

β In Folge eines Traumas war 40 Jahre vor dem Tode das rechte Bein verstümmelt und unbrauchbar geworden. Verkleinerung der linken Hemisphäre. Der *Gyrus centralis post.* derselben war schmäler und gestreckter als der rechte. (Landouzy, Bull. de la soc. anatom., 27. April 1877, pag. 330.)

γ Amputation des linken Beines, 20 Jahre vor dem Tode. Atrophie des oberen Endes des *Gyrus centralis ant.* und

seiner Fortsetzung in den *Lobulus paracentralis* rechterseits.
(Luys, Gaz. méd. de Paris, 1876, Nr. 31, pag. 368, aus
Soc. de Biologie vom 8. Juli 1876, 1. Fall.)

? Rechtes Bein fast um die Hälfte kürzer als das linke; es
ist seit Kindheit gelähmt. Atrophie beiderseits, und zwar an
der linken Hemisphäre: die hintere Hälfte des *Gyrus frontalis sup.*, das oberste Ende des *Gyrus centralis ant.* und das
obere Drittel des *Gyrus centralis post.* An der rechten Hemisphäre: das obere Viertel des *Gyrus centralis ant.* (Oudin,
Rev. mens. 1878, pag. 190.)

Es verdient hervorgehoben zu werden, dass, wenn im letzten
Fall nicht eine Täuschung untergelaufen ist, er der Einzige ist, der
auf eine Betheiligung beider Hemisphären an dem Zustandekommen
der willkürlichen Bewegungen einer Extremität deuten würde. Ich
glaube, dass dies vorläufig noch mit der grössten Reserve betrachtet
werden muss, umsomehr, als die Diagnose einer Atrophie in vielen
Fällen nicht leicht ist. Ich weiss keine Thatsache, sei sie pathologischen Befunden oder Thierversuchen entnommen, anzuführen,
welche für die Richtigkeit des Falles von Oudin sprechen würde.

Alle angegebenen Atrophien liegen entweder im absoluten
Rindenfelde oder in den intensivsten Theilen des relativen Rindenfeldes, das wir auf Grund der Läsionen gefunden haben.

Ehe ich zur Besprechung der anderen Rindenfelder übergehe,
muss ich auf einige Punkte näher eingehen.

1. Vergleicht man die absoluten Rindenfelder der beiden
oberen oder der beiden unteren Extremitäten mit einander, so erkennt man, wie schon öfter hervorgehoben, dass dieselben auf der
linken Hemisphäre grösser sind als auf der rechten. Diese Ausdehnung des ersteren gegen das letztere geschieht nun immer nach
hinten, so dass, wie ein Blick auf die Obensichten der vier Tafeln
zeigt, die Scheitellappen, und wie der Anblick der medialen Fläche
zeigt, der *Lobulus quadratus* (vielleicht auch der *Cuneus*) mit in
das Rindenfeld einbezogen wird. In geringerem Grade geschieht
die Ausdehnung des Rindenfeldes, indem es an den Centralwindungen
herabsteigt.

Dem entsprechend verhalten sich auch die relativen Rindenfelder; sie sind links, wenn auch nicht von nennenswerth grösserer
Ausdehnung, so doch von grösserer Intensität, hauptsächlich hinten.

Dem gegenüber fällt es auf, dass die Rindenfelder an den drei Frontalwindungen linkerseits keine grössere Ausdehnung oder höhere Intensitäten zeigen als rechts.

2. Das Rindenfeld der oberen Extremität unterscheidet sich von dem der unteren noch durch eine auf den Tafeln nicht zum Ausdruck kommende Eigenschaft; es ist dies, wenn ich mich so ausdrücken darf, die grössere Empfindlichkeit des ersteren. Ich meine damit Folgendes: Vergleicht man die Rindenfelder der beiden Extremitäten einer Seite miteinander, so bemerkt man, abgesehen von der grösseren Ausdehnung des absoluten Antheiles bei der oberen Extremität, keinen wesentlichen Unterschied in der Intensität derselben. Es beruht dies darauf, dass bei Herstellung dieser Tafeln die zahlreichen ausgedehnten Läsionen, wie natürlich, den Ausschlag geben. Das Verhältniss wäre aber ein ganz anderes, wenn die Tafeln nur auf Grund sehr kleiner Läsionen construirt wären; es würden dann die Rindenfelder der oberen Extremitäten an Intensität die der unteren weit überwiegen, ja es ist sehr wahrscheinlich, dass, wenn alle Läsionen nur nach Millimetern messen würden, man überhaupt gar kein Rindenfeld des Beines erhalten würde. (Wieder ein Hinweis darauf, dass die Verwerthung der kleinen Läsionen mit der grössten Vorsicht geschehen muss.) Mit anderen Worten: kleine Läsionen, welche das gemeinsame Rindenfeld beider Extremitäten einer Seite treffen, sind häufig mit einer Motilitätsstörung der oberen Extremität verbunden, ohne das Bein mit in Affection zu ziehen. Soll das letztere afficirt sein, so muss die Läsion im Allgemeinen ausgedehnter sein als bei der oberen Extremität.

Diese Thatsache drängt sich auf, wenn man in meiner Sammlung alle jene Fälle heraussucht, in welchen Motilitätsstörung der oberen Extremität ohne solche der unteren vorhanden war. Man findet lauter verhältnissmässig kleine Läsionen, die übrigens, wie ich gleich zeigen werde, auf das ganze relative Rindenfeld der oberen Extremität verstreut sind. Sucht man nach Fällen, in welchen umgekehrt die Bewegung der unteren Extremität und nicht die der oberen beeinträchtigt war, so findet man überhaupt nur einen (Fall 160). In diesem handelt es sich um eine ausgedehnte Läsion des ganzen *Lobulus parietalis inf.*, welche die beiden unteren Drittel des *Gyrus centralis post.* und das oberste Ende des *Gyrus temporalis sup.* mit einbegreift.

Damit soll nicht gesagt sein, dass jede kleine Läsion des gemeinsamen Rindenfeldes das Bein unbeirrt lässt; es sind Fälle da, in denen das Bein wohl betheiligt ist (die Fälle 13, 16, 20, 30,

80, 83, 132, 138, 140, 144, 146) und in denen die Läsionen in den
verschiedensten Theilen des relativen Rindenfeldes liegen (zum
Beweis, dass man es hier nicht mit einer Erscheinung zu thun hat,
die auf einer dem wahren Sachverhalte nicht entsprechenden zu
grossen Ausdehnung des Rindenfeldes des Beines beruhte).

Man könnte meinen, es sei diese geringere Empfindlichkeit
des Feldes der unteren Extremität sozusagen subjectiv; sie beruhe
darauf, dass eine geringe Motilitätsstörung im Bein sowohl von dem
schwer kranken Patienten, als auch vom Arzt weniger leicht bemerkt wird, als in der oberen Extremität. Ich zweifle nicht, dass
es in manchen Fällen so ist, andererseits gibt es aber vollkommene
Lähmungen des Armes bei kleinen Läsionen; eine ebensolche des
Beines könnte doch der Beobachtung nicht entgehen.

Ich führe hier die sämmtlichen Fälle meiner Sammlung an,
in welchen Motilitätsstörungen der oberen und keine solchen der
unteren Extremität vorhanden waren. Da die Läsionen meiner
sämmtlichen Fälle auf den Tafeln verzeichnet sind (in der „Sammlung" findet sich bei jedem Falle die Nummer der Tafel angegeben,
auf der er gezeichnet ist), so ist es überflüssig, hier noch die
Grösse der Läsion in genauerem Maasse mitzutheilen.

Rechte Hemisphäre. Die Fälle: 8, 11, 28, 32, 93, 95, 117,
126, 129. Sie betreffen: die hinteren Antheile der *Gyri frontales
med.* und *inf.*, den mittleren und unteren Theil des *Gyrus centralis
ant.*, das obere mittlere und untere Drittel des *Gyrus centralis post.;*
den *Lobulus parietalis sup.*, ferner den *Lobulus parietalis inf.*, und
zwar den *Gyrus angularis* und den *Gyrus supramarginalis.*

Linke Hemisphäre. Die Fälle: 2, 3, 5, 8, 15, 19, 24, 67,
94, 118, 119 (?), 130, 133, 151, 161, 164. Diese Fälle betreffen die
hinteren Antheile der drei Frontalwindungen, das obere mittlere
und untere Drittel des *Gyrus centralis ant.*, das mittlere und untere
Drittel des *Gyrus centralis post.*, den vorderen Theil des *Lobulus
parietalis sup.*, den *Gyrus supramarginalis* und den *Gyrus angularis.*

Da alle diese Läsionen verhältnissmässig klein sind, so rechtfertigt sich der obige Ausspruch, dass das genannte Rindenfeld der
oberen Extremität zwar nicht ausgedehnter, aber empfindlicher ist
als das der unteren Extremität. Ich glaube, dass dieser Umstand
für die physiologische Bedeutung der Rindenfelder nicht ohne Interesse ist. Nicht unerwähnt will ich lassen, dass die Beschränkung
und theilweise Zerklüftung auch des absoluten Rindenfeldes des
Beines am oberen Ende der *Gyri centrales* auf mehreren sehr kleinen
Läsionen beruht, so dass man geneigt sein muss anzunehmen, dass

auch diese Läsionen nur wegen ihrer Kleinheit das Bein unbeirrt liessen.

3. Ich bin nun noch schuldig, den Beweis nachzutragen (s. pag. 24), dass die Rindenfelder keine scharfen Gränzen haben, sondern allmälig in die Umgebung auslaufen. Es wird genügen, wenn derselbe für die Rindenfelder der vier Extremitäten geliefert wird, da kaum ein Zweifel darüber herrschen kann, dass dasselbe Verhältniss dann für andere Muskelgruppen wiederkehrt.

Da die Extremitäten absolute Rindenfelder besitzen, so müsste sich, wenn ein allmäliges Auslaufen nicht vorhanden wäre, an den Gränzen derselben die indifferente Region anschliessen. Die grauen Zonen meiner Tafeln wären dann verursacht durch jene ausgedehnteren Läsionen, welche zum Theil im absoluten Rindenfelde, zum anderen Theil in der indifferenten Region liegen. Um zu erfahren, ob diese Vermuthung richtig oder ob wirklich ein allmäliges Auslaufen vorhanden ist, könnte man neue Tafeln construiren, welche wieder nach dem Principe der procentischen Berechnung ausgeführt sind, welchen aber nur jene Fälle zu Grunde gelegt sind, bei denen die Läsion nicht bis in das absolute Rindenfeld vordringt. Findet ein allmäliger Uebergang des absoluten Rindenfeldes in die Zone der latenten Läsionen statt, so muss sich dieser auch jetzt zeigen; es muss auch jetzt noch die Intensität mit der Entfernung des absoluten Rindenfeldes abnehmen. Dieses ist nun in der That der Fall.

Ich hielt es für überflüssig, zur Entscheidung dieser Frage eine neuerliche Berechnung für alle 366 Quadrate meiner Rindeneintheilung vorzunehmen. Es genügte, folgendermassen zu verfahren: Ich dachte mir auf jeder Hemisphäre eine Anzahl von Linien gezogen, von denen jede das absolute Rindenfeld mit der auch auf den ursprünglichen Tafeln als latent erkannten Zone verbindet. Diese Linien gehen über alle wichtigen Stellen der Rinde, z. B. die erste vom oberen Ende des *Gyrus centralis ant.* durch die ganze obere Stirnwindung an die Orbitalfläche des Gehirns, um am *Schiasma nervorum optic.* zu enden. Eine andere geht ähnlich von den Centralwindungen über den *Lobulus parietalis inf.* und den Schläfelappen an die untere Fläche desselben u. s. w. Es wurde nun jene Berechnung für alle in einer solchen Linie liegenden Quadrate ausgeführt. Ich hielt es weiter für überflüssig, diese Resultate wieder durch eine Zeichnung zu veranschaulichen, doch gebe ich die Tabellen, um den Leser in die Lage zu versetzen, die Linien an den Quadraten zu verfolgen und die Resultate der procentischen Berechnung einzusehen. Die Anzahl der Linien ist

sechs. Die Berechnung wurde natürlich für jede Hemisphäre besonders ausgeführt. Die Tabellen befinden sich im Anhang. Es ist
bei Beurtheilung derselben nur noch Folgendes hervorzuheben.

Wie zu erwarten, ist es gewöhnlich nur eine beschränkte
Zahl von Fällen, die bei dieser Art der Procentberechnung für ein
Quadrat in Betracht kommen. Dem entsprechend kann es nicht
Wunder nehmen, dass das allmälige Abklingen bisweilen durch
Unregelmässigkeiten der Zahlen getrübt erscheint; im grossen
Ganzen erhellt es doch aus den Tabellen mit voller Evidenz. In
einem Punkte aber wird die geringe Zahl der Fälle besonders
empfindlich. Es leuchtet nämlich ein, dass für die Quadrate, welche
in nächster Nähe des absoluten Rindenfeldes liegen, die Wahr-
scheinlichkeit, dass sie in mehreren Fällen der Sammlung verletzt,
das absolute Feld aber nicht verletzt ist, am geringsten ist. Deshalb kommt es bei einigen der Linien vor, dass die procentische
Berechnung für diese nächsten Quadrate auf einem Falle basirt,
und wenn in diesem einen Falle zufällig das Symptom, um dessen
Rindenfeld es sich handelt, nicht vorhanden war, so erhält dieses
Quadrat die Procentzahl 0. Darauf beruht es, dass, wenn man die
Zahlen einiger Linien mit dem Blicke überfliegt, sie anfangs zu
steigen und erst später allmälig abzunehmen scheinen. Um nun
eine solche Täuschung zu vermeiden, habe ich in den Tabellen
bei jedem Quadrate auch angegeben, wie oft es überhaupt Sitz
einer Läsion ist. Man kann so gleichzeitig ersehen, dass die erwähnte Unregelmässigkeit nur die eben angegebene Bedeutung hat.

4. Endlich will ich noch einen Einwand erledigen, der freilich,
wie ich glaube, nur bei ziemlich flüchtiger Bekanntschaft mit
unserem Stoffe erhoben werden dürfte. Man könnte nämlich meinen,
dass ich mich, was die Existenz der relativen Rindenfelder anbelangt, hätte täuschen lassen; dass es solche gar nicht gebe, dass
vielmehr für jede Extremität nur ein absolutes Rindenfeld vorhanden wäre, dass dieses aber bei verschiedenen Individuen in der
Lage gegenüber den Windungen des Gehirns variire. Liegt es
z. B. in einem Falle im mittleren Theil der Frontalwindungen und
ist es verletzt, so muss es nach meiner Art der Berechnung dazu
führen, dass dieser Rindenantheil als relatives Rindenfeld betrachtet
wird, während es doch für dieses Individuum ein absolutes war.

Diesem Einwande gegenüber ist hervorzuheben, dass er in
der Form, in der ich ihn eben aufgestellt habe, hinfällig ist, denn
wenn das absolute Rindenfeld bei manchen Individuen nicht am
gewöhnlichen Orte, sondern in den Frontalwindungen sässe, so
müsste es Fälle geben, in welchen die Stelle, die wir als absolutes

Rindenfeld aussprechen, verletzt ist, ohne das zugehörige Symptom
hervorzurufen, d. h. es könnte überhaupt ein absolutes Rindenfeld
nicht zu finden sein. Wird der Einwand aber in der Form gestellt:
das absolute Rindenfeld existirt bei allen Menschen in der aus
meinen Fällen abstrahirten Ausdehnung, erstreckt sich aber bei
einzelnen Individuen noch viel weiter, z. B. bis in die Mitte der
Frontalwindungen, so bedeutet es nichts anderes, als die Constatirung
der Thatsache, dass die Verletzung jener Frontalstelle das betreffende Symptom erzeugt hat, weil sie es bei diesem Individuum
erzeugen musste. Es ist dies selbstverständlich und stimmt mit der
Begriffsbestimmung überein, welche ich von dem gegeben habe,
was wir hier „relatives Rindenfeld" nennen.

Dass aber auch bei einem gegebenen Individuum im Allgemeinen das relative Rindenfeld von geringerer Bedeutung für das
Zustandekommen der Bewegung ist, als das absolute, geht daraus
hervor, dass Verletzungen des ersteren durchschnittlich weniger
eingreifende Motilitätsstörungen hervorrufen, als Verletzungen des
letzteren.

IV. Das Rindenfeld von durch den Nervus facialis versorgten Muskeln.

(Negative Fälle: Tafel VIII, IX, X. Positive Fälle: 3, 5, 10, 16, 19, 24, 26, 29, 31, 32, 40, 48, 49, 50, 57, 58, 59, 60, 64, 67, 68, 69, 70, 71, 72, 74, 77, 79, 80, 83, 84, 88, 92, 104, 105, 108, 112, 115, 117, 121, 125, 126, 128, 129, 139, 146, 147, 149, 151, 161, 163, 164, 166, 167.)

Mit zu den häufigsten Symptomen von Rindenläsionen gehören
Lähmungen, Paresen oder Zuckungen im Gebiete des *Nervus facialis.*
Es sind hier vor Allem die äusseren Gesichtsmuskeln gemeint; ob
die corticale Facialislähmung sich je auf alle von diesen Nerven
versehenen Muskeln erstreckt, weiss ich nicht, jedenfalls gehört es
zur Regel, dass ein Muskel, sogar ein Gesichtsmuskel, bei Rinden-
lähmungen eine Ausnahme macht: es ist dies der *Orbicularis palpebrarum.* Dieser Muskel findet sich nur in einem (166) meiner Fälle
gelähmt,[1] und nur in zweien, nämlich 26 und 147, ist er von
Zuckungen befallen. Schon Trousseau[2] hebt als diagnostisches
Merkmal hervor, dass der *Orbicularis palpebrarum* niemals gelähmt
ist, wenn eine Facialislähmung auf einer Verletzung des Gehirns
beruht. Man könnte als Erklärung dieser Thatsache daran denken,

[1] Wenigstens konnte der Patient das Auge nicht vollkommen schliessen, was
eine Lähmung des Muskels wenigstens wahrscheinlich macht.
[2] Medic. Klinik des Hôtel-Dieu, übersetzt von Culmann, II, p. 253.

dass dieser Muskel als Blinzler und als Schliesser der Lidspalte
im Schlaf zu den gewöhnlich instinctiv innervirten Muskeln rechnet,
und dass solche in weniger enger Beziehung zur Rinde stehen als
rein willkürliche Muskeln. Man erinnere sich, dass noch niemals
nach Rindenverletzung eine Lähmung des Zwerchfelles und so vieler,
wenn auch der Willkür unterworfener, so doch nur sehr selten
willkürlich innervirter Muskeln beobachtet wurde, [1]) oder man
denke an die niedriger stehenden Wirbelthiere, deren instinctive
Gehbewegungen durch Exstirpationen der Grosshirnrinde kaum
alterirt werden, während Hunde durch dieselbe Operation doch für
einige Tage, und Affen wahrscheinlich, und der Mensch sicher vollkommen gelähmt werden, wenn die motorischen Rindenfelder leiden.

Ich komme übrigens später noch einmal auf die Thatsache
zurück, dass die Erwartung, es würden zwei Muskeln, welche durch
denselben peripheren Nervenstamm versorgt werden, auch in der
Hirnrinde örtlich enge mit einander verbunden sein, sich in vielen
Fällen als ungerechtfertigt herausstellt; es scheint vielmehr, dass
die Verwandtschaft der Function in Bezug auf den vom Bewusstsein intendirten Zweck für die Localisation in der Rinde den Ausschlag gibt.

Das Rindenfeld des *Nervus facialis* steht insoferne in der Mitte
zwischen den schon besprochenen und den noch zu besprechenden
Rindenfeldern, als es sich nur auf der linken Hemisphäre, nicht
mehr auf der rechten, zur Höhe eines absoluten Feldes aufschwingt.

α. Rechte Hemisphäre. Tafel VIII zeigt alle negativen Fälle.[2])
Denkt man sich auch noch die latenten Läsionen auf diese Tafel
aufgetragen, so wäre es doch nicht leicht, auch nur mit einiger
Wahrscheinlichkeit das Rindenfeld zu bestimmen. Es ist eben ein
absolutes nicht vorhanden.

Die Methode der procentischen Berechnung, deren Resultate
Tafel XX dargestellt sind, bringt die Sache ins Klare. Das Rindenfeld erreicht überhaupt[3]) nur die Intensität 86, und liegt hauptsächlich in der unteren Hälfte des *Gyrus centralis ant.* und dem
unteren Drittel des *Gyrus centralis post.*, greift aber mit den Antheilen geringerer Intensität auf die hinteren Hälften der beiden

---

[1]) Zuckungen kommen, wenn auch selten, in solchen Muskelgruppen, vor z. B.
im Fall 146.

[2]) Mit Ausnahme von 127, der, um das Gewirr der Linien nicht noch mehr
zu erhöhen, fortgelassen wurde.

[3]) Abgesehen von dem einzigen Quadrat 99, auf welches wohl kein Gewicht
gelegt werden darf.

unteren Stirnwindungen und den vorderen Antheil des *Gyrus supra-marginalis* über. Auch hier endet es noch nicht, sondern klingt mit zunehmender Entfernung von dem Ort höchster Intensität all-mälig ab.

b. Linke Hemisphäre. Das absolute Rindenfeld zeigt sich auf den Tafeln der negativen Fälle (es sind deren so viele, dass ich sie auf zwei Tafeln, IX und X, vertheilen musste) als ein schmaler Streifen, welcher dem vorderen Theile des *Gyrus centralis ant.* angehört und zwischen der Einpflanzungsstelle des *Sulcus frontalis inf.* und *sup.* näher dem ersten liegt. Auf der Tafel der procentischen Berechnung (Tafel XXI) nimmt dasselbe nur die drei Quadrate 57, 58 und 65 ein. Das relative Rindenfeld verhält sich ähnlich wie auf der rechten Hemisphäre, die intensiveren Theile desselben liegen in dem hinteren Abschnitte der zwei unteren Frontalwindungen und in dem unteren Parietalläppchen. Auch hier vermisst man den bei Gelegenheit der Rindenfelder der Extremi-täten hervorgehobenen Umstand nicht, nämlich dass die grössere Ausdehnung linkerseits hauptsächlich auf Kosten der hinteren Rindenpartien geschieht. Dass ein Paar Quadrate (337, 338) im *Gyrus temporalis med.* besonders dunkel erscheinen, muss ich für unwesentlich halten, da diese Verdunkelung hauptsächlich auf einigen sehr ausgedehnten, von den Centralwindungen bis dahin reichenden Läsionen beruht. Ich glaube, den Leser hier nicht abermals mit dem Nachweise langweilen zu sollen, dass das relative Rindenfeld nicht blos in Folge der Ausdehnung der Läsionen so weit zu reichen scheint. Ein Einblick in die einzelnen Fälle wird ihn vom Gegentheil überzeugen. Eine Differenzirung des Facialis-feldes ist mit Ausnahme des schon erwähnten Verhaltens des *Orbi-cularis* nicht möglich.

V. Das Rindenfeld der Zunge.

Motilitätsstörungen der Zungenmuskulatur gehören als Folge von Rindenläsionen zwar nicht zu den Seltenheiten, doch habe ich keine hinlängliche Anzahl von reinen Fällen austindig machen können, um die beiden ersten Methoden auf sie mit Erfolg anwen-den zu dürfen. Es stehen mir nur 16 Fälle zur Verfügung, die sich zu je 8 auf die beiden Hemisphären vertheilen. Ich musste also zu der gewöhnlichen Methode meine Zuflucht nehmen und be-nützte sie in der Form, dass ich die Läsionen aller Fälle, in denen die Zungenmuskulatur berührt war, auf die beiden Hemisphären auftrug. So entstand Tafel XI.

Man sieht nun in der That, dass die Schraffirung beiderseits dieselbe Rindenstelle als besonders dunkel hervorhebt; d. h. die Läsionen der positiven Fälle häufen sich an diesem Orte und lassen da das Rindenfeld des *Nervus hypoglossus* vermuthen. Diese Stelle ist der untere Antheil des *Gyrus centralis ant.* mit dem anstossenden Stück der untersten Stirnwindung. Natürlich lässt sich bei Anwendung der Methode der positiven Fälle allein gar nichts über Ausdehnung u. s. w. des Rindenfeldes aussagen, doch will ich auf die Läsion 164 aufmerksam machen, welche im *Gyrus supramarginalis* sitzt und doch Hypoglossussymptome hervorgerufen hat. Ich habe die procentische Berechnung auch für dieses Rindenfeld durchgeführt, obwohl ich aus den angeführten Gründen deren Resultate nicht in einer Tafel zusammenzustellen beabsichtigte. Jetzt kann uns aber dieselbe wenigstens dazu dienen, Auskunft über die Intensität des vermuthungsweise aufgestellten Rindenfeldes zu geben. Blättert man die Tabellen durch, so findet man darin eine Bestätigung der Lage desselben und findet, dass die höchste Intensität, die es erreicht, 63 ist, und zwar auf dem Quadrat 83 der rechten Hemisphäre, ferner, dass von der angegebenen Stelle aus die Procentzahlen allmälig abfallen. Auffallend ist, dass sich das linke Rindenfeld des Hypoglossus durchaus von geringerer Intensität zeigt als das rechte, ein Umstand, auf den ich später noch zurückkommen werde.

Vorläufig, glaube ich, lässt sich nichts weiter aussagen, als dass die Methode der positiven Fälle, sowie die der procentischen Berechnung übereinstimmend ungefähr die Stelle, wo *Gyrus frontalis med.*, *Gyrus frontalis inf.* und *Gyrus centralis ant.* aneinanderstossen, als den intensivsten Theil des Hypoglossusfeldes erkennen lassen, dass an dieser Stelle eine Intensität herrscht, welche aussagt, dass die Verletzung derselben mit der Wahrscheinlichkeit von ungefähr (1:1) Motilitätsstörung der Zunge hervorruft, und dass das Rindenfeld sich mit abnehmender Intensität auf die benachbarten Rindenantheile, wie es scheint, hauptsächlich nach hinten ausdehnt.

Am häufigsten zeigt sich die Betheiligung der Zungenmuskulatur dadurch, dass die Zungenspitze beim Vorstrecken seitlich abweicht (s. die Fälle 29, 46, 147, 166), hingegen war im Fall 26 ein Zittern der Zunge vorhanden, und zwei Fälle zeichnen sich durch ganz besondere Klarheit aus (Fall 8 und 44). In beiden war vollständige Unbeweglichkeit der Zunge, wie nach beiderseitiger Hypoglossusdurchschneidung, und in beiden fand sich der oben als intensivste Stelle des Rindenfeldes bezeichnete Hirnantheil in einer

Ausdehnung von 2 bis 3 Cm. Durchmesser zerstört, und zwar an jeder Hemisphäre.

Von Fällen, welche ich wegen zu tief gehenden Läsionen nicht in meine Sammlung aufgenommen habe, die aber als Bestätigung des gefundenen Rindenfeldes doch erwähnt zu werden verdienen, führe ich zwei an.

a. Rechte Hemiplegie mit Inbegriff der Facialismuskulatur (nur der *Orbicularis palpebrarum* war nicht gelähmt), der Zungenmuskeln und der Muskeln des Halses. Beide Augen blicken nach der gelähmten Seite. — An der linken Hemisphäre eine Zerstörung von der Grösse eines Fünffrankenstückes, welche die unteren Enden der beiden Centralwindungen und die gegenüberliegende Lippe der *Fossa Sylvii* einnimmt. Die Läsion setzt sich gegen das Centrum ovale fort und zerstört hier den „faisceau fronto-pariétal" (Pitres) (Maygrier, Le Progrès méd. 1878, pag. 123).

b. Nach einer Verletzung traten Aphasie auf, sowie clonische Krämpfe im Gebiete des Facialis in den Muskeln der Zunge, des Nackens und in den Streckern und Beugern der Finger. — Zerquetschung der beiden die linke *Fossa Sylvii* bildenden *Gyri* in der Mitte dieser Furche. Erosionen der ganzen Oberfläche des Frontallappens. (Wernher, Virchows Arch. Bd. 56, pag. 289.)

VI. Das Rindenfeld der Hals- und Nacken-Muskeln.

Ueber die Rindenlocalisation dieser Muskulatur lässt sich wenig Befriedigendes angeben. In 9 Fällen meiner Sammlung war dieselbe afficirt. Es sind dies Nr. 13, 26, 35, 36, 48, 58, 72, 144, 146. In allen diesen sassen die Läsionen in einem der *Gyri centrales*, oder in beiden zugleich mit Ausnahme der Fälle 36 und 48, doch reicht in diesen beiden die Läsion, welche die mittlere Stirnwindung betraf, bis hart an die vordere Centralwindung. Eine genauere Localisation lässt sich nicht durchführen, denn in den beiden Centralwindungen liegen die Läsionen anscheinend unregelmässig zerstreut. Im Fall 35 sind die beiden mittleren Viertel des *Gyrus centralis ant.*, in 13. und 72. das obere Viertel derselben Windung zerstört, Fall 58 und 72 betreffen das oberste, Fall 144 und auch 58 das unterste Viertel des *Gyrus centralis post.* Auch wenn man die Fälle, je nachdem die rechte oder linke Hemisphäre lädirt ist, trennt, bekommt man keine besser stimmenden Resultate.

Durchblättert man die Tabellen, so findet man, dass das Rindenfeld, wie zu erwarten war, eine durchaus niedrige Intensität

hat, nur in der oberen Hälfte des *Gyrus centralis ant.* zeigen sich
etwas höhere Procentzahlen; doch ist hierauf kein Werth zu legen,
da sie doch nur auf einigen wenigen Fällen beruhen. Kaum mehr
Gewicht möchte ich dem Umstande beilegen, dass sich auch hier wie
beim Rindenfeld der Zungenmuskulatur die höheren Intensitäten auf
der rechten Seite finden.

Es lässt sich demnach nur der Satz aussprechen: das Rindenfeld der Muskeln des Nackens und Halses ist von ziemlich geringer Intensität und nimmt die beiden Centralwindungen, wahrscheinlich unter weiterer Abnahme der Intensität, auch deren
Umgebung ein. Es deckt also die ganze exquisit motorische Rinde
(ob auch den *Lobulus paracentralis,* ist bisher nicht zu entscheiden).

Ich glaube, man muss sich daran gewöhnen, dass Rindenfelder
ausgedehnt, aber dabei von geringer Intensität sein können. So
haben z. B. obere und untere Extremität Rindenfelder von näherungsweise gleicher Grösse, aber die durchschnittliche Intensität
des Feldes der ersteren ist grösser als die des Rindenfeldes des
Beines. Ich glaube, dass man nie zu der jetzt gangbaren Vorstellung von eng begränzten und dabei absoluten oder doch fast
absoluten Rindenfeldern gekommen wäre, wenn man nicht die
Methode der positiven Fälle in der Art falsch angewendet hätte,
dass man immer nur Fälle sammelte und sich auf einer Hemisphäre aufgetragen dachte, in welcher nahezu übereinstimmende
Rindenstellen lädirt waren. Die hiemit nicht stimmenden Läsionen
betrachtete man als Ausnahmen und ignorirte sie.

Es ist noch ein Punkt über die Erscheinungen an der in
Rede stehenden Muskelgruppe zu besprechen; nämlich die eigenthümliche Verknüpfung mit den Muskeln des Augapfels. Hiervon
kann aber erst die Rede sein, nachdem wir das Rindenfeld der
Augenmuskulatur kennen gelernt haben.

VII. Das Rindenfeld der Muskeln des Augapfels mit Einschluss des *Levator palpebrae superioris.*

Die Fälle meiner Sammlung, in welchen sich der bezeichnete
Muskelapparat als Sitz von Lähmungserscheinungen herausstellte,
oder in denen er von Krämpfen befallen war, sind: 6, 17, 20, 35
(oder 36[1], 48, 57, 58, 81, 107, 123, 124, 125, 146.

---

[1] Da die beiden Gehirnhemisphären 35 und 36 einem und demselben Individuum angehören, so lässt sich vorläufig noch nicht entscheiden, welcher Hemisphäre die Abweichung der Augen zuzuschreiben ist.

Es sind dies, wie man sieht, zu wenig Fälle, um die zwei ersten Methoden auf dieselben anzuwenden. Ich habe zwar die procentische Berechnung durchgeführt, es finden sich die Zahlen in den Tabellen, doch ist dies mehr mit Rücksicht darauf geschehen, dass ich hoffe, es werden diese Tabellen in künftigen Jahren durch neue Fälle vervollständigt werden. Jetzt ist für das in Rede stehende Feld nicht mehr aus demselben zu entnehmen, als was man bei Betrachtung der bemalten Hirnabgüsse ohne weiteres ersieht. Man erkennt nämlich, dass sämmtliche Läsionen in dem schon lange als motorisch erkannten Rindenbezirke, also in den Centralwindungen und ihrer nächsten Umgebung, liegen. Die Läsion, welche am weitesten nach vorne liegt (48), reicht doch mit ihrem hinteren Ende bis hart an den *Gyrus centralis ant.*, und die am weitesten rückwärts liegenden Läsionen (123, 124) sitzen im *Gyrus angularis.*

Es ist zu vermuthen — ich werde später sagen, warum ich dies glaube — dass die Gruppirung der Muskeln, die ich hier gewählt habe, nicht die beste ist, dass man, wenn dem Gegenstand einmal mehr Aufmerksamkeit zugewendet sein wird, nicht das Rindenfeld sämmtlicher Augenmuskeln zu finden bestrebt sein, sondern Gruppen unterscheiden wird. Vorläufig genügte es bei der Leichtigkeit die wenigen Fälle zu übersehen, den eingeschlagenen Weg zu gehen, doch will ich hier zeigen, dass es nicht hoffnungslos ist, die Fälle den Symptomen nach weiter zu trennen.

a. Levator palpebrae sup. Es sind vier Fälle, in welchen das der Läsion gegenüberliegende obere Augenlid in Folge von Lähmung dieses Muskels nicht gehoben werden kann (20, 81, 123, 124). Bei allen Fällen sitzt die Erkrankung im oberen oder unteren Scheitellappen, in Fall 123 und 124 sind es nur ganz circumscripte Läsionen, welche keine anderen motorischen Störungen als die genannte verursacht haben (wobei freilich zu bemerken ist, dass in einem, nämlich 124, eine verbreitete Meningitis vorhanden war); in den Fällen 20 und 81 erstreckt sich die Läsion auch auf die Centralwindungen.

Wir werden sogleich sehen, dass durch eine Rindenläsion die geraden Augenmuskeln beider Seiten afficirt sein können. Da dies zweifelsohne mit der stets gleichzeitigen willkürlichen Innervirung derselben zusammenhängt, könnte man denken, dass Aehnliches beim *Levator palpebrae sup.* vorkommt. Hier ist die Gleichzeitigkeit der willkürlichen Innervirung nicht zwangsweise wie bei jenen, aber doch fast stets vorhanden. In der That findet sich im Fall 81 nicht nur das gekreuzte Augenlid, sondern auch das, welches auf

der Seite der Läsion liegt, paretisch. Doch ist der Fall in dieser
Richtung nicht zufriedenstellend, denn der Tumor, welcher die betreffende Rindenstelle comprimirt, liegt so auf der oberen Kante
der rechten Hemisphäre, dass er auch einen Druck auf die linke
ausüben muss. Ich will nicht unerwähnt lassen, dass Jaccoud
(Gaz. hebdom. 1878, pag. 475, refer. in Charcot und Pitres Rev.
mens. 1878, pag. 813) einen Fall publicirte, [1]) in welchem beide
obere Augenlider vollkommen gelähmt waren.

Ich konnte diesen Fall nicht in meine Sammlung aufnehmen,
weil die Läsion tief in die weisse Substanz eindrang, doch ist kein
Stammganglion zerstört. Man könnte also in diesem Falle, in welchem auch der *Lobulus parietalis* Sitz der Läsion ist, einen Fingerzeig sehen, dass die beiden *Levatores palpebrae sup.* bisweilen in
einer Hemisphäre ein Rindenfeld haben, also von einer Hemisphäre
aus innervirt werden können. Es soll damit natürlich nicht gesagt
sein, dass sie in der andern Hemisphäre kein Rindenfeld haben.

Mehr als diesen Fingerzeig bin ich nicht zu geben in der
Lage. Es sind weitere Fälle abzuwarten.

b. Bulbusmuskeln einer Seite. Die vier Fälle der Sammlung, die hier in Betracht kommen (6, 17, 57, 146), lassen kaum
eine einheitliche Localisation erwarten, da die Symptome nicht der-
artig sind, dass sie auf eine ursächliche Uebereinstimmung schliessen
lassen. Es ist zwar in jedem der Fälle der *Gyrus centralis ant.*
hauptsächlich oder doch auch Sitz der Läsion, doch möchte ich
daraus keinen weitergehenden Schluss als den schon gemachten
ziehen, dass man es mit der motorischen Region der Rinde zu
thun hat. In Fall 6 ist „Verdrehung" des rechten Auges angegeben,

---

[1]) Ich theile hier diesen Fall nach Charcot und Pitres mit: Anfangs
epileptiforme Anfälle ohne partielle Localisation und ohne Zurücklassung von Lähmungen. Später tritt nach einem solchen Anfall Lähmung der beiden linken Extremitäten, der unteren Aeste des rechten *Facialis* (ich komme wegen der Facialislähmung noch einmal auf diesen Fall zurück), und des *Levator palpebrae* beiderseits
auf. Kopf und Augen nach links gewendet. — In der rechten Hemisphäre sitzt ein
Erweichungsherd, welcher mit seinem vorderen Ende an den *Gyrus centralis post.* und
die *Fissura calloso-marginalis* stösst, nach hinten bis zur *Fissura parieto-occipitalis*
reicht, die, als auf die convexe Hirnfläche übergreifend, verlängert zu denken ist.
Nach aussen bildet der *Sulcus interparietalis* und eine gedachte Verlängerung desselben, welche die erst genannte Verlängerung schneidet, die Gränze der Läsion.
Endlich wird dieselbe an der medialen Hirnfläche durch den *Gyrus fornicatus* und
in der Tiefe durch die erweichte Decke des Seitenventrikels gebildet. Eine kleine
graue Lamelle unter dem *Lobulus quadratus* ist intact geblieben. Demnach sind
zerstört: Der *Lobulus parietalis sup.*, die beiden oberen Drittel des *Gyrus angularis*,
der *Lobulus quadratus* und der Theil des *Gyrus fornicatus*, der sich von der *Fissura
calloso-marginalis* bis zur *Fissura parieto-occipitales* erstreckt.

woraus natürlich nicht zu erschen ist, welcher Muskel contrahirt oder gelähmt ist. Dasselbe gilt von Fall 146, in welchem *Nystagmus* beobachtet wurde. In Fall 17 ist eine Abweichung des *Bulbus* nach aussen, in Fall 57 nach innen notirt.

Ich muss hier hervorheben, dass, wie überhaupt bei Erkrankungen des Centralnervensystems, so auch bei den Fällen von Rindenerkrankung sehr häufig Ungleichheit der Pupillen bemerkt wird. Für meine Frage scheint mir dieselbe von untergeordneter Bedeutung, da es sich hier offenbar, wenn sie unabhängig von Innervationsstörungen der äusseren Augenmuskeln auftritt, nicht um sonst willkürlich gesetzte Nervenimpulse handeln kann. Ich habe dieses Symptom deshalb in den Krankengeschichten zwar erwähnt, nicht aber weiter bearbeitet.

c. **Abweichung beider Augen nach einer Seite.** Interessanter sind die Fälle, in welchen die Läsion einer Hemisphäre Abweichung beider Augen nach einer Seite hervorruft. Es sind dies 35 (oder 36), 48, 58, 107, 125. Auch wäre der auf vorstehender Seite berichtete, in die Sammlung nicht aufgenommene Fall hier zu berücksichtigen. Von der Seite, nach welcher die Augen abgelenkt sind, soll später die Rede sein.

Es kann also mit voller Bestimmtheit behauptet werden, dass der *Rectus internus* der einen Seite und der *Rectus externus* der andern Seite von einer und derselben Hemisphäre aus innervirt wird; es dürfte kaum ein Zweifel darüber herrschen, dass es nicht blos diese beiden Muskeln sind, um die es sich handelt, sondern dass, wie ja bei jeder normalen Augenbewegung mehrere Muskeln betheiligt sind, dies auch hier der Fall ist. Abermals drängt sich durch die Verknüpfung dieser Muskeln der beiden Seiten die Anschauung auf, dass man es hier mit der gemeinschaftlichen Vertretung in einer Hemisphäre deshalb zu thun hat, weil die willkürlichen Bewegungsimpulse stets diese Muskeln gleichzeitig treffen.

Es ist in dieser Beziehung von Interesse, sich an jene oft genannten Sectionsbefunde zu erinnern, in welchen nahezu vollkommener Mangel oder doch bedeutende Kleinheit einer Hemisphäre an einem Individuum gefunden wurde, das, was die geistigen und sensibeln Functionen anbelangt, vollkommen normal und nur seit Jahren oder von Geburt aus auf einer Seite gelähmt war. Ich verweise, was diese Fälle anbelangt, auf Longet (Anatomie et Physiologie du système nerveux. Paris 1842, I.), und theile als Beispiel nur einen derartigen Fall, der von Bell beobachtet wurde, mit:[1]

---

[1] Nach der deutschen Uebersetzung des genannten Werkes von Hein I, p. 540.

„Marie L., 61 Jahre alt, war von Geburt an epileptisch. Sie sagt aus, in einem Alter von 5 bis 6 Jahren eine lange und sehr schwere Krankheit durchgemacht zu haben, in Folge deren sie den Gebrauch des Armes und Beines der linken Seite unvollständig verlor. Die Epilepsie nahm weder an Häufigkeit, noch an Stärke zu. Gegen die Vierziger-Jahre kam sie in die Salpetrière. Ihr Zustand, als sie Bell in ihrem Todesjahre 1831 zur Beobachtung bekam, war folgender: Gewöhnliche Leibesstärke, die Sinneswerkzeuge beider Seiten gleich scharf. Die Frau hat viel Verstand. Der linke Arm ist zurückgezogen, einige willkürliche Bewegung kommt an ihm vor, übrigens scheinen alle Theile des Gliedes den entsprechenden derselben der anderen Seite an Umfang gleich zu sein. Das Empfindungsvermögen ist ebenso stark als auf der rechten Seite, mit Ausnahme an der Hand, welche, wahrscheinlich in Folge mangelnder Uebung, die Gestalt und Grösse der Körper nicht so gut schätzt wie die andere. Das linke Bein ist halb gekrümmt und kann verschiedene Bewegungen ausführen. Gegen Ende des Februar genannten Jahres starb die Kranke in sechs Tagen an Lungen- und Brustfellentzündung.

„Leichenbefund. Die der Lungen- und Brustfellentzündung zukommenden organischen Veränderungen. — Die rechte Grosshirnhalbkugel ist um die Hälfte kleiner als die linke und zeigt ausserordentlich kleine Windungen; ausserdem ist die entsprechende Seitenhöhle durch reichliche Flüssigkeit sehr erweitert, in Folge wovon die Hirnhalbkugel äusserlich weniger klein erscheint, als sie wirklich ist; ihre Dicke beträgt kaum einige Linien. Abgesehen von der Flüssigkeit, würde sie nur kaum dem vierten Theile der gesunden Halbkugel an Umfang gleich kommen. Diese ist unversehrt, in allen ihren Theilen wohlausgebildet, mit grossen und zahlreichen Windungen. Der Sehhügel unter der geschwundenen Hirnhalbkugel ist ebenfalls sehr merklich verkleinert, nicht so der Streifenhügel, dessen hinterer Theil faltig und furchig ist. Der linke Lappen des kleinen Gehirns ist merklich geschwunden. Die Gefäss- und Nervenstämme beider Körperhälften haben gleiche Stärke." (Arch. gén. de méd. t. 26, 1831, p. 253).

Ich theilte diesen Fall mit, weil er als Typus einer Reihe von Fällen den Satz illustrirt, dass die nahezu gänzliche Abwesenheit der Rinde einer Hemisphäre ohne Störung der psychischen und ohne Störung der sensibeln Functionen einhergehen kann, aber immer von Motilitätsstörung der gegenüberliegenden Seite begleitet ist. Was diese letzteren anbelangt, habe ich aber in keinem der vielen durchgesehenen Fälle eine Abnormität der Augenbewegungen angegeben gefunden. Es folgt auch hieraus, dass die combinirten Augenbewegungen von jeder der beiden Hemisphären besorgt werden können, im Gegensatze zu den willkürlichen Bewegungen der Extremitäten. Diese Fälle weisen aber noch weiter auf die Thatsache hin, dass auch andere, gewöhnlich combinirt ausgeführte Bewegungen von einer Hemisphäre besorgt werden können. Ich erinnere an die schon erwähnten Lidbewegungen, an die nur sehr selten auftretende Lähmung des zur Läsion gekreuzten *Sphinkter palpebrarum* und an die aus den angeführten Fällen ersehene Andeutung davon, dass der *Levator palpebrae sup.* in beiden Hemisphären vertreten ist.

Zu diesen in jeder Hemisphäre innervirbaren Muskelpaaren der beiden Seiten scheinen auch die Zungenmuskeln zu gehören oder doch gehören zu können, wenn auch bei diesen ausser Zweifel ist, dass sie häufig — z. B. in allen jenen Fällen, bei welchen wir in Folge einer einseitigen Läsion Bewegungsstörung der Zunge eintreten sahen — in der gekreuzten Hemisphäre stärker vertreten sind als in der ungekreuzten. Es folgt dies daraus, dass in jenen Fällen alter ausgedehnter Zerstörungen und Verkümmerungen keine Sprachfehler angegeben sind. In dieselbe Reihe gehören augenscheinlich auch die sämmtlichen willkürlichen Athmungsmuskeln. Es sind dies alles Muskeln, welche gewöhnlich oder immer gleichzeitig die willkürliche Innervation empfangen.

Im höchsten Grade beachtenswerth ist es, dass in jenen Fällen auch von keiner einseitigen Facialislähmung die Rede ist. Es wird häufig „vollständige Lähmung" einer Seite angegeben, doch dürfte wenigstens gewöhnlich die Gesichtshälfte nicht mitgerechnet sein. In solchen Fällen wie der oben mitgetheilte, in welchen die Symptome ausführlich geschildert sind, wäre die Facialislähmung gewiss ausdrücklich genannt, wenn eine solche vorhanden gewesen wäre. Nun gehören zwar die Muskeln der unteren Facialisäste mit zu jenen, welche gewöhnlich beiderseits gleichzeitig innervirt werden, doch gelingt es mit grosser Leichtigkeit, sie einseitig zu contrahiren. In den Fällen der Sammlung haben wir auch immer die gekreuzte Wirkung gesehen. Da man nicht daran denken kann, dass bei den ausgeheilten grossen Zerstörungen immer das verhältnissmässig tief gelegene Rindenfeld des *Facialis* geschont war — es würde durch diese Annahme wegen der Ausdehnung des Facialisfeldes der Gegensatz zwischen den alten und den verhältnissmässig frischen Läsionen nicht schwinden — so bleibt keine andere Erklärung über, als die, dass auch die beiderseitige untere Facialismuskulatur als gewöhnlich gleichzeitig innervirt in jeder Hemisphäre, aber in der gleichseitigen

in viel geringerem Maasse vertreten ist als in der gekreuzten.
Wenn aber von Jugend auf das gekreuzte Rindenfeld fehlt, so
wird das ungekreuzte stärker ausgebildet.

Stellen wir die uns genauer bekannten Muskelgruppen nach der
Leichtigkeit, mit welcher wir sie einseitig innerviren, in eine Reihe,
so erhalten wir: Muskeln der Extremitäten, der unteren Facialisäste,
des *Hypoglossus,* [1]) die Lidmuskeln, die Muskeln des *Bulbus* und,
wie sich alsbald zeigen wird, die Trigeminusmuskeln. Es ist dies,
so weit man bisher sehen kann, dieselbe Reihe, die man erhielte,
wenn man die Muskelgruppen zusammenstellen würde nach der
Wahrscheinlichkeit, dass sie allein mit der gekreuzten Hirnrinde
in Verbindung stehen. Im ersten Glied der Reihe ist diese Wahrscheinlichkeit sehr gross, in den letzten ist sie Null, d. h. es ist
das Gegentheil sicher.

Wenn ich hier von Vertretung der Muskeln beider Seiten
durch eine Hemisphäre spreche, so soll damit nichts ausgesagt sein
über den Weg, den die willkürlichen Impulse dieser Hemisphäre
einschlagen. Es ist ganz wohl möglich, dass sie in den Fällen jener
alten Zerstörungen durch irgendwelche Commissuren zu den Stammganglien der lädirten Hemisphäre und dann von hier aus doch gekreuzt zu den Muskeln gelangen. [2])

Ich kehre zu den Muskeln des *Bulbus* zurück. Beim Ueber-
blicken der einzelnen Fälle springt ein Umstand in die Augen,
der abermals geeignet ist, unsere Aufmerksamkeit zu fesseln. Ich
habe nämlich in meiner Sammlung nur die genannten 5 Fälle von
gleichsinniger Ablenkung beider Augen, und in dreien dieser Fälle
ist eine Affection der Hals- und Nackenmuskulatur vorhanden, und
zwar in allen eine Ablenkung des Gesichtes nach derselben Seite,
nach welcher die Augen abgelenkt sind. Es sind das die Fälle 35,
48 und 58. Berechnet man, mit welcher Wahrscheinlichkeit unter
den obwaltenden Umständen, also bei 168 Fällen, unter denen
fünfmal Ablenkung beider Augen und viermal Ablenkung des Gesichtes vorkommt, zu gewärtigen ist, dass diese beiden Symptome
zufällig an ein und demselben Individuum zur Beobachtung kommen,
so findet man dieselbe minimal. Erst unter 20.000 Krankenfällen
wäre zu erwarten, dass diese Coincidenz drei- oder viermal,

---

[1]) Ob man hier Facialis vor Hypoglossus stellen soll, oder umgekehrt, bleibt
wohl zweifelhaft.

[2]) Eine Substitution der Rinde durch die Stammganglien kann ich für die
eigentlichen willkürlichen Innervationsimpulse nicht annehmen, da wir das bewusste
Wollen doch mit gutem Grunde an die Functionen der Rinde gebunden halten.

d. h. so oft, wie es hier bei den 168 Kranken der Fall ist, vorkommt. Diese Unwahrscheinlichkeit, dass wir es hier mit einem
zufälligen Zusammentreffen zu thun haben, wird noch bedeutend
gesteigert, wenn man die Gleichsinnigkeit der Ablenkungen mit in
Betracht zieht. Was die letztere anbelangt, so ist es nicht ohne
Interesse, dass in einem hier natürlich nicht in Rechnung gezogenen
Fall, nämlich 17, die Ablenkung nur eines Auges vorhanden war,
und eine gleichsinnige Ablenkung des Kopfes zwar nicht als ausgesprochen, aber doch als angedeutet angegeben wird, und dass in
einem anderen Falle (64) vorübergehend Kopf und Augen nach
einer Seite gewendet waren. Ich brauche kaum zu erwähnen, dass
es eine grosse Reihe von unreinen, also von meiner Sammlung
ausgeschlossenen Fällen gibt, in denen diese vereinigte Kopf- und
Augenablenkung vorhanden war; der in der Anmerkung pag. 44
mitgetheilte Fall gehört zu diesen.

Es geht aber schon aus unseren reinen Fällen mit einem an
Gewissheit gränzenden Grade von Wahrscheinlichkeit hervor, dass
Läsionen der motorischen Region der Grosshirnrinde ein Centralorgan treffen können, welches für die gleichzeitige Seitenwendung
des Kopfes und der *Bulbi* sorgt.

Es ist dies wieder für die oben dargelegte Auffassung der
combinirten Lähmungen von Wichtigkeit. Deshalb, weil wir gewöhnlich, wenn ein seitlich gelegenes Object unsere Aufmerksamkeit erregt, unseren Blick und den Kopf gleichzeitig dahin richten,
sind die nervösen Repräsentanten der betreffenden Muskeln in der
Grosshirnrinde so innig mit einander verknüpft, dass die Störung
der einen nur selten ohne Störung der anderen bestehen kann.[1]

Es muss weiter Gewicht darauf gelegt werden, dass bei anderweitigen Gehirnverletzungen entgegengesetzte Drehung der *Bulbi*
und des Kopfes beobachtet wird, bei Rindenverletzung aber immer
gleichsinnige.

Was nun endlich die Richtung der Ablenkung in Bezug auf
die Seite der Läsion anbelangt, so ist es mir nicht gelungen, über
diese Verhältnisse ins Klare zu kommen. Es ist nämlich in manchem
der Fälle die Richtung der Augen, wenn diese allein abgelenkt
waren, nicht angegeben (z. B. in Fall 107, 125). Ist das Gesicht
allein abgewendet, so ist wenigstens gewöhnlich, wie zu erwarten,

---

[1] Ich habe in meiner Sammlung nur einen Fall (13), in welchem Ablenkung
des Gesichtes angegeben ist, ohne dass Ablenkung der Augen besonders hervorgehoben worden wäre. Doch war der betreffende Kranke in Coma, so dass letztere
möglicherweise der Beobachtung entgangen ist.

die Richtung der Ablenkung, wenn Lähmung vorhanden ist, nach der nicht lädirten Seite, wenn Krämpfe vorhanden sind, nach der Seite der Läsion. Was aber die vereinigte Ablenkung von Gesicht und Augen anbelangt, so habe ich über diesen Punkt aus meinen Fällen keine klare Anschauung erhalten. Jedenfalls ist hervorzuheben, dass bei ausgeheilten Läsionen die Ablenkung der Augen stets fehlt. Ich verweise also auf eines der späteren Capitel, in welchen die Anschauungen Grasset's und Landouzy's über diesen Punkt besprochen werden.

VIII. Das Rindenfeld des Trigeminus.

Es muss auffallen, dass bei Rindenaffectionen Motilitätsstörungen im Gebiete der Trigeminusmuskeln zu den Seltenheiten gehören. In meiner Sammlung befinden sich nun drei solche Fälle (8, 52, 74). Wenn man jedoch bedenkt, dass die Beweger des Unterkiefers immer bilateral innervirt werden, ja, dass es unmöglich ist, einen oder mehrere Trigeminusmuskeln einer Seite zu contrahiren, ohne die der anderen Seite mit in Erregung zu versetzen, so legt schon dies die Erwartung nahe, dass die Trigeminusmuskeln beider Seiten mit jeder Hemisphäre in Verbindung stehen. Es wird dies durch die Krankheitsfälle bestätigt, und gibt wohl auch eine Erklärung dafür ab, dass einseitige Läsionen diese Muskeln nur so selten afficiren. Denn es geht aus dem oben Auseinandergesetzten hervor, dass im Allgemeinen Muskeln um so sicherer durch einseitige Läsionen eine Störung ihrer Function erleiden, je fester ihre Innervation an die gegenüberliegende Hirnrinde allein gebunden ist. Die Rindenfelder jener Muskeln, welche wie die Lidmuskeln, die geraden Augenmuskeln, wahrscheinlich auch der *Hypoglossus* in beiden Hemisphären vertreten sind, sind durchaus von sehr geringer Intensität. Ebenso bei den Trigeminusmuskeln.

In allen drei Trigeminusfällen sind die Muskeln beiderseits betroffen, in einem derselben ist jedoch auch beiderseits eine Läsion (8). In diesem sitzt dieselbe in jeder Hemisphäre an der Vereinigung des *Sulcus frontalis inf.* mit dem *Sulcus praecentralis*. Es war Lähmung der *Musculi pterigoidei* vorhanden. In den beiden anderen war Trismus da. Die Läsion betraf in einem (52) derselben den Schläfelappen, im anderen die *Gyri centrales* mit Ausschluss des oberen Drittels. Aehnlich liegt sie in einem Falle (135), in welchem nur vorübergehend Trismus vorhanden war. Unter diesen Verhältnissen ist wohl an eine genauere Localisation nicht zu denken.

Wer aus vereinzelten Fällen einen Schluss auf Lage der Rindenfelder ziehen will, kann sagen, das Rindenfeld der Trigeminusmus-
kulatur liege in grosser Ausdehnung um den vorderen Theil der
Fossa Sylvii. Sicher ist dessen sehr geringe Intensität.

IX. Das Rindenfeld der Sprache.

Zunächst muss ich hervorheben, dass meine Sammlung von
Fällen in Bezug auf das Rindenfeld der Sprache nicht Anspruch
auf Vollständigkeit machen kann. Es ist dies ein so vielfach und
zum Theil so ausgezeichnet bearbeiteter Gegenstand, dass ich es
für überflüssig halte, ihn neuerdings zum Object mühsamer Untersuchungen zu machen. Daher kommt es, dass in meiner Sammlung
wohl mancher schöne Aphasiefall nicht aufgenommen ist; ich ging
eben auf diese speciell nicht aus. Was sich auf diesem Gebiete
noch thun liess, war, das Rindenfeld der Sprache nach der Methode
der procentischen Berechnung zu bearbeiten. Da es ein absolutes
Rindenfeld der Sprache nicht gibt, so ist die Methode der negativen
Fälle unverwendbar.

Ich construirte das Rindenfeld der Sprache nach denselben
Principien, nach welchen die Methode der procentischen Berechnung
für andere Rindenfelder verwendet wurde, nur wurde, wo sonst
eine Motilitätsstörung das Symptom bildete, hier Aphasie als Symptom betrachtet. Und zwar galten mir zunächst alle Formen der
eigentlichen Aphasie für gleichwerthig; erst später will ich prüfen,
ob sich das Rindenfeld diesen verschiedenen Formen entsprechend
noch in Unterabtheilungen zerfällen lässt.

Meine Untersuchungen erstrecken sich blos auf die linke
Hemisphäre, denn es findet sich in meiner Sammlung nur ein Fall
(46), in welchem Aphasie durch Läsion der rechten Hemisphäre
hervorgerufen wurde, und auch diese Aphasie war nur vorübergehend.[1]) In drei weiteren Fällen findet sich Aphasie bei Läsion
beider Hemisphären (4, 113, 139). In diesen muss ich sie wohl auf
die linke beziehen.

Es sind 31 Aphasiefälle in meiner Sammlung. (4, 7, 40, 46,
64, 65, 67, 69, 70, 84, 91, 92, 104, 105, 108, 112, 113, 121, 128,
131, 135, 139, 141, 145, 147, 150, 151, 158, 165, 166, 167.)

---

[1]) Ich brauche wohl nicht zu erwähnen, dass ich die verschiedenen Fälle,
bei denen Aphasie mit rechtsseitiger Läsion einherging, kenne; dass sie sich nicht
in meiner Sammlung finden, beruht darauf, dass sie entweder nicht reine Rindenläsionen, oder nicht mit allen Symptomen mitgetheilt sind.

Die Resultate der Berechnung sind auf Tafel XXII dargestellt. Das Erste, was jedem, der mit der Literatur des Gegenstandes vertraut ist, auffallen wird, ist, dass sich der *Gyrus frontalis inf.*, die Broca'sche Windung, nicht mit jener Intensität abhebt, die er erwartet hat. Es zeigen nämlich die hinteren Theile des *Gyrus frontalis med.*, sowie die beiden oberen Schläfenwindungen eine ganz bedeutende Intensität. Und das Rindenfeld erstreckt sich mit geringerer Intensität noch über die Scheitelläppchen bis in den Hinterhauptslappen.

Es ist kein Zweifel, dass auch das Rindenfeld der Sprache, sowie die übrigen motorischen Rindenfelder viel ausgedehnter sind, als man es sich bisher vorgestellt hat. Es hat schon Meynert der Broca'schen Windung die Reil'sche Insel als Sprachfeld beigefügt, es ist von Kahler und Pick[1]) in einer Weise, die ich unten genauer besprechen werde, der Schläfelappen mit einbezogen worden, es sind aber auch dies nur die intensivsten Antheile des Rindenfeldes; dieses selbst erstreckt sich, wie die Tafel zeigt, noch weiter.

Der Irrthum, der sich in Bezug auf die Wichtigkeit der unteren Stirnwindung eingeschlichen hat, beruht auf den schon erwähnten Mängeln, mit welchen die alleinige Anwendung der dritten Methode nothwendig verknüpft ist. Es ist nämlich richtig, dass der häufigste Sectionsbefund bei Aphasie die Verletzung der Broca'schen Windung ist. Es rührt dies aber zum grossen Theile daher, dass diese im ganzen Rindenfeld der Sprache am häufigsten Sitz von Läsionen ist. Während, ich wähle ein zufällig herausgegriffenes Beispiel, das Quadrat 237 in der unteren Stirnwindung 16mal Sitz einer Läsion ist, finden sich nur neun Fälle, in denen das Quadrat 346 in der mittleren Schläfenwindung erkrankt war, natürlich beides linkerseits. Eine Durchsicht der Tabellen wird dieses zur Evidenz demonstriren. Was die Bedeutung der Broca'schen Windung als Sprachfeld anbelangt, so glaube ich, dass es jetzt schwerer ist, als man gewöhnlich glaubt, aus der Literatur eine Statistik zusammenzustellen, welche den thatsächlichen Verhältnissen entspricht. Es wäre dieses eine Statistik, in welcher angegeben ist, in wie vielen Fällen ihrer Erkrankung Aphasie vorhanden war, und in wie vielen Fällen diese fehlte. Ich glaube deshalb, dass es schwer ist, weil, wenn ein solcher Fall vorkommt, die Wahrscheinlichkeit, dass er veröffentlicht wird, nicht gleich gross ist, wenn er ein positiver und wenn er ein negativer Fall ist. Es scheint, dass alle jetzt publicirten derartigen Fälle schon eine gleichsam gefälschte Statistik

---

[1]) Prager Vierteljahrsschrift, Bd. 141, 1879, pag. 1.

repräsentirten. Eben deshalb aber dürfte gerade meine Sammlung auch für die Aphasie nicht ohne Bedeutung sein, weil in diesen Rindenläsionen überhaupt, ohne specielle Berücksichtigung der Aphasie, gesammelt sind.

Offenbar kann es nur auf den geschilderten Verhältnissen beruhen, wenn Kussmaul in seinem berühmten Werke über die Sprachstörungen[1]) sagt, er finde nur zwei Fälle in der Literatur verzeichnet, in denen Läsion der linken unteren Stirnwindung ohne Sprachstörungen vorhanden war. In meiner Sammlung befinden sich allein fünf, nämlich: 39, 77, 88, 143, 152, in denen sicher keine Aphasie vorhanden war, nebst anderen, bei denen dies zweifelhaft sein kann. Jene zwei Fälle Kussmaul's sind nicht in meiner Sammlung.

Obwohl also die hervorragende Bedeutung der Broca'schen Windung für die Sprache ausser Zweifel steht, muss doch geltend gemacht werden, dass andere Rindenantheile ihr nur wenig nachstehen. Für denjenigen, dem es zu mühsam ist, die einzelnen Aphasiefälle auf den lithographischen Tafeln (nach den Angaben in der Sammlung) nachzusehen, erwähne ich, dass die Ausdehnung des Rindenfeldes, wie es die Taf. XXII zeigt, nicht etwa auf grossen Läsionen beruht, wie dies aus Folgendem hervorgeht: unter meinen Aphasiefällen finden sich drei, in denen die *Gyri centrales* allein Sitz der Läsion sind (46, 84, 147); ferner sind allein afficirt der *Gyrus centralis med.* einmal (67), einmal dieser *Gyrus* und die *Gyri centrales* (69), einmal der Schläfelappen (158), zweimal der Schläfe- und Parietallappen (4, 121), und endlich ein Fall, in dem die Läsion nur im Occipitallappen und *Lobulus quadratus* sitzt (167). Jastrowitz, von dem dieser letzte Fall herrührt, erwähnt noch einen zweiten solchen Fall, in dem Erweichung der Occipitallappen Aphasie erzeugte.[2])

Hingegen finden sich in meiner Sammlung zwölf Fälle, in denen die unterste Stirnwindung der rechten Seite zerstört war, ohne dass auch nur einmal Aphasie vorhanden gewesen wäre. Aus schon erwähnten Gründen gehe ich auf die von anderen Autoren über diesen Gegenstand gemachten Statistiken hier nicht näher ein. Aus letzteren sowohl, wie aus dem Verhältnisse, welches meine Sammlung zeigt, scheint mir mit voller Evidenz eines hervorzugehen: die gut entwickelten motorischen Rindenfelder haben sich in dieser Untersuchung auf der linken Hemisphäre intensiver ausgeprägt gefunden,

[1]) Störungen der Sprache aus Ziemssen's Handb. d. sp. Pathologie u. Therapie. Leipzig 1877.

[2]) Centralbl. f. prakt. Augenheilkunde I., Dec. 1877, p. 255.

als auf der rechten; eine so ungeheure Differenz jedoch, wie das
rechte [1]) und das linke Sprachfeld zeigt, hat kein anderes motorisches Rindenfeld, hat vor allem nicht das Rindenfeld der eigentlichen Sprachmuskeln, des *Hypoglossus* und *Facialis* aufzuweisen.

Es spricht dieser Umstand nicht gegen die von Broca stam-
mende und ziemlich allgemein angenommene Anschauung, dass das
Sprachfeld meistens links liegt, weil eben die linke Hemisphäre überhaupt die motorisch ausgebildetere ist. Doch scheint er mir von
Bedeutung. Er zeigt nämlich, dass, während symmetrische Bewegungen (so kann man wohl gleich grosse Contractionen der gleich-
namigen Muskeln beider Seiten nennen) im Allgemeinen durch
willkürliche Innervation von Seite beider Hemisphären erzeugt
werden dürften, jene symmetrischen willkürlichen Bewegungen,
welche die Lautbildung bezwecken, nothwendig von einer Hemisphäre ausgehen müssen. Die Deutung dieser Verhältnisse liegt nahe;
wenn sich die Mundwinkel auseinanderziehen, um zu lachen, so ist
es gleichgiltig, ob der eine Mundwinkel dem andern in seiner Bewegung um ein Zehntel einer Secunde voraneilt. Nicht so, wenn
ich dieselbe Bewegung im Gespräch ausführe, um ein *I* zu articuliren. Zur prompteren Arbeit ist eben die Abhängigkeit von einem
Centralorgan vortheilhafter als die Abhängigkeit von zwei örtlich
getrennten.

Obwohl also die Articulationsmuskeln jeder Seite ihr Rindenfeld in der gekreuzten Hemisphäre haben (wenigstens in weit über-
wiegendem Maasse), werden die eigentlichen Articulationsimpulse
beim Sprechen doch von einer Hemisphäre besorgt.

Ich sage die Articulationsimpulse, denn wir haben oben gesehen, dass die Motilitätsstörungen der Zunge bei Verletzung von deren
Rindenfeld immer gekreuzt sind, ähnlich auch beim *Facialis*. Die
Störungen bei Aphasie sind aber ganz anderer Art als das, was wir
bisher als Motilitätsstörungen bezeichnet haben; sie setzen das Aus-
fallen eines wichtigen centralen Processes voraus, und eben dieser
Process, durch den die Articulation zu Stande kommt, ist es, welcher
einseitig stattfindet. Deshalb geben die Erfahrungen an Aphasischen
nicht das Recht, den oben aufgestellten Satz, dass der *Hypoglossus*
und *Facialis* vorwiegend in der gekreuzten Hemisphäre vertreten ist,
abzuändern.

Hingegen muss die oben mitgetheilte Thatsache hervorgehoben
werden, dass das rechte Hypoglossusfeld von höherer Intensität ist
als das linke. Halten wir uns an ein Gleichniss, das von Stricker

[1]) Wenn man überhaupt von einem solchen sprechen will.

für das Verhältniss des Rindenfeldes des *Hypoglossus* zu dem der
Sprache gegeben wurde. [1] Er sagt, die Articulationsmuskeln „verhalten sich wie ein fein dressirtes Pferdegespann, welches mit dop-
peltem Zügelpaar von zwei Kutschern dirigirt wird, so aber, dass
die gewöhnliche Gangart der Pferde von beiden Kutschern, oder
auch vom rechtssitzenden allein, gewisse feine Künste aber nur vom
linkssitzenden Kutscher geregelt werden können. Bei dieser Ein-
richtung werden die Pferde, wenn der letztgenannte Kutscher weg-
fällt, noch immer ihren gewöhnlichen Lauf verfolgen, aber keine
Künste mehr ausführen“.

Heben wir hervor, dass jeder der beiden Kutscher, was die
gewöhnliche Gangart anbelangt, sein Hauptaugenmerk dem Pferde
der entgegengesetzten Seite zuwendet, der linkssitzende sich aber
überhaupt um diese Gangart weniger kümmert als der rechtssitzende,
so ist das Gleichniss auch den nun vorliegenden Verhältnissen an-
gepasst.

Wenn man nun versucht, das Sprachfeld entsprechend den
verschiedenen Arten der Aphasie in Unterabtheilungen zu spalten,
so stösst man wieder auf die grosse Schwierigkeit, dass den Beschreibungen der Krankheitsfälle die Art der Aphasie nur selten zu
entnehmen ist. Es wird dies vermuthlich jetzt in Folge der Anregung, welche Kussmaul's schon erwähntes Werk allerorten gibt,
besser werden; ich aber, fast blos auf Krankengeschichten, die schon
mehrere Jahre alt sind, angewiesen, kann hier wenig Neues bringen.

Unter den oben aufgezählten Aphasiefällen meiner Sammlung
sind fünfzehn, welche der ataktischen und amnestischen Aphasie angehören (40, 69, 70, 84, 91, 92, 128, 135, 141, 145, 147, 150, 151,
165, 166). Darunter ist ein Fall (166), in dem der Mensch noch
schreiben konnte. In diesem Falle waren zwei Erweichungen von
geringer Grösse, die eine am vorderen, die andere am hinteren Ende
des *Gyrus frontalis inf.* [2]

---

[1] Studien über die Sprachvorstellungen, Wien 1880.

[2] Es war dieses Capitel schon gänzlich ausgearbeitet, als Stricker's Abhandlung: Studien über die Sprachvorstellungen, Wien 1880, erschien. In derselben ist
das Vorkommen der Aphasie ohne Agraphie bezweifelt. Es beruht dies darauf,
dass Stricker als das Charakteristikon der Aphasie das Fehlen der Wortvorstel-
lungen betrachtet (pag. 98), während bisher dann von Aphasie gesprochen wurde,
wenn bei hinlänglich erhaltener willkürlicher Beweglichkeit der Articulationsmuskeln
die richtigen Innervationen zum Aussprechen der Worte nicht gefunden werden
(vergl. Kussmaul, Störungen der Sprache, p. 154). Es ist kein Zweifel, dass nach
Stricker's Auffassung dieser Fall nicht hichergehört. Für mich ist es jetzt nicht
mehr möglich, ihn auszuschalten, da er schon überall mit in Rechnung gezogen ist.
Auch entspricht er der allgemeinen Anschauung nach den Anforderungen der Aphasie.

Es sind vier Fälle da, in welchen Agraphie ausdrücklich hervorgehoben ist (67, 92, 141, 150), und fünf Fälle von sogenannter Worttaubheit (67 [?], 104, 112, 114, 121). In allen anderen Fällen konnte ich aus der Beschreibung keinen Schluss auf die Art der Aphasie ziehen.

Ich habe mich, wie gesagt, auf ein Detailstudium der Localisation der Sprachfunctionen nicht einlassen können, doch habe ich so viele Fälle durchstudirt, dass ich glaube, zur Aeusserung einer Vermuthung berechtigt zu sein.

Die grosse Annäherung des intensivsten Theils des Sprachfeldes in der unteren Stirnwindung an die intensivsten Theile des Facialis- und Hypoglossusfeldes ist gewiss nicht zufällig. Die Bedeutung dieser Nähe liegt offenbar darin, dass vom Sprachfeld aus die Rindencentralorgane der Articulationsnerven in Erregung versetzt werden. Aus den mir bekannten Aphasiefällen scheint mir nun hervorzugehen, dass man im grossen Ganzen in der Krankengeschichte um so sicherer eine ataktische Aphasie zu finden erwarten darf, je näher die im Sectionsbefund notirte Läsion dem hinteren Theile der unteren Stirnwindung liegt, und je weniger ausgedehnt die Zerstörungen sind. Es fehlt dann eben der Rindenprocess der articulatorischen Innervation. Je ausgedehnter die Läsion ist, desto wahrscheinlicher wird die Combination mit amnestischer Aphasie, desto eingreifender sind überhaupt die Sprachstörungen. Je mehr sich die Läsion den intensiveren Theilen des Rindenfeldes der oberen Extremität nähert, desto wahrscheinlicher ist Agraphie vorhanden. Es ist dann eben die Rindenübertragung vom Sprachfeld auf die centralen Verbindungen der Handnerven erschwert oder unmöglich gemacht. Läsionen des Schläfelappens, wie es scheint, besonders des *Gyrus temporalis med.*, lassen Worttaubheit erwarten.

Es macht diese Zusammenstellung den Eindruck, als wäre sie theoretisch construirt. Es ist dies nicht der Fall.

Ich habe wiederholt auf die Unsicherheit der Resultate hingewiesen, die aus einer nicht systematisch verarbeiteten Aufzählung

---

Uebrigens scheint es mir, dass nach Stricker's Auffassung ein eigentlich Aphasischer auch nicht mehr das gesprochene Wort verstehen darf, da nach ihm die geistige Verarbeitung des gehörten Wortes an die Möglichkeit gebunden ist, dasselbe mit zu articuliren. — Liest man die Krankengeschichte dieses Falles, so könnte man im ersten Augenblicke zweifelhaft werden, ob man es mit Aphasie, auch im alten Sinne, zu thun hat, da die herausgestreckte Zunge von der Mittelebene abweicht. Bedenkt man aber, dass dieser Mensch vorgesprochene Silben nachsprechen konnte, so leuchtet ein, dass sein Unvermögen, zu sprechen, doch in der Rinde, wo auch die Läsion gefunden wurde, ihre Ursache haben muss.

von Krankheitsfällen hervorgegangen sind. Hier aber muss ich diesen Weg selbst einschlagen und will die Fälle unserer Sammlung von dem angegebenen Gesichtspunkte beleuchten.

Was die ataktische und amnestische Aphasie anbelangt, so kann ich auf das allgemein Bekannte verweisen: die meisten beobachteten Fälle gehören dieser Form an, und die meisten Läsionen sitzen an dem angegebenen Orte.

Was die Agraphie anbelangt, so ist es gewiss auffallend, dass, während der schon erwähnte Kranke vom Fall 166 seine Gedanken durch die Schrift ausdrücken konnte, dies der Patient vom Fall 92 nicht mehr im Stande war. Letzterer verstand das gesprochene Wort, konnte aber weder reden noch schreiben. Bei diesem war ein Stück der mittleren Stirnwindung, ein Theil des *Gyrus centralis ant.* und ein grosser Theil der Insel[1]) mit in die Läsion einbezogen. Insbesondere möchte ich auf den hintersten Theil des *Gyrus frontalis med.* aufmerksam machen, denn dieser ist auch verletzt (nebst anderen, dem Rindenfeld der oberen Extremität angehörenden Partien) im Falle 150 und im Falle 67. In letzterem ist er ganz allein Sitz der Läsion. Da dieser hintere Theil der mittleren Stirnwindung in nächster Nähe des vermuthungsweise festgesetzten Feldes der rechten Handmuskeln liegt, so dürfte dies nicht ohne Bedeutung sein. Im Falle 141 sitzt die Läsion zwar auch noch im Rindenfeld des Armes, aber nicht in jener mittleren Stirnwindung. Dem entsprechend war die Agraphie auch nur durch Mangelhaftigkeit der Schrift angedeutet, nicht vollständig.

Dies die Fälle meiner Sammlung, an welche sich noch viele aus der Literatur anreihen liessen.

---

[1]) Wie aus den Sectionsbefunden der Sammlung hervorgeht, gehört die Insel mit zu dem Rindenfeld des Armes. Welche Intensität sie hat, kann ich aber nicht angeben. Es ist mir mit den Inselwindungen überhaupt ein Malheur passirt. Wie es wohl schon öfter gegangen ist, ist es auch mir geschehen, dass aus anspruchslosen Anmerkungen, zum eigenen Gebrauch bestimmt, eine grosse Abhandlung herausgewachsen ist. Als ich mir die ersten Gypsabgüsse bemalte, dachte ich nur daran, mir die Sache für die Bearbeitung der Rindenphysiologie in Hermann's Handbuch anschaulich zu machen. Indem ich jeden neuen Fall neu malte, wuchs mir eine Anzahl heran, die zu einer selbstständigen Untersuchung verlockte. Auf meinem ursprünglichen Abguss war die Reil'sche Insel nicht, ich konnte also auch die Symptome auf derselben nicht versinnlichen, und als ich den grösseren Theil der Sammlung schon vollendet hatte und die Lücke sich ernstlich fühlbar machte, konnte ich mich nicht entschliessen, die ganze Casuistik eben wegen der genaueren Localisation der Insel (im Allgemeinen finden sich die Läsionen in meinen Auszügen wohl angegeben) noch einmal durchzusehen. So kommt es, dass in dieser Abhandlung die Insel nicht behandelt ist.

Es ist allgemein bekannt, dass Aphasie auch auf Läsionen des
Schläfelappens eintreten kann. Meine Tafel zeigt hier sogar eine
ganz bedeutende Intensität, insbesondere im oberen und mittleren
Gyrus temporalis. Nun kann es der Aufmerksamkeit nicht entgehen,
dass in allen meinen Fällen, in welchen der Schläfelappen Sitz der
Läsion ist und diese nicht allein den *Gyrus temporalis sup.* betrifft,
die Aphasie, wenn sie überhaupt genauer geschildert war, als mit
Worttaubheit verbunden angegeben wird, oder doch als solche aus
der Beschreibung mit grösserer oder geringerer Wahrscheinlichkeit
zu erkennen ist.

Ich erinnere daran, dass man mit dem Namen der Worttaubheit eine Krankheitserscheinung belegt hat, die dadurch charakterisirt ist, dass der damit Behaftete zwar ganz gut hört, wenn es
sich darum handelt, akustische Eindrücke überhaupt aufzufassen,
aber gesprochene Worte nicht versteht. Als Paradigma dieser Worttaubheit kann ein von Schmidt[1]) beobachteter Fall dienen. Eine
Frau war nach einem Anfall von Bewusstlosigkeit aphasisch geworden und, wie ihre Umgebung glaubte, taub. Sie verstand nämlich kein Wort. Bald überzeugte man sich, dass sie das Klopfen
an der Thüre und das Ticken der Taschenuhr so scharf hörte wie
ein Gesunder, zwei Hausglocken dem Klange nach unterschied u. s. w.
Die Frau wurde gesund und erzählte später, sie habe die Worte als
verworrenes Geräusch gehört.

Nach dem Abschlusse meiner Sammlung kam mir die Disser-
tation Riedel's zu, in welcher ein schöner Fall von Worttaubheit
mitgetheilt wird. Auch in diesem sass die Verletzung im Schläfelappen, und zwar in beiden. Die Läsion des linken überwog und es
war speciell der *Gyrus temporalis sup.* und *med.* erweicht.

Also auch hier wieder eine Bestätigung des oben genannten
Satzes.

Es stimmt dieses Resultat sehr wohl mit den Ergebnissen der
Untersuchungen, welche Kahler und Pick[2]) angestellt haben. Nur
glaube ich die oberste Sphenoidalwindung, welche diese Autoren einbeziehen, hier ausnehmen zu müssen, weil in meiner Sammlung fünf
Aphasiefälle (105, 128, 139, 141, 158) vorkommen, in denen diese
Windung zerstört ist, ohne dass eine auf Worttaubheit deutende Erscheinung angegeben wäre; in zwei von diesen Fällen war sogar
sicher das Wortverständniss erhalten (128, 141). Selbstverständlich

[1]) Allgem. Zeitschr. f. Psychiatrie 1871, Bd. 27, pag. 304, hier mitgetheilt
nach Kussmaul, Störungen der Sprache, pag. 176.
[2]) Prager Vierteljahrsschrift, 141. Bd., 1879, pag. 1.

soll damit nicht gesagt sein, dass bei Verletzung dieser Windung Worttaubheit nicht auftreten kann; hier handelt es sich überhaupt nur um Grade von Wahrscheinlichkeit.

Indem ich, was die Bestätigung des Schläfelappens als Sitz des Wortverständnisses anbelangt, auf die von Kahler und Pick zusammengestellten Krankengeschichten verweise, bemerke ich noch, dass nur zwei Fälle meiner Sammlung identisch sind mit Fällen, welche diese Autoren benützt haben, was den Werth des Resultats nur erhöhen kann. Auch Wernicke,[1] der als der erste bezeichnet werden muss, der das Wortverständniss in den Schläfelappen verlegte, mit seiner Ansicht aber nicht durchzudringen im Stande war, hat einige interessante, für meine Sammlung aber nicht verwerthbare Fälle. Ferner ist ein Sectionsbefund Huguenin's (Centralbl. f. Nervenkrankheiten und Psychiatrie, 1. Jänner 1879) von grossem Interesse. Es fand sich nämlich bei einem Taubstummen eine Atrophie in der obersten Schläfenwindung.

Wie kein Rindenfeld scharfe Grenzen hat, wird auch das des Sprachverständnisses keine solchen haben; die Bestätigung davon finde ich in zwei Fällen der Sammlung. In dem ersten (67) war durch Läsion des hinteren Theiles des *Gyrus frontalis med.* Worttaubheit entstanden, welche sich aber bald wieder verlor, während Aphasie und Agraphie noch eine Zeit lang bestehen blieb, um endlich auch zu schwinden; im zweiten (112) ist gesagt, dass die Person nicht mehr sprechen kann und auch die Fragen nur schwer versteht. Es war der hintere Theil der beiden unteren Frontalwindungen zerstört.

Man muss sich fragen, wie es kommt, dass Worttaubheit, wo sie beobachtet wurde, immer mit Aphasie verbunden war. Mir ist wenigstens kein Fall vorgekommen, wo das Vermögen zu sprechen intact gewesen wäre. Verhältnissmässig gut sprach der oben genannte Kranke Riedel's, aber auch er ist von einer normalen Sprache weit entfernt. Die Antwort dürfte wohl darin liegen, dass die Correctheit aller unserer motorischen Rindenimpulse wesentlich dadurch bedingt ist, dass die Erfolge derselben stets durch die Sinnesorgane controlirt werden.[2] Man denke an die Kranken mit ausgedehnten Anästhesien, die z. B., weil sie das Gefühl in der Hand verloren haben, diese ohne sie anzusehen nicht mehr zur Faust ballen können u. s. w. Die natürliche Controle der Articulationsinnervationen ist aber zweifelsohne das Wortgehör. Man wende nicht ein, dass es

[1] Der aphasische Symptomencomplex, Breslau 1874.
[2] Vergl. Hermann's Handb. d. Physiol., Bd. II, 2. Th., pag. 248.

nahezu oder gänzlich taube Leute gibt, die doch noch verständlich sprechen. Das dürften wohl nur solche sein, welche allmälig das Gehör verloren haben und sich in dieser Zeit der steigenden Schwerhörigkeit angewöhnt haben, die Tastempfindungen in den Mundtheilen den Gehörsempfindungen zu substituiren. Oder es sind Taubstumme, die Sprechen gelernt, d. h. welche diese Substitution sich systematisch angeeignet haben. Offenbar hängt damit auch die Eigenthümlichkeit der Schwerhörigen zusammen, sehr laut zu sprechen.

Das ist das Wenige, was ich über das Sprachfeld auszusagen habe; ich wiederhole übrigens noch einmal, dass ich dieses Capitel mit einem anderen Maassstab gemessen sehen möchte als die anderen dieser Abhandlung. Es war das Sprachfeld nicht Gegenstand speciell darauf gerichteter Untersuchung, sondern es wurde hier nur mitgetheilt, was sich gelegentlich der anderen Untersuchungen ergab.

B. Sensible Rindenfelder.

X. Das Rindenfeld des Gesichtssinnes.

(Positive Fälle der Sammlung: 62—63, 71, 73, 90, 163, 167.)

Verhältnissmässig klar gestalten sich die Dinge für diesen Sinn.

Ein absolutes Rindenfeld ist nicht vorhanden, so dass die Methode der negativen Fälle nicht angewendet werden kann. Die Methode der procentischen Berechnung, sowie die der positiven Fälle ergeben das übereinstimmende Resultat, dass das Rindenfeld des Auges im Occipitallappen und der intensivste Theil desselben am oberen Ende des *Gyrus occipitalis prim.* zu suchen ist.

Die Fälle, aus denen dies erschlossen ist, sind zwar nicht zahlreich, doch sind sie in so guter Uebereinstimmung, dass das Resultat als gesichert betrachtet werden kann. In allen Fällen der Sammlung mit Ausnahme von einem (71) ist die genannte Gegend Sitz der Läsion.

Tafel XII und XIII enthalten die Läsionen nach der Methode der positiven Fälle aufgetragen, Tafel XXIII und XXIV zeigen die Ergebnisse der procentischen Berechnung. Diese ergibt als Maximum der Intensität, welche das Rindenfeld erreicht, 67. Die intensivsten Theile derselben liegen beiderseits in der ersten und zweiten Occipitalwindung und greifen auf die mediale Rindenfläche, und zwar auf den *Cuneus* und den anstossenden Theil des *Lobulus quadratus* über.

In jenem Falle 71 war es ein Tumor, der in den zwei oberen Dritteln des *Gyrus centralis ant.*, auf der rechten Seite sitzend, Sehstörungen namentlich im linken Auge verursachte.

Dieses Resultat wird noch durch manchen anderen Fall, der zwar nicht geeignet war, in die Sammlung aufgenommen zu werden, hier aber wohl in die Waagschale fällt, bekräftigt. So erzählt Sabourin[1]) von einer Frau, welche keinerlei Motilitätsstörungen der rechten Seite zeigte, aber mit dem Auge dieser Seite schlechter sah als mit dem linken. Dass sie Buchstaben nicht kannte, ist hier von geringem Belange, da sie an amnestischer Aphasie litt. Bei der Section fand sich eine ausgedehnte Zerstörung des Schläfelappens, welche sich über einen Theil des Occipitallappens bis in den *Cuneus* erstreckte. Es war also auch hier die angegebene Partie zerstört. Ich konnte diesen Fall in meine Sammlung nicht aufnehmen, weil ein sehr kleiner Herd auch im hinteren Theile des *Thalamus opticus* sass. Wie schon erwähnt, erzählt Jastrowitz von einem nicht näher beschriebenen Krankenfall, bei welchem Einschränkung des Gesichtsfeldes bei einer Erweichung des Hinterlappens vorhanden war, natürlich auch ohne nachweisbare periphere Ursache.[2])

Aehnlich ist es mit einem Falle, den Baumgartner[3]) publicirt. Hier war *Hemiopia lateralis sinistra* in Folge von Zerstörung der drei rechten Occipitalwindungen vorhanden. Auch in diesem Falle sass ein kaum halblinsengrosser Heerd im *Thalamus opticus*. Ferner ist ein Fall Fürstner's[4]) zu nennen, welcher darauf hinweist, dass der *Gyrus occipitalis prim.* dem Rindenfeld des Auges angehört; endlich ein Fall Nothnagel's.[5]) In diesem bestand *Hemianopsia dextra* in Folge von Zerstörung des linken Occipitallappens. Dieselbe reichte nach vorne bis zum *Sulcus parieto-occipitalis*. Abgesehen von diesen wegen ihrer Complicirtheit schon nicht mehr von mir aufgenommenen Fällen gibt es noch viele, welche sich noch mehr von den Fällen meiner Sammlung entfernen, bei denen aber auch Zerstörung des Hinterlappens mit Sehstörungen combinirt war. Einige davon sind in Nothnagel's eben citirtem Buche angeführt. Uebrigens hat schon vor mehreren Jahren Charcot in seinen Vorträgen[6]) hervorgehoben, dass oberflächliche Erweichungen des Occipitallappens oft mit Gesichtshallucinationon, sowie mit Ambliopie verbunden sind.

Wenn so die Resultate der Methode der procentischen Berechnung, und die der Methode positiver Fälle in guter Uebereinstimmung untereinander sind, mit diesen wieder die Ergebnisse anderer klinischer

---

[1]) Bull. de la soc. anatom., 20. Oct. 1876, pag. 584.
[2]) Centralbl. f. prakt. Augenheilkunde I., Dec. 1877, pag. 255.
[3]) Centralbl. f. d. med. Wiss. 1878, pag. 369.
[4]) Arch. f. Psychiatrie, Bd. VIII, Fall 2.
[5]) Topische Diagnostik d. Gehirnkrankh., Berlin 1879, pag. 389.
[6]) Localisation dans les maladies du cerveau, Paris 1876, pag. 113 Anm.

Beobachtungen stimmten, so wird die Sicherheit der so gewonnenen
Anschauung noch weiter erhöht durch einige Sectionsbefunde an
Blinden. Die Atrophieen der Hirnrinde nach Nichtgebrauch haben
uns bei der Localisation der motorischen Felder ziemlich im Stich
gelassen; die Angaben waren in hohem Grade different; die wenigen positiven Angaben, welche über Rindenatrophieen bei Blinden
existiren, sind in bester Uebereinstimmung sowohl untereinander,
wie mit den Ergebnissen der klinischen Erfahrung. Es sind zwei
Fälle, die ich hier im Auge habe, beide rühren von Huguenin[1] her.

Im ersten handelt es sich um eine Person, welche mehr als
fünfzig Jahre vor ihrem Tode auf dem linken Auge erblindet war.
Bei der Section fand sich in der Rinde der rechten Hemisphäre da,
wo die *Fissura parieto-occipitales* von der medialen Fläche auf die
convexe übertritt, eine atrophirte Stelle von der Ausdehnung eines
Fünffrankenstückes, in der linken Hemisphäre eine Atrophie an
derselben Stelle, aber von geringerer Ausdehnung.

Der zweite Sectionsbefund betraf einen Menschen, der seit
früher Jugend auf beiden Augen nur wenig sah und in seinem
42. Lebensjahre an Typhus starb. An derselben Stelle wie im vori-
gen Falle fanden sich beiderseits atrophische Rindenpartien von der
Ausdehnung eines Zweifrankenstückes.

Auf der Wiener Anatomie kam in diesem Jahre ein junger
Mann zur Section, der, wie schon die vollkommene Atrophie der
Bulbi zeigte, seit früher Kindheit, vielleicht seit Geburt auf beiden
Augen blind war. Durch die Güte des Herrn Prosectors Dr. Holl
erhielt ich das Gehirn desselben, konnte aber in der Rinde keine
atrophirte Stelle finden, obwohl ich, da mir die Fälle Huguenin's
schon bekannt waren, die bewusste Stelle genau untersuchte. Auch
mein College, Prof. v. Fleischl, dem ich als ehemaligen Assistenten
Rokitansky's das Präparat vorlegte, konnte eine Atrophie nicht
erkennen.

Wenn nun auch die zu gewärtigenden weiteren Sectionsbefunde
an Blinden nicht alle jene schöne Uebereinstimmung zeigen dürften,
welche in den beiden Fällen Huguenin's vorhanden ist, so glaube
ich, dass dies an der Sicherheit des oben ausgesprochenen Resultates
nichts mehr ändern wird.

Was nun die Art der Sehstörungen anbelangt, die man bei
Rindenläsionen findet, so komme ich auf dieselben noch einmal
zurück. Hier sei nur erwähnt, dass sie sich in drei Typen trennen

---

[1] Correspondenzblatt d. schweiz. Aerzte 1878, Nr. 22. Mir bekannt aus dem
Centralbl. f. Nervenkrankh., Psych. etc. vom 1. Jänner 1879.

lassen: a) Es kann mehr oder weniger vollkommene Hemianopsie
bei Verletzung einer Hemisphäre vorhanden sein. Und zwar sind es,
wie dies auch mit den Thierversuchen Munk's im Einklange steht,
die mit der Läsion gleichseitigen Netzhanthälften, deren Eindrücke
nicht mehr zum Bewusstsein kommen. b) Es treten Gesichtshallucinationen auf. c) Eigenthümliche Sehstörungen, welche alle das ge-
mein haben, dass Gesichtseindrücke wohl noch zum Bewusstsein
kommen, aber nicht mehr so wie im gesunden Zustande geistig verwerthet werden können. Lehrreich in dieser Beziehung ist Fall
62—63. Dieser Patient Fürstner's sah z. B. noch die auf den Tisch
gelegten Pillen, er konnte sie aber nicht zählen; er erkannte Buchstaben, konnte sie aber in einem geschriebenen Worte nicht mehr
zeigen u. dgl. m.

XI. Das Rindenfeld der tactilen Empfindungen.

(Positive Fälle: 6, 11. 25. 46, 47, 48. 51, 59, 61, 68, 69, 71, 79. 81, 92. 115, 117, 121, 123. 135, 137, 163.)

Es ist sehr häufig schwer zu entscheiden, ob man es in einem
Krankheitsfalle mit Störung des tactilen Empfindungsvermögens zu
thun hat. Nicht immer ist entweder Erhöhung oder Herabsetzung
der Empfindlichkeit der Haut angegeben, sehr oft ist von „Taubheit", „Schwere" u. dgl. in einem Glied die Rede, in welchem Falle
man es wohl mit der Aeusserung einer Motilitätsstörung zu thun hat.
Aehnliche Schwierigkeiten bereiten Ausdrücke wie „Abgestorbensein", „Pamstigsein", ferner das englische „numbness" etc.

    Ich erwähne dies, weil ich es wohl für möglich halte, dass ein
Autor in dem einen oder anderen Fall meiner Sammlung eine Sensibilitätsstörung annehmen würde, wo ich es nicht gethan habe, oder
umgekehrt. Es könnte eine solche Meinungsdifferenz sich jedoch
nur auf einige wenige jener Fälle beziehen, die ich als mit Sensibilitätsstörungen behaftet ansah, so dass im Ganzen das Resultat der
Untersuchung wohl nicht beeinflusst würde.

    In meiner Sammlung sind 21 Fälle, in welchen Sensibilitäts-
störungen im Gebiete der tactilen Empfindungen angegeben sind.
Wie zur Bestimmung der motorischen Rindenfelder Lähmungen und
Krämpfe einer Muskelgruppe in gleicher Weise als Motilitätsstörungen
betrachtet worden, so geschah dies hier mit Hyperästhesieen und
Anästhesieen eines Nervengebietes.

    Das erste, was auffällt, wenn man diese Fälle betrachtet, ist, dass
unverhältnissmässig viele Läsionen auf der rechten Hemisphäre liegen.
Es muss dies den Gedanken erwecken, die rechte Hemisphäre könne
möglicherweise für die Sensibilität ebenso eine überwiegende Wichtig-

keit haben, wie dies die linke Hemisphäre für die Motilität hat. Es ist leicht, diesen Gedanken etwas genauer zu prüfen.

In meiner Sammlung ist 101 Fall, in welchen die Läsion auf der linken Hemisphäre sitzt, in 9 dieser Fälle hat sie auch Sensibilitätsstörung erzeugt, also in nicht ganz 9 Procent der Fälle. Die rechte Hemisphäre ist nur 67mal Sitz einer Läsion. Sind beide Hemisphären für die Sensibilität gleichwerthig, so muss man erwarten, dass auch für die rechte Hemisphäre in 9 Procenten ihrer Fälle, also 6,03mal Sensibilitätsstörung vorhanden ist. In Wirklichkeit aber ist sie 13mal, also mehr als doppelt so oft vorhanden.

Man wird dies nicht leicht für Zufall halten können. Blicken wir jetzt auf das Zahlenverhältniss des schon besprochenen sensiblen Rindenfeldes, nämlich des Auges, zurück, so gewahren wir dort auch eine Bekräftigung dieses Gedankens.

Lassen wir da den Fall 62—63, bei welchem Störung des Sehvermögens in Folge Verletzung beider Hemisphären vorhanden war — so dass man zweifeln könnte, ob die rechte wirklich dabei ursächlich betheiligt war — bei Seite, so finden wir die Läsionen viermal rechts und nur einmal links. Rechnen wir diesen Fall 62—63 so, dass er dem aufgestellten Gedanken möglichst ungünstig ist, indem wir die Sehstörung nur der Läsion der linken Hemisphäre zuschreiben, dann erhalten wir folgendes Resultat: In zwei Procenten aller Fälle erzeugte Läsion der linken Hemisphäre Sehstörung. Wäre die rechte der linken gleichwerthig, so müsste man erwarten, dass unter sämmtlichen Läsionen der rechten Hemisphäre 1,3 Fälle vorkommen, in welchen Sehstörung beobachtet wurde. Statt dessen sind aber 4 solche Fälle vorhanden. In der That zeigen die Tafeln das Rindenfeld des Auges rechterseits grösser als links.

Bei der Ausdehnung des sensiblen Rindenfeldes, von der gleich die Rede sein soll, ist der Verdacht ausgeschlossen, dass das gewonnene Resultat auf zufälliger Anhäufung von Läsionen an einer bestimmten Stelle beruhe.

Nach der gegebenen Statistik muss demnach angenommen werden, dass, sowie die linke Hemisphäre für die Motilität von höherer Bedeutung ist als die rechte, diese Hemisphäre für die Sensibilität das Uebergewicht über die linke hat.

Der Grad der Sicherheit dieses Satzes ergibt sich aus der Anzahl meiner Fälle. Er ist derart, dass kaum zu erwarten ist, der Satz werde durch Vermehrung derselben widerlegt werden. Hervorgehoben muss werden, dass das Rindenfeld des Wortverständnisses, das zum Sprachfeld rechnet, obwohl es eigentlich sensibler Natur ist, immer links liegt. Es hängt dies offenbar mit der innigen Verbindung zusammen, in der es mit dem motorischen Sprachfeld steht. Ich kehre zu den Störungen der tactilen Sensibilität zurück. Ein zweiter Umstand, der mir alsbald auffiel, als ich meine bemalten Abgüsse, auf welchen Sensibilitätsstörungen verzeichnet waren, überblickte, war der, dass ausnahmslos alle Läsionen entweder ganz oder zum Theil in der exquisit motorischen Region liegen.

In 16 von den 22 Fällen sind die beiden Centralwindungen selbst lädirt, in weiteren 3 rückt die Läsion bis auf einige Millimeter an die Centralwindungen heran, und was die noch erübrigenden 3 anbelangt, so liegt die am weitesten von der motorischen Region entfernte Läsion derselben (im Fall 123) im *Gyrus angularis*, also auch noch an einer Stelle, welche z. B. im Rindenfeld der unteren Extremität eine recht nennenswerthe Intensität (50) hat.

Sieht man genauer nach, so erkennt man, dass dieses Zusammenfallen des Rindenfeldes der Tactilität mit dem intensivsten Theile der motorischen Region darauf beruht, dass in fast allen Fällen Sensibilitätsstörung an jenen Orten vorhanden war, an welchen auch die Motilitätsstörung zur Beobachtung kam. Es ergibt sich daraus, dass das tactile Rindenfeld z. B. einer Extremität zusammenfällt mit dem motorischen Rindenfelde derselben. Ich glaube, man wird es überflüssig finden, dass ich diese Thatsache durch besondere Zahlenangaben illustrire, doch will ich ein Beispiel anführen. Blickt man die kurzen Beschreibungen jener 22 Fälle in meiner Sammlung durch, so wird man diesen Satz für verschiedene Körperstellen bestätigt finden.

Es sind 20 Fälle da, in welchen eine Sensibilitätsstörung der oberen Extremität vorhanden war, und in 16 derselben war auch die Motilität dieser Extremität afficirt. Selbstverständlich finden sich auch in den übrigen die Läsionen noch im motorischen Rindenfelde der oberen Extremität. Ich komme sogleich wieder auf diese vier Fälle zurück.

Besonders interessant sind in Bezug auf das Zusammenfallen der motorischen und tactilen Rindenfelder die Fälle 6 und 46. Ersterer ist der einzige mir bekannte Fall, in dem die Rückenmuskeln durch Rindenaffection in Mitleidenschaft gezogen werden. Es waren hier abwechselnd Lähmung und Krampfanfälle in der Scapularmuskulatur, sowie im *Pectoralis* aufgetreten. Gleichzeitig ist dies der einzige Fall, in dem tactile Störungen in der Rückenhaut vorhanden waren. Die Person gab unter Anderem an, sie habe das Gefühl, als liege sie im Wasser, eine Empfindung, die mit überzeugender Intensität immer wieder auftrat. Im Fall 46 war Empfindungslosigkeit im Daumen

und Zeigefinger vorhanden. Es war nicht nur der Rindenantheil,
den wir oben als das wahrscheinliche Rindenfeld der Hand, sowie
als das des Daumens erkannt haben, zerstört, sondern es zeigten sich
auch im Verlaufe der Krankheit die Rindenorgane der empfindungs-
losen Finger als besonders schwer betroffen, da die ursprüngliche
Lähmung des Armes zurückging und nur Lähmung der Finger
bestehen blieb.

Ich glaube demnach, gestützt auf die 22 diesbezüglichen
Krankenfälle, den Satz aussprechen zu können, dass die tactilen
Rindenfelder der verschiedenen Körperabtheilungen im
Allgemeinen mit den motorischen Rindenfeldern derselben
zusammenfallen, habe in dieser Beziehung jedoch noch Einiges
hervorzuheben.

Sowie es eine gewöhnliche Erscheinung ist, dass Motilitätsstörung eines Körpertheils da ist ohne Sensibilitätsstörung, so kann
auch umgekehrt Sensibilitätsstörung ohne Motilitätsstörung da sein,
letzteres gehört aber, wenn auch kaum zu den Seltenheiten, so doch
zu den ungewöhnlichen Erscheinungen. Betrachten wir diese Fälle
etwas genauer. Im Fall 51 erzeugte ein gänseeigrosser Tumor,
welcher, an der medialen Fläche sitzend, *Cuneus* und *Praecuneus* com-
primirte, keine anderen Erscheinungen als Herabsetzung der Sensibilität auf der entgegengesetzten Körperhälfte. Die Erklärung dieser
Erscheinung kann wohl in verschiedener Weise angestrebt werden;
ich möchte hier nur darauf aufmerksam machen, dass dieser Tumor
zum Theil noch sehr intensive Antheile des motorischen Rindenfeldes
beider Extremitäten comprimirt hat. Dass er keine motorischen Erscheinungen erzeugte, darf nicht Wunder nehmen, er liegt eben nicht
im absoluten Rindenfeld. Auch im Falle 92 haben wir es mit einer
Läsion in dem noch hoch motorischen Gebiete, nämlich der Umgebung des *Sulcus praecentralis* zu thun. In diesem Fall tritt aber
noch eine zweite Erscheinung hinzu, nämlich die Beeinflussung der
Empfindlichkeit beider Körperhälften durch einseitige Läsion. Von
dieser soll alsbald die Rede sein. Dasselbe gilt von Fall 123. Endlich ist im Fall 121 eine ausgedehnte Läsion des relativen Rindenfeldes beider Extremitäten vorhanden ohne Motilitätsstörung, wohl
aber mit Herabsetzung der Empfindlichkeit der entgegengesetzten
Seite.

Aus alledem scheint mir hervorzugehen, man habe sich vorzustellen, dass in der Hirnrinde nicht sowohl ein motorisches und ein
sensibles Rindenfeld z. B. der oberen Extremität vorhanden ist,
sondern dass vielmehr ein Rindenfeld der oberen Extremität schlecht-
weg vorhanden ist. In diesem Rindenantheil spielen sich die zunächst

diese Extremität betreffenden centralen Processe ab und äussern sich
einerseits als willkürliche Bewegungsimpulse, andererseits, insoferne
sie zum Bewusstsein kommen als von aussen angeregte tactile Empfindungen dieser Extremität. Das Rindenfeld ist als sensibles nirgends
ein absolutes, es zeigt überhaupt als solches geringere Intensität,
denn als motorisches, was nicht ausschliesst, dass, wie wir sahen,
Verletzungen derselben bisweilen sensible Störungen und keine motorischen erzeugen.

Schwierig ist die Frage zu beantworten, ob eine laterale Körper-
stelle in jeder Hemisphäre ein tactiles Rindenfeld hat.

Der Umstand, dass bei Verkümmerung einer ganzen Hemisphäre die Motilität, nicht aber die Sensibilität der entgegengesetzten
Körperhälfte leidet, oder dass jene doch in höherem Grade beeinträchtigt ist als diese, spräche für eine doppelseitige Vertretung. In
demselben Sinne spricht der Krankenfall 92. Hier war, wie erwähnt,
durch einseitige Rindenläsion die Empfindlichkeit der ganzen Körperoberfläche, freilich in erhöhtem Maasse auf der entgegengesetzten
Seite herabgesetzt. (Dass bei einseitigen Läsionen nicht häufiger
eine Angabe über Sensibilitätsherabsetzung auf beiden Seiten zu
finden ist, kann wohl dahin gedeutet werden, dass die Sensibilität
gewöhnlich vergleichend beiderseits geprüft wird.) Ebenso im Fall
123, in welchem als Folge einer kleinen Rindenläsion des *Gyrus angularis* allgemeine Hyperästhesie auftrat. Doch erweckt eine solche
allgemeine Hyperästhesie wohl den Verdacht, sie könnte möglicherweise nicht eine unmittelbare Folge jener Läsion sein.

Gegen eine solche doppelseitige Verbindung sprechen nun aber
die Angaben, denen zufolge durch einseitige Rindenläsion Anästhesie eines Theiles der entgegengesetzten Körperhälfte aufgetreten
sein soll.

Wie mir scheint, wird jedoch das Wort Anästhesie von Autoren
nicht immer buchstäblich genommen, so dass es wohl auch gebraucht
wird, wenn noch ein Rest von Empfindlichkeit geblieben ist. Auch
dürfte in Bezug auf die tactilen Rindenfelder Aehnliches im Spiele
sein wie bei jenen motorischen Feldern, bei welchen wir es wahrscheinlich gefunden haben, dass sie mit beiden Körperhälften in Verbindung stehen. Sie sind eben mit der gekreuzten Körperhälfte in
viel intensiverer Verbindung als mit der gleichseitigen, so dass
erstere gelegentlich als allein betheiligt erscheinen kann.

In beiden, sowohl in der motorischen wie in der sensiblen
Sphäre, könnten die Erscheinungen noch durch Folgendes complicirt
werden. Ohne eine Theorie über die Art aufstellen zu wollen, wie
ein Muskel oder ein sensibler peripherer Nerv mit den Rindenfeldern

beider Hemisphären in Verbindung tritt — eine solche Theorie würde
schon deshalb gewagt sein, weil die Verbindung bei verschiedenen
Muskelgruppen und tactilen Nerven verschieden sein dürfte — möchte
ich doch darauf hinweisen, dass ein Nervenstrang vielleicht *in toto*
zur gekreuzten Hemisphäre geht, da in Beziehung zu den Stammganglien tritt und auch sein Rindenfeld hat, und dass die Stammganglien oder dieses Rindenfeld oder beide nun erst durch Commissurfasern mit der anderen Hemisphäre in Verbindung stehen. Nun kann
eine Läsion derselben Stelle verschieden wirken, je nachdem sie die
Commissurfasern oder einen kleineren oder grösseren Theil der Rindenendigungen derselben mit zerstört, überhaupt die centralen Verbindungen der Stabkranz- und Commissurfasern ganz oder theilweise
aufhebt.

Ueber die Art der tactilen Störungen, welche durch Rindenläsionen verursacht werden, wird noch die Rede sein.

Es ist hier der Ort, die Resultate der vorstehenden Untersuchung, welche unabhängig von den Angaben anderer Autoren geführt wurden, mit diesen zu vergleichen. Es wird sich auf diese
Weise von selbst herausstellen, was an ihnen neu ist, und was vor
mir schon Anderen bekannt war.

Vergleich meiner Resultate mit denen früherer Untersuchungen.

Erwägt man, dass in den letzten Jahren kaum ein Fall von
Rindenerkrankung beschrieben wurde, ohne dass der Autor denselben
entweder als Grundlage eines Satzes der Localisationslehre oder doch
als Bestätigung eines solchen benützte und ansah, so wird man es
gerechtfertigt finden, wenn ich es nicht als meine Aufgabe betrachte,
alle diese gelegentlich geäusserten Anschauungen hier anzuführen.
Ich glaube mich beschränken zu dürfen und nur die wichtigsten, also
vor Allem die, welche auf einer ausgedehnten Zusammenstellung
von Krankenfällen beruhen, besprechen zu sollen.

Nun muss ich sogleich hervorheben, dass in gewissen Punkten
meine Resultate von denen meiner Vorgänger schon deshalb in hohem
Grade abweichen, weil ich so voraussetzungslos als möglich vorging,
während diese gewisse Voraussetzungen mehr weniger bewusst ihren
Untersuchungen zu Grunde legten. Hieher gehört vor Allem die fast

allgemein als selbstverständlich betrachtete Anschauung,[1]) dass
die einzelnen Rindenfelder nicht incinander übergreifen, dass jedes
derselben mit scharfer Gränze an ein benachbartes anstösst. Wie
mir scheint, hängt diese Vorstellung auch damit zusammen, dass
von Vielen als die alleinige Aufgabe eines solchen Rindenfeldes die
willkürliche Innervation der betreffenden Muskelgruppe (wenn es
ein motorisches ist) betrachtet wird. Ich muss sagen, dass ich in
den Thatsachen keinerlei Stütze für diese Anschauung sehe, und
halte es für viel wahrscheinlicher, dass eine solche Rindenpartie
neben anderen Functionen (eine von diesen ist die, welche es gleichzeitig als tactiles Rindenfeld hat) auch die hat, die willkürlichen
Innervationen zu besorgen.

Eine andere Voraussetzung, die als allgemeine bezeichnet werden
muss, ist die, dass es, in unserem Sinne gesprochen, nur absolute
Rindenfelder, keine relativen gibt, d. h. die Voraussetzung, dass die
Verletzung eines Rindenfeldes immer das betreffende Symptom
hervorrufen muss. Als Illustration dieser Voraussetzung führe ich
einen Satz Ferrier's[2]) an: „But that the cerebral centres of motion
and tactile sensation are distinct from each other is evident from the
fact that we may have the most complete motor paralysis without
impairment of tactile sensation, as is the case with cortical lesions."
Wenn das Factum, dass eine Rindenpartie zerstört sein kann, ohne
tactile Störungen hervorzurufen, als Beweis dafür angesehen wird,
dass in dieser das tactile Rindenfeld nicht liegt, so führt das in ein
Labyrinth von Täuschungen, aus dem nicht mehr herauszufinden ist.
Ich könnte z. B., um dem Satze Ferrier's entgegenzutreten, alle
Fälle meiner Sammlung, in welchen keine tactilen Störungen vorhanden waren, zusammenstellen. Es würde sich zeigen, dass durch
die Summe der Läsionen derselben mit Ausnahme von einigen
kleinen Fleckchen die ganze Rinde bedeckt würde. Nach Ferrier's
Satz könnte dann nur in den unbedeutenden Rindenresten das „Centrum" der tactilen Empfindungen liegen. Nun könnte ich aber wieder
zeigen, dass in den 22 Fällen der Sammlung, in welchem tactile
Störungen angegeben sind, sich nicht einer findet, in welchen die
Läsion eines der übriggebliebenen Rindenrestchen betrifft. Wo ist
jetzt das Rindenfeld der tactilen Sensationen? Ich führe dieses Beispiel an, nicht um Ferrier einen Vorwurf zu machen, sondern um
nachzuweisen, dass die Aufstellung der relativen Rindenfelder eine
durch die Thatsachen erforderte Nothwendigkeit ist.

[1]) Für die beiden Extremitäten machen einige Autoren eine Ausnahme.
[2]) The localisation of cerebral disease, London 1878.

So aber, wie hier mit dem tactilen Rindenfeld, geht es mit manchem motorischen auch. Haben wir in der Form, wie es bisher geschehen ist, ein Recht, ein Rindenfeld des *Hypoglossus* anzunehmen, obwohl die angenommene Stelle viel häufiger ohne Hypoglossuslähmung lädirt war als eine andere Stelle, die wir nicht zum „Centrum" der oberen Extremität rechnen, ohne Störung von deren Motilität Sitz einer Läsion war? Es ist das Recht hiezu nicht einzusehen, und doch ist ein „Centrum" für den *Hypoglossus* und andere Muskelgruppen, welche kein absolutes Rindenfeld haben, aufgestellt worden.

Eine weitere Voraussetzung, die bisher allgemein gemacht wurde, ist die, dass die „Centren" auf den Hemisphären beider Seiten gleich sind.

Ich beginne die Besprechung der einzelnen Aufstellungen mit Lépine.[1]) Dieser Autor localisirt folgendermassen: „Les centres moteurs des membres sont situés vers la partie supérieure du sillon de Rolando; le territoire des centres de la partie supérieure de la face, en arrière du sillon de Rolando et au-dessous des centres du membre supérieur. Le plus inférieur est celui des lèvres et de la langue, qui est situé sur la troisième circonvolution".

Wir finden also hier die Lage der wichtigsten Rindenfelder schon in den Hauptsachen richtig angegeben. Die Extremitäten sind zu oberst localisirt, die oberen Gesichtsmuskeln hinter dem *Gyrus centralis*, was wohl noch der Bestätigung bedarf, die unteren Gesichtsmuskeln sind gemeinschaftlich mit den Zungenmuskeln in den *Gyrus frontalis inf.* verlegt, also weiter nach vorne, als es in dieser Untersuchung geschehen ist; letztere hat auch gezeigt, dass die intensivsten Stellen der Rindenfelder dieser Muskeln zwar recht nahe aneinander liegen, aber nicht zusammenfallen.

Die bedeutendste und auch eine der neuesten der hier zu nennenden Arbeiten ist wohl zweifelsohne die von Charcot und Pitres.[2]) Diese beiden Autoren geben (Revue mensuelle 1879, pag. 155) eine Zeichnung von der Anordnung der Rindenfelder, wie sie ihnen nach dem momentanen Stand der Untersuchungen am wahrscheinlichsten erscheint. Sie verlegen das Rindenfeld der Zungenmuskeln in den hintersten und untersten Theil des *Gyrus frontalis inf.* und lassen es auf den untersten Theil des *Gyrus centralis ant.* übergreifen, es liegt nach diesen Autoren also tiefer als der intensivste Antheil derselben nach meinen Untersuchungen. Man darf wohl fragen, wie

---

[1]) Localisation dans les maladies cérébrales, Thèse, Paris 1875, pag. 53.
[2]) S. Catalog.

sich nach dieser Localisation der Fall 164 meiner Sammlung erklärt, in welchem Falle Hypoglossuserscheinungen bei Verletzung des *Gyrus supramarginalis* vorhanden waren. Die unteren Gesichtsmuskeln werden an den unteren Enden der beiden *Gyri centrales* localisirt, aber mit Umgehung des Hypoglossusfeldes. Auch hier kann man wieder fragen, wie erklären sich die Fälle: 5, 19, 48, 49, 50, 67, 68, 71, 72, 77, 115, 161, 167 meiner Sammlung?

Die übrigbleibenden Antheile der *Gyri centrales* und des *Lobulus paracentralis* gehören den beiden Extremitäten an, und zwar dieses ganze Gebiet beiden gemeinschaftlich mit Ausnahme des mittleren Drittels des *Gyrus centralis ant.* Dieses gehört allein der oberen Extremität, und, wie weiter als wahrscheinlich angenommen wird, blos den Bewegungen des Vorderarmes und der Hand an. Was den letzten Punkt anbelangt, so sehe ich darin eine erfreuliche Uebereinstimmung mit meinem Resultate, denn auch wir haben ja oben eine ähnlich gelegene Stelle als das Rindenfeld der Hand wenigstens als wahrscheinlich annehmen müssen. Ferner haben sich hier die beiden Autoren von dem Schema der Nebeneinanderlagerung der Rindenfelder losgemacht, indem sie oberer und unterer Extremität ein theilweise gemeinsames Rindenfeld zusprachen. Aber auch gegen dessen scharfe Begränzung muss ich wieder Einspruch erheben. Was ist es mit der grossen Anzahl jener Fälle, in welchen Motilitätsstörung in den Extremitäten vorhanden war, und weder die beiden oberen Drittel der Centralwindungen, noch der *Lobulus paracentralis* lädirt waren (z. B. 7, 11, 32, 36, 47, 48, 64, 67, 87, 105, 132, 140 meiner Sammlung); was weiter mit jenen, in welchen gar der Occipitallappen (wie in den Fällen 73 und 167) oder der Schläfelappen (wie in 49 und 128) ausschliesslicher Sitz der Läsion, und zwar reiner Rindenläsion war?

Ich glaube, es heisst den Thatsachen Gewalt anthun, wenn man in all' diesen Fällen von Fernwirkung der Läsion sprechen will, eine solche aber nicht annimmt, wenn die Läsion da sitzt, wo man aus anderen Ursachen geneigt ist, das Rindenfeld zu vermuthen. Es liegt eben in dieser Art der Untersuchung, wie schon einmal erwähnt, ein zu grosses Gewicht auf dem subjectiven Moment.

Die übrigen Muskelgruppen, sowie die sensiblen Rindenfelder sind von Charcot und Pitres noch nicht genauer localisirt.

Eine weitere Untersuchung, die hervorgehoben werden muss, ist die von Petřina.[1] Die Localisation, welche dieser Autor im Jahre 1877 gab, ist folgende: Das motorische Feld liegt „in der

---

[1] Prager Vierteljahrsschrift, Bd. 133, pag. 119.

Region der Centralwindungen, und zwar wäre da der oberste, dem oberen Rande der Hemisphäre am nächsten liegende Theil dieser Windungen, das motorische Centrum der unteren, einige Linien darunter das für die obere Extremität, gegen die Hälfte zu, das des *Facialis,* und in der Nähe des unteren Endes der Centralwindungen das für die Kaubewegungen zu suchen".

Also, wie man sieht, wieder scharfe Isolirung der einzelnen Felder. Dem Umstande gegenüber, dass das Rindenfeld der oberen Extremität nicht bis an den oberen Rand der Hemisphäre reichen soll, muss ich hervorheben, dass eben dieser obere Rand wenigstens theilweise mit zum absoluten Rindenfelde gehört. Bemerkenswerth ist, dass Petřina den unteren Rand der Centralwindungen den Kaumuskeln zuschreibt. Wie wir oben sahen, kann dies nicht ohneweiters geschehen, aber auch die eigenen Untersuchungen haben uns das Rindenfeld der Kaumuskeln in der Nähe des vorderen Endes der *Fissura Sylvii* vermuthen lassen.

Auch Nothnagel gibt in seinem bekannten Werke,[1] gestützt auf eine Zusammenstellung von verhältnissmässig einfachen Fällen, eine Localisation. Dieselbe lautet: „Bei Lähmung des *Facialis* und *Hypoglossus* ist das untere Drittel der *Gyri centrales,* beziehungsweise des *Sulcus Rolandi* betroffen; bei Lähmung der oberen Extremität allein das mittlere Drittel, namentlich von *CA (Gyrus centralis ant.);* bei Lähmung des Beines oder dieses und des Armes das obere Drittel. Der *Lobulus paracentralis* scheint nur zu den Extremitäten in Beziehung zu stehen; ob zu den Hirnnerven, däucht uns aus den vorhandenen Beobachtungen noch nicht erwiesen."

Wie Nothnagel selbst hervorhebt, stimmt diese Localisation ganz gut mit der überein, welche von Charcot und Pitres herrührt und die oben besprochen wurde.

Eine der ausführlichsten Arbeiten über unser Thema ist die von H. de Boyer.[2] Dieser Forscher kommt zu folgenden Resultaten: „Langage: troisième frontale gauche dans son tiers postérieur. Face: le bas de la frontale et de la pariétale ascendantes.[3] Bras: le tiers moyen de la frontale et de la pariétale ascendantes. Jambe: le tiers supérieur de la pariétale ascendante. Les origines cérébrales de la troisième paire peuvent occuper différents points du pli courbe[4] et du lobule pariétale inférieur. Les mouvements de rotation de la

----

[1] Topische Diagnostik der Gehirnkrankheiten, Berlin 1879.
[2] Études cliniques sur les lésions corticales, Paris 1879.
[3] Nach unserer Nomenclatur *Gyrus centralis ant.* und *post.*
[4] *Gyrus angularis.*

tête peuvent avoir un centre situé sur le pied de la seconde frontale. Ces deux derniers centres sont loin d'être démonstrés."

Es ist hervorzuheben, dass de Boyer ein Centrum für den *nervus oculomotorius*, wenn auch nur mit Reserve, angibt, und zwar im *Lobulus parietalis inf.* und ebenso eines für die Drehbewegungen des Kopfes. Letzteres soll im hinteren Theile des *Gyrus frontalis med.* liegen. Auch ist zu bemerken, dass de Boyer eine theilweise Superposition der Centren beider Extremitäten für möglich hält, ja es finden sich in der Abhandlung Andeutungen davon, dass die Centren ausgedehnter sein könnten, so dass die von ihm angegebenen Localitäten nur den für eine bestimmte Function wichtigsten Partien der Rinde entsprechen. Dieser Autor verlegt weiter das Rindenfeld des Auges, indem er sich an Ferrier's Angaben hält, in den *Gyrus supramarginalis* und *angularis,* und gibt weiter eine detaillirte Localisation für Arm und Hand. Er vermuthet nämlich in der Mitte des *Gyrus centralis ant.* das Centrum für die Streckbewegungen, ebenda im *Gyrus centralis post.* das Centrum für die Beugebewegungen des Armes, und etwas ober der erstgenannten Stelle und auf dem dem *Sulcus centralis* zugewendeten Abhang des *Gyrus centralis* das Centrum für die Handmuskeln.

Nicht ohne Interesse ist die Bemerkung de Boyer's, dass die Rindenfelder der einzelnen Muskelgruppen in der motorischen Zone um so höher liegen, je tiefer die Muskelgruppe im ganzen Körper liegt; also das Hypoglossus- und Facialisfeld am tiefsten, das Rindenfeld des Beines am obersten Rande der Hemisphäre.

Auch Maragliano (Rivista sperimentale di Freniatria e di Medic. legal. Anno IV, pag. 672) gibt eine Aufstellung über die Rindencentren, auf die ich nicht näher eingehen zu müssen glaube. Die wesentlichen Punkte, durch welche sich alle diese Localisationen von der meinen unterscheiden, habe ich schon besprochen, glaube deshalb den Leser nicht noch durch weitere Aufzählungen ermüden zu sollen.

Interessanter ist es, die Anschauungen mancher meiner Vorgänger in Bezug auf einzelne Details der Untersuchung kennen zu lernen.

Oben habe ich die Thatsache besprochen, dass die Ablenkung von Gesicht und Augen nach einer Seite so häufig combinirt vorkommt, dass ein ursächlicher Zusammenhang zwischen den Innervationen dieser verschiedenen Muskelgruppen angenommen werden muss.

Ich habe aber die Frage offen gelassen, nach welcher Seite die Ablenkung stattfindet. Grasset[1]) nun nimmt ein eigenes Centrum

---

[1]) De la déviation conjuguée de la tête et des yeux, Paris 1879.

für diese gemeinsame Ablenkung an und verlegt es in den *Gyrus supramarginalis* und *angularis*. Es ist dies eine Localisation, der ich mich nicht anschliessen kann, da ich es nicht für opportun halte, wenn auch unter Reserve, Sätze aufzustellen, die durch einige wenige neue Beobachtungen umgestossen werden können. Landouzy[1]) stellt nun, was die Richtung der Ablenkung anbelangt, das Gesetz auf, dass die Kranken, wenn sie gelähmt sind, Kopf und Augen nach der Seite wenden, auf welcher die Läsion sitzt; wenn sie von Krämpfen befallen sind, nach der entgegengesetzten Seite. Dies bezieht sich nur auf Läsionen der Hirnrinde. Bei tiefer gelegenen Läsionen gestaltet sich die Sache anders.

Ein Paar Worte zur Geschichte der „Worttaubheit" mögen hier auch Platz finden. Der erste, der eine Localität der Hirnrinde als Sitz des Wortverständnisses bezeichnete, war Wernicke.[2]) Und zwar fasste er den *Gyrus temporalis sup.* als solchen auf. Erst später führten Ferrier[3]) seine Versuche am Affen dazu, denselben *Gyrus* als das Centrum des *Acusticus* zu betrachten, und Munk[4]) gelangte auf ähnlichem Wege zu der Anschauung, dass dieses Centrum im Schläfelappen sitze. Kahler und Pick[5]) waren die ersten, welche durch eine Sammlung von Krankengeschichten sowie durch Beibringung eines eigenen Falles die Wahrscheinlichkeit dafür, dass Läsionen des Schläfelappens Worttaubheit erzeugen, so weit erhöhten, dass, so viel ich weiss, die Sache jetzt ernstlich discutirt wird. Diese Autoren vertheidigten[6]) ihre Ansicht, sowie den klinischen Begriff der Worttaubheit später gegen Mathieu.[7]) Ich habe mich nach den Fällen meiner Sammlung dieser Auffassung auch anschliessen müssen, freilich mit der Bemerkung, dass das Rindenfeld des Wortverständnisses kein absolutes ist, dass es also auch verletzt sein kann, ohne jenes Symptom hervorzurufen, und dass ich gerade der obersten Schläfenwindung nicht in dem Grade wie der mittleren diese Function zuschreiben kann.

Auch was die tactilen Rindenfelder anbelangt, fanden sich, ehe ich meine Untersuchungen abschloss, schon gewisse, wenn auch noch schwache Hinweise auf das Resultat derselben; ich meine einige Ergebnisse von Thierversuchen.

---

[1]) Progrès méd. 1879, Nr. 36—49, u. Centralbl. f. d. med. Wiss. 1880, pag. 393.

[2]) Der aphasische Symptomencomplex, Berlin 1874.

[3]) Function of the brain, London 1876.

[4]) Physiologische Gesellsch. in Berlin 1877 und 1878.

[5]) Prager Vierteljahrsschrift, 1879, Bd. 141, pag. 1.

[6]) Zeitschr. f. Heilkunde, Prag 1880, 1. Bd.

[7]) Arch. génér. de méd. 1880.

Goltz hat bekanntlich gezeigt,[1]) dass Hunde, denen ein beträchtlicher Theil der Grosshirnrinde entfernt wurde, nicht nur Motilitätsstörungen zeigen, sondern dass auch die tactile Sensibilität der entgegengesetzten Seite gelitten hat. Dass er diese beiden Erscheinungen für ursächlich mit einander verknüpft hält, ist eine Sache für sich, auf die hier näher einzugehen nicht der Ort ist. Ferner musste es auffallen, dass Rindenstellen am Hundegehirn von Munk[2]) als tactile bezeichnet werden, welche von Hitzig und Fritsch[3]) als motorische erkannt wurden, und dass die Hautbezirke Munk's mit den Muskelbezirken Hitzig's auffallend übereinstimmen. Das motorische Rindenfeld der vorderen Extremität Hitzig's liegt im Bereiche des tactilen Rindenfeldes, welches Munk für dieses Glied angibt, ebenso bei der hinteren Extremität.

Als meine Untersuchung über diesen Gegenstand schon abgeschlossen war, erschien eine Abhandlung von Tripier,[1]) welcher, so viel aus der kurzen Mittheilung zu ersehen ist, ähnliche Versuche wie Goltz an Hunden angestellt hat und auch bei kleineren Läsionen das gleichzeitige Vorkommen von Motilitäts- und Sensibilitätsstörungen constatiren konnte. Tripier weist weiter darauf hin, dass Sensibilitätsstörungen auch bei Verletzungen der motorischen Zone des Menschen vorkommen, spricht diese also als gemischt motorische und sensible an. Belege durch Krankenfälle sind keine mitgetheilt.

Auffallen muss es, dass Charcot[5]) den Occipitallappen als den Hirntheil hervorhebt, dessen Läsion häufig Hyperästhesien und unangenehme Empfindungen in den Gliedern der entgegengesetzten Seite hervorruft, und noch besonders die oberflächlichen Erweichungen als solche Läsionen bezeichnet. Wäre letzteres nicht der Fall, so hätte man an eine Wirkung auf das Bündel sämmtlicher sensibler Fasern im hinteren Theil der inneren Kapsel denken können.

Ich hätte nun noch die Aufgabe, das Unternehmen einer Localisation der Rindenfunctionen Jenen gegenüber zu vertheidigen und zu rechtfertigen, welche für die Unmöglichkeit des Gelingens eines solchen eingetreten sind. Wie bekannt, gibt es noch immer sehr gewichtige Stimmen, wie z. B. die von Brown-Sequard[6]) und von

---

[1]) Arch. f. d. ges. Physiologie von Pflüger, Bd. XIII und XIV.

[2]) Physiol. Gesellsch. zu Berlin, 29. Nov. 1878, abgedruckt in Du Bois-Reymond's Arch. f. Physiol. 1878, pag. 547.

[3]) Vgl. die neuere Abbildung Hitzig's im Arch. f. Anat. u. Physiol. 1873, Tafel IX B.

[4]) Compt. rend. Sitzung vom 19. Jänner 1880.

[5]) Localisation dans les maladies du cerveau, Paris 1876, pag. 113.

[6]) The Lancet, Juli bis October 1876, Jänner bis Mai 1877.

Goltz,[1] welche sich für die Anschauungen von der Gleichwerthigkeit der verschiedenen Rindenbezirke erheben. Doch scheint mir
nach der ausführlich dargelegten Art meiner Untersuchungen eine
eingehende Widerlegung nicht mehr nöthig zu sein. Ich habe selbst
in der Einleitung hervorgehoben, dass die Lehren von der Rindenlocalisation für den Menschen bisher in einer Weise aufgestellt
wurden, welche in der That dem subjectiven Ermessen einen grossen
Spielraum liess. Ich glaube diesen Uebelstand beseitigt zu haben,
indem ich jeden mir unterkommenden Fall, wenn er nur rein war,
in das Calcul einbezog, und darf deshalb wohl hoffen, dass die in
schlagendster Weise für die Localisation sprechenden Resultate auch
die noch Schwankenden überzeugen werden. Ich werde erst dann
glauben, dass die verschiedenen Rindenbezirke gleichwerthig sind,
wenn die gleiche Bearbeitung einer in gleicher Weise zu Stande
gekommenen Sammlung ein absolutes Rindenfeld der oberen Extremität an der unteren Fläche des Sphenoidallappens, das Rindenfeld
des *Hypoglossus* im Occipitallappen und des Auges im Stirnlappen
ergeben wird.

Besprechung der Resultate.

Nach den vorstehenden, etwas mühsamen Detailuntersuchungen
dürfen wir uns wohl fragen, welche Vorstellung man sich über die
uns hier zunächst betreffenden Rindenvorgänge wohl bilden kann,
und dies dann, wenn man keinerlei Hypothese zu Hilfe nimmt, sondern sich an den jetzigen Stand unserer Kenntnisse hält.

Es ist aus Thierversuchen bekannt, dass von den motorischen
Rindenfeldern Fasern in den Stabkranz einstrahlen, deren Reizung
dieselbe Muskelgruppe in Contraction versetzt, welche durch Reizung
des Rindenfeldes selbst erregt wurde.[2] Carville und Duret[3]
zeigten, dass diese Fasern das *Corpus striatum* umgreifen, und Gliky[4]
konnte sie durch Reizung an passend angelegten Schnittflächen bis

[1] Pflüger's Arch. f. Physiol. Bd. 13, 14, 20.
[2] Vergl. Braun, Beiträge zur Frage von der elektrischen Erregbarkeit des Grosshirns. Eckhard's Beiträge z. Anat. u. Physiol. 1874, Hermann in Pflüger's Arch., Bd. X, und Hitzig, Arch. f. Anat. u. Physiol. 1875, pag. 431.
[3] Arch. de physiol. norm. et pathol. 1875.
[4] Eckhard's Beiträge zur Anat. u. Physiol. VII.

in den Fuss des Hirnschenkels, Balighian[1]) sogar in ihre von der Brücke bis zur Spitze des *Calamus scriptorius* sich vertheilende Kreuzung verfolgen. Es wurde auf diese Weise festgestellt, dass diese Faserbündel, ohne mit den Stammganglien in Berührung zu kommen, von der Hirnrinde bis an den angegebenen Ort gelangen, eine Thatsache, welche auch für den Menschen wiederholt bestätigt wurde theils an der Hand sogenannter absteigender Degeneration bei lange währenden Erkrankungen der motorischen Rindenfelder, theils an der Hand anatomischer Zergliederung (Meynert).

Weiter hat François-Franck und Pitres[2]) gezeigt, dass die Erregung bei Reizung der Rinde um eine merkliche Zeit länger braucht, um bis zu den Muskeln zu gelangen, als wenn man die unter dem Rindenfeld liegenden Stabkranzfasern reizt. Dieses Plus an Zeit, sowie die weitere Angabe dieser Forscher, dass im ersten Falle die Zuckung grösser ist als im letzten, könnte, wenn sie sich bestätigt, nur dahin aufgefasst werden, dass bei oberflächlicher Rindenreizung die gesetzte Erregung noch eine Centrastation zu passiren hätte.

Es ergibt sich daraus die Vorstellung, dass von einem motorischen Rindenfelde Fasern ihren Ursprung nehmen, welche direct durch den Hirnschenkel, also wahrscheinlich in den langen Bahnen des Rückenmarkes (Woroschiloff[3]) bis zu dem Theil der grauen Substanz derselben verlaufen, welcher nicht mehr ferne ist von der Austrittsstelle der Wurzeln, durch welche die im Rindenfeld gesetzte Erregung zu der betreffenden Muskelgruppe geleitet wird. Diese Fasern besitzen, wenn die Beobachtungen von François-Franck und Pitres richtig sind, da, wo sie in die Rinde eintreten, zunächst ein Centralorgan. Dieses steht dann mit den übrigen Rindenorganen weiter in Verbindung.

Erwägt man, dass der histologische Bau des grössten Theiles der Grosshirnrinde ein ziemlich ähnlicher ist, so wird man die Vermuthung nicht zurückweisen können, dass auch die Art, wie diese verschiedenen Bezirke derselben functioniren, eine ziemlich ähnliche sein wird. In der That stellen wir uns ja wohl auch das, was in einer Ganglienzelle, z. B. des Darmtracts, geschieht, blos auf die histologische Aehnlichkeit gestützt, als analog dem vor, was in einer Spinalganglienzelle vor sich geht. Die Art der physiologischen Vorgänge dürfte also in dem näherungsweise gleichmässig gebauten

---

[1]) Inauguraldissert., ausgef. unter Eckhard's Leitung, Giessen 1878.
[2]) Gaz. hebdom. de Paris 1878, Nr. 1.
[3]) Arbeiten a. d. physiol. Anstalt zu Leipzig 1874, Leipzig 1875.

78   Besprechung der Resultate.

Theil der Rinde ziemlich identisch sein, so zwar, dass die functionelle Verschiedenheit derselben in erster Linie durch die zur Peripherie verlaufenden Nervenbahnen charakterisirt ist, denen sie ihren Ursprung geben.

So also, wie die physiologischen Vorgänge in den einzelnen Skeletmuskeln des Körpers ähnlich sind, die Function jedes Muskels aber durch seine Knochenverbindungen gegeben ist, dürfen wir, ohne eine Hypothese aufzustellen, für wahrscheinlich halten, dass die Vorgänge im Rindenfeld der oberen Extremität und des *Facialis* unter einander ähnlich und nur durch die Verbindungen mit den peripheren Nerven in ihren Aeusserungen verschieden sind. Damit spreche ich nicht der Lehre von der Gleichwerthigkeit der ganzen Rinde das Wort, denn auf diese Aeusserungen der Functionen kommt es eben an.

Die erste Frage, die sich nun aufdrängt, ist die, ob von einem ganzen Rindenfelde, dem absoluten und dem relativen, Nervenbahnen zu der betreffenden Muskelgruppe ausgehen und die betreffenden Motilitätsstörungen durch Veränderungen in den Rindenursprüngen selbst zu Stande kommen, oder ob die Sache auch folgendermassen aufgefasst werden kann: blos von einem beschränkten, vermuthlich dem intensivsten Gebiet eines motorischen Rindenfeldes treten die Fasern in die Stabkranzstrahlung ein; in diesem intensivsten Antheil finden sich auch die oben besprochenen ersten centralen Verbindungen dieser Fasern. Das Rindenfeld ist, wie schon bei Gelegenheit der tactilen Rindenfelder auseinandergesetzt wurde, als die Stelle zu betrachten, in welcher sich im überwiegenden Maasse die auf die betreffende Körperpartie überhaupt bezüglichen cerebralen Processe abspielen. Es ist aber kein Zweifel, dass in demselben Felde auch Vorgänge stattfinden, die nicht unmittelbar als Tactilität und Motilität zum Ausdrucke kommen, so dass wir in demselben ein complicirtes Centralorgan vermuthen können, das in Bezug auf seine Function als Rindenfeld da, wo die betreffenden Fasern abgehen, einen Kernpunkt besitzt und von da allmälig in die Umgebung ausläuft.

Es ist das Nervensystem so oft mit einem Telegraphensystem verglichen worden, dass ich mir erlauben darf, dieses Gleichniss auch für unsern Fall heranzuziehen.

Man denke sich eine jener telegraphischen Centralanstalten, wie sie in grossen Städten nothwendig sind. In einem Raum laufen alle von aussen kommenden Drähte zusammen und gelangen in die Apparate. Hier sitzt eine Reihe von Beamten, welche Depeschen aufgeben und empfangen. Im ganzen übrigen weitläufigen Gebäude ist Amtsstube neben Amtsstube; überall werden auf die Telegramme bezügliche Arbeiten gemacht. Manche dieser Arbeiten werden auf die zunächst zu befördernden Depeschen in näherer, manche in fernerer Beziehung stehen. Es frägt sich nun, wenn eine Störung im Depeschenwechsel eintritt, kann das nur durch eine Störung des Dienstes in jenem ersten Saal, in den die Drähte eintreten, geschehen, oder kann der Dienst auch stocken, weil in irgendeinem der anderen Amtslocale ein Versehen geschehen ist. In unserem Gleichnisse muss man die letzte Frage bejahen. Ich glaube, dass man dies auch für den Mechanismus in der Hirnrinde thun muss, dass man also die Motilitätsstörungen nicht allein auf die Läsion der ersten Endigungen der Stabkranzfasern in der Rinde zu beziehen hat. Selbstverständlich braucht eine derartige Läsion nicht immer ein vollständiges Sistiren der Rindenfunctionen hervorzurufen, sie kann auch eine Unordnung im Mechanismus des Rindenfeldes erzeugen, deren Folge es ist, dass die Bewegungen ungeschickt oder nur mit Schwierigkeit ausgeführt werden. Für diese meine Auffassung spricht eine Reihe von Thatsachen, auf die ich nun etwas näher eingehen will.

Obwohl die Motilitätsstörungen im Allgemeinen um so grösser sind, je ausgedehnter einerseits die Läsion ist und je näher sie andererseits dem absoluten Rindenfeld oder der Stelle der höchsten Intensität eines Rindenfeldes liegt, so gibt es doch vollständige Lähmungen bei Verletzung der relativen Rindenfelder allein. Ich führe als Beispiele folgende Fälle meiner Sammlung an: obere Extremität 48, 117, 128, 140, untere Extremität 20, 40, 48, 70, 80, 84, 105, 108, 128, 140, 150. In diesen Fällen ist zweifelsohne die Hauptmasse der Stabkranzfasern, sowie deren erste Rindenendigung noch intact. Wenn trotzdem willkürliche Bewegungen der Extremitäten nicht mehr möglich sind, so ist dies wohl nur so zu deuten, dass eben durch die Läsion des Rindenfeldes der ganze Mechanismus desselben stille gestellt ist, so dass auch durch die noch erhaltenen Bahnen keine Impulse mehr befördert werden können. Ich habe schon an einem anderen Orte[1] darauf hingewiesen, dass die uns von der psychischen Seite näher bekannten aphasischen Störungen geeignet sind, uns das Verständniss anderer Erscheinungen, die bei Rindenläsionen auftreten, näher zu rücken. So sehen wir auch bei einem Aphasischen, der die Zunge vollkommen gut willkürlich

---

[1] Hermann's Handb. d. Physiol. II., 2, pag. 342. Auch ist schon früher von Brücke (Vorles. über Physiologie, 2. Aufl., II, pag. 58) auf eine solche Analogie aufmerksam gemacht worden.

bewegen kann, dass die Unmöglichkeit zu sprechen auf einem ähnlichen Stocken des Rindenmechanismus beruhen muss. Auch hier
sind die Bahnen für die willkürlichen Bewegungen der Articulationsmuskeln noch erhalten.

Ein weiterer Umstand, der für die angeführte Auffassung
spricht, liegt darin, dass überhaupt verhältnissmässig kleine Läsionen, welche sicher nicht im Stande sind, alle Rindenendigungen
der Stabkranzfasern zu zerstören, vollständige Lähmung herbei-
führen können. Als Beispiele für die obere Extremität können
die Fälle dienen: 13, 19, 20, 28, 30, 85, 93, 94, 95, 126, 133,
140, 144, 151, 167, und für die untere Extremität die Fälle 20,
30, 144.

Wir gelangen also zu der Vorstellung, dass Lähmungen durch
Rindenläsionen wenigstens bisweilen dadurch zu Stande kommen,
dass, obwohl die Bahnen von den ersten Rindenendigungen bis zu
den Muskeln intact sind, die Innervationen nicht wie im normalen
Zustande gesetzt werden können. Da wir die in der Rinde gesetzten
Muskelimpulse als willkürliche Bewegungsimpulse zu bezeichnen
berechtigt sind, so können wir auch sagen, bei Rindenläsionen
komme eine Unfähigkeit zu willkürlichen Bewegungsimpulsen vor.
Es ist dies dann eine vollkommene Analogie zur ataktischen Aphasie, nur dass bei dieser sich die Unfähigkeit auf die Articulationsimpulse, nicht auf die Bewegungsimpulse überhaupt bezieht.

Andererseits müssen wir, wenn Rindenläsionen auf die Nervenbahnen reizend wirken, so dass sogenannte partielle Epilepsie eintritt, diese Bewegungen als zwangsweise zu Stande gekommene willkürliche Bewegungen auffassen. Dieser Widerspruch in der Be-
nennung hat seine Ursache darin, dass unsere Sprache kein Wort
für die Art von Bewegungen hat, welche durch dieselben Vorgänge
in der Rinde producirt werden, wie die willkürlichen, aber durch
äussere Ursachen veranlasst sind. Die Bewegungen, die ein Tob-
süchtiger in seinem Anfall ausführt, tragen vollkommen den Stempel
der willkürlichen, sind aber doch wohl andererseits als zwangsweise
zu Stande gekommene zu betrachten.

Unter den so gewonnenen Gesichtspunkten, glaube ich, ver-
einfacht sich nun auch die oft besprochene Substitutionsfrage sehr
wesentlich. Es ist kein Zweifel darüber, dass Lähmungen, die durch
circumscripte Läsionen der Rinde erzeugt wurden, mit der Zeit
wieder schwanden. Ob wirklich keine Spur einer Motilitätsstörung
zurückbleibt, darf wohl bezweifelt werden, kleine Störungen entgehen eben leicht der Beobachtung. In dieser Beziehung ist der

oben genannte Fall von Riedel[1]) interessant, in welchem der
Patient nach einem ersten Anfalle von Parese des Armes als „ge-
heilt" entlassen wurde, von dem aber später seine Schwester aus-
sagte, dass er doch nie wieder seine alte Geschicklichkeit als
Cigarrenarbeiter zurückgewann, auch gelegentlich beim Nähen und
Zuknöpfen sich ungeschickt benahm. Auch bei Thierversuchen
stellten sich die Bewegungen, wie schon Goltz[2]) angibt, nie bis
zu ihrer früheren Vollkommenheit wieder her. Die Besserung,
wenn sie wirklich eintrat, wird durch verschiedene Hypothesen
erklärt. Es sollen die benachbarten Rindenpartieen sein, welche die
Function der ausgeschalteten übernehmen, oder die Stammganglien,
oder die correspondirende Partie der anderen Hemisphäre werden
als vertretende Organe angesehen. Hughlings-Jackson ent-
wickelte eine ausführliche Theorie über das Zustandekommen dieser
Substitutionen.[3])

Ich glaube, dass man diese Frage nie als eine so schwierige
angesehen hätte, wenn man die Ausdehnung und Bedeutung der
Rindenfelder nicht verkannt hätte. Es ist ganz richtig, dass, wenn
man das Rindenfeld der oberen Extremität sich als ein thaler-
grosses Stück Rinde denkt, dessen einzige Aufgabe es ist, als „Centrum" für die Arm- und Handbewegungen zu dienen, die Erklärung
einer Restitution nach der Zerstörung desselben zu wenig verlocken-
den Hypothesen Zuflucht nehmen muss.

Man muss, will mir scheinen, zunächst zwischen solchen
Muskelgruppen unterscheiden, welche nach Allem, was wir bisher
wissen, in beiden Hemisphären vertreten sind, und solchen, die nur
in der gekreuzten Hemisphäre ein Rindenfeld haben. Es ist mir
kein Fall bekannt, in welchem Zerstörung des ganzen absoluten
Rindenfeldes einer Extremität zu einer Lähmung geführt hätte,
die je wieder geschwunden wäre. Sollte ein solcher Fall doch
existiren oder in Zukunft vorkommen, so würde er nichts anderes
beweisen, als dass die oben aufgestellte Vermuthung, es gingen
die Stabkranzfasern nur von den intensivsten Antheilen des Rindenfeldes aus, dahin zu ergänzen wäre, dass sie auch von den weniger
intensiven Antheilen ausgehen.

Ich habe schon oben erwähnt, dass bei ausgedehnter Verkümmerung einer Hemisphäre die dazugehörigen Extremitäten immer
dauernd gelähmt sind, was auch auf das entschiedenste gegen eine

[1]) Zur Lehre von den dysphatischen Sprachstörungen. Dissert. Breslau 1879.
[2]) Pflüger's Archiv, Bd. XX.
[3]) Vergl. Rev. mens., 1879, pag. 65.

Substitution, und hätte sie auch ein langes Leben hindurch Zeit, sich zu entwickeln, spricht. Läsionen also, welche die Stabkranzfasern oder deren nächste Rindenendigungen treffen, führen nie zu Lähmungen, welche rückgängig werden können. Läsionen aber, welche, wie dies der oben entwickelten Anschauung entspricht, nur dadurch wirken, dass sie den Innervationsmechanismus in Unordnung bringen, können wohl wieder den grössten Theil ihrer Wirkung verlieren, sei es, dass sie diese Wirkung durch Reiz auf den Mechanismus erzeugt haben und dieser Reiz mit der Zeit schwindet, sei es, dass sich die Processe in der Rinde zur Erreichung ihres Zweckes den neuen Verhältnissen anpassen, in ähnlicher Weise wie der Kranke, dem die Hälfte der Zunge amputirt wurde, durch Ausfindigmachen der neuen Rindenimpulse wieder leidlich sprechen lernt. Bei der gänzlichen Unkenntniss über die physiologischen Vorgänge in der Rinde halte ich es für müssig, sich darüber eine genauere Vorstellung bilden zu wollen. Wie es immer geschehe, scheint mir das Gesagte nicht so sehr die nächstliegende Erklärung, als vielmehr einfach der Ausdruck der Thatsachen zu sein.

Damit soll natürlich nicht gesagt sein, dass verschiedene Läsionen jener Rindenstellen, von welchen die Stabkranzfasern abgehen, sich nicht auch bessern können; dass dies möglich ist, ergibt sich aus dem Dargelegten von selbst. Es kommt hier auf den Grad und die Art der Besserung an.

Dass die Motilitätsstörungen, welche von Läsionen der relativen Rindenfelder ausgehen, im Allgemeinen leichter zurückgehen als die der absoluten, ergibt sich aus folgender Zusammenstellung.

In meiner Sammlung sind zehn Fälle, in denen ausdrücklich hervorgehoben ist, dass sich die Störungen im Laufe der Krankheit besserten. Die Läsionen derselben lagen allein im relativen Rindenfelde der oberen Extremität bei den Fällen 7, 47, 77, 115; allein im relativen Rindenfelde der unteren Extremität in den Fällen 7, 8, 46, 47, 77, 79, 93, 115, 139. Sie lagen an der Gränze zwischen absolutem und relativem Rindenfelde, so dass beide betroffen waren, in 8 (beiderseits), 46, 79, 93 (es kann in diesem Falle zweifelhaft sein, ob die Läsion das absolute Rindenfeld überhaupt berührte), 106 und 139. Einen Fall, in dem wesentliche Besserung bei alleiniger Verletzung des absoluten Rindenfeldes der oberen Extremität oder bei irgend einer Läsion des absoluten Feldes der unteren Extremität eingetreten wäre, finde ich nicht in meiner Sammlung. Von besonderem Interesse sind die Fälle 8 und 46. In beiden stellte sich die Beweglichkeit bis zu einem gewissen Grade wieder her. Ueber diesen Grad ging es aber nicht hinaus. In 8 blieb eine gewisse Schwäche Monate lang bis zum Tod, in 46 verblieb nach der Besserung eine circumscripte Lähmung. Auch Fall 106 muss hervorgehoben werden. Er ist dadurch von Wichtigkeit, weil er zeigt, dass trotz verhältnissmässig ausgedehnter Zerstörung im absoluten Rindenfeld doch noch bedeutende Besserung der Beweglichkeit eintreten kann.

Was nun die anderen Muskelgruppen anbelangt, von denen oben, wenn auch nicht allgemein nachgewiesen, so doch wahrscheinlich gemacht wurde, dass sie mit beiden Hemisphären in Verbindung stehen, so erklärt sich das Zurückgehen von deren Lähmungen von selbst. Wir haben gesehen, dass diese Muskeln, wenn auch ihr Rindenfeld auf einer Seite zerstört ist, gar nicht immer Motilitätsstörungen zeigen; es ergab sich dies daraus, dass, da sie der Willkür unterworfen sind, ihr Rindenfeld irgendwo in der Rinde sein muss, und doch lässt sich die ganze Rinde mit Zeichnungen von Läsionen bedecken, welche Motilitätsstörungen dieser Muskeln nicht erzeugt haben. Wenn also schon in der ersten Zeit nach Eintritt der Läsion die Innervirung der symmetrischen Muskeln beider Seiten durch eine Hemisphäre stattfindet, um so viel eher ist es zu verstehen, wenn dies nach einiger Zeit und in sich allmälig vervollkommendem Masse geschieht.

Ich muss hier noch das Curiosum erwähnen, welches übrigens, so viel ich weiss, von den Pathologen als bestehend allgemein angenommen wird, dass es Menschen gibt, bei welchen eine Kreuzung der motorischen Bahnen zwischen Rinde und Peripherie nicht existirt. Solche Fälle sind unter anderen von Hanot[1]), von Jaccoud[2]), und von Day[3]) publicirt worden, Fälle, in welchen bei der Section die Verletzung auf derselben Seite gefunden wurde, auf welcher die Lähmungserscheinungen aufgetreten waren.

Ein solcher Fall, da er eine reine Rindenläsion darstellt, befindet sich auch in meiner Sammlung (125). Er ist deshalb interessant, weil er, so gut dies ein einziger Fall thun kann, zeigt, dass, auch wenn keine Kreuzung der Bahnen vorhanden ist, die Rindenfelder an der normalen Stelle sitzen, nur natürlich in der anderen Hemisphäre. Wenigstens sind die Erscheinungen so, wie man sie nach der Lage der Läsion erwarten konnte.

[1]) Bull. de la soc. anatom. de Paris, 26. Dec. 1873, pag. 869.
[2]) Gaz. hebdom. 1879, Nr. 9, 2. Fall.
[3]) The Lancet, Vol. I, 1875, pag. 119.

Ich will die Besprechung der motorischen Rindenfelder nicht schliessen, ohne noch auf folgenden Umstand aufmerksam zu machen.

Sucht man eine beschränkte Muskelgruppe oder nur einen Muskel allein willkürlich zu innerviren, so gelingt dies in gewissen Fällen ganz gut bei geringer Muskelanstrengung. Sucht man dann aber den Muskel immer stärker und stärker zu contrahiren, so betheiligen sich auch die benachbarten Muskeln, und diese um so mehr und in um so grösserer Ausdehnung, je intensiver die beabsichtigte Muskelaction ist. Am deutlichsten wird dies, wenn man durch den *Adductor policis* einen Gegenstand zwischen Daumen und *Metacarpus* des Zeigefingers zusammenzupressen sucht. Die schliessliche Betheiligung der ganzen Armmuskulatur bis in die Schulter zeigt, dass man es hier nicht etwa, wie man auf den ersten Blick glauben könnte, mit einer instinctmässig ausgeführten Feststellung der Gelenke gegen den heftigen Druck des zuerst innervirten Muskels zu thun hat. Noch deutlicher zeigt dies die aus dem täglichen Leben bekannte Erscheinung, dass viele Leute bei heftiger Anstrengung, z. B. eines Armes, die Gesichtsmuskeln verziehen.

Ich meine nun, es liegt der Gedanke nahe, dass man es hier mit einer Art des Ueberspringens der Erregung von einem Rindenfeld auf ein anderes zu thun hat, oder insoferne die Rindenfelder sich gegenseitig decken, von den Bahnen des einen in die Bahnen des andern. Mit anderen Worten: wollen wir durch eine beschränkte Partie von Stabkranzfasern eine willkürliche Innervation fliessen lassen, so geht dies nur bis zu einer gewissen Intensität der Innervation. Ueber diese hinaus breitet sich die Erregung, ohne dass es besonders beabsichtigt ist, auf andere Rindenbahnen aus, und zwar, wie es scheint, zuerst auf die nächstgelegenen.

Es ist dies, wie gesagt, nur eine Deutung der oben genannten Erscheinung. Für dieselbe lässt sich noch folgendes anführen. Die Rindenfelder der Hand und des *nervus facialis* (bezüglich die intensivste Stelle des letzteren) liegen, wie wir sahen, sehr nahe beisammen. Es ist demnach nicht zu wundern, dass bei intensiver Action mit den Händen die Gesichtsmuskeln häufig mitgehen, und vor Allem bei Leuten, die ihre einzelnen Muskelgruppen wenig in der Gewalt haben. Dass bei heftiger Anstrengung einer Hand beide Gesichtshälften verzerrt werden, erklärt sich daraus, dass die Gesichtsmuskeln eben gewöhnlich beiderseits gleichzeitig agiren, wie dies auch schon besprochen wurde. Nun lehrt aber die tägliche Erfahrung, dass bei anstrengender Action der rechten Hand bei vielen Leuten die rechte Gesichtshälfte verzerrt wird, bei Anstrengung der linken Hand die linke, und zwar so, dass der Mund nach der agirenden Seite hingezogen wird.

Ich machte nun folgenden einfachen Versuch. Eine Reihe junger Leute wurde, ohne dass sie wusste, um was es sich handelt, gebeten, einen zwischen zwei Holzklötze gefassten Kork mit einer Hand nach Möglichkeit zusammenzupressen. Es war dabei zu sehen, dass einige das Gesicht überhaupt nicht merklich verzerrten, andere verzerrten es beiderseits gleichmässig, noch andere verzerrten es auf der Seite, auf welcher sie den Kork hielten. Oft ist diese Verzerrung nur durch eine eben merkliche Verschiebung des Mundes nach dieser Seite zu sehen. Als ich nun sagte, um was es sich handle, und bat, während mit der rechten Hand gepresst wird, den Mundwinkel nach rechts zu ziehen, so geschah dies mit voller Leichtigkeit. Nicht so leicht ging es aber, als ich bat, den Mundwinkel, während mit der rechten Hand gepresst wurde, nach links zu ziehen. Ja, einer der Herren brachte dies überhaupt nicht zu Stande. Die Uebrigen fanden es das erste Mal etwas schwierig, lernten es aber alsbald. In der That wird jeder, der diesen Versuch das erste Mal macht, finden, dass es gleichsam von selbst geht, wenn er die Gesichtshälfte der Seite, auf welcher er die Handmuskeln anstrengt, verzerren soll, dass es aber etwas Widernatürliches hat, wenn er die entgegengesetzte Gesichtshälfte zusammenziehen soll. Es ist dies sehr frappant nur das erste Mal, denn man lernt bald, diese verschiedenen Muskelgruppen gleichzeitig zu innerviren.

Es scheint mir also dieser Versuch, wie das ganze Verhalten der Erscheinung überhaupt, dafür zu sprechen, dass eine sehr heftige Innervation in einem beschränkten Rindengebiete auf die benachbarten Rindenantheile überzugreifen sucht.

Von sensiblen Rindenfeldern können nur das des Auges und das der tactilen Empfindungen in den Kreis unserer Betrachtungen fallen. Die Erscheinungen, die uns hier entgegentreten, lassen sich leicht mit denen der motorischen Felder in eine Parallele stellen. Was bei letzteren die Lähmungen sind, sind hier die Anästhesieen, den epileptiformen Krämpfen entsprechen die Hallucinationen, und eine dritte Art sensibler Störungen wird, wie sich gleich zeigen wird, wohl auch eine Analogie in Motilitätsstörungen finden.

Wenn die Rindenbahnen, welche im normalen Zustande die
willkürliche Innervation zu der Peripherie führten, durch die Läsion
mehr oder weniger in ihrer Function gelitten hatten oder gänzlich
zerstört waren, so war Lähmung vorhanden. Unter denselben Umständen muss für die centripetalen Bahnen Herabsetzung der Sensibilität oder vollkommene Unempfindlichkeit eintreten. Herabsetzung
der Tastempfindungen findet sich in den Fällen der Sammlung
ziemlich häufig, auch „Herabsetzung des Sehvermögens" oder „Verdunkelung des Gesichtsfeldes" wird häufig angegeben. Ebenso steht
es mit der Anästhesie; nur scheint dieselbe für das Auge immer
nur Theile der Retina zu betreffen, und zwar, wie dies nach Munk's
Versuchen an Hunden zu erwarten war [1]), den äusseren Theil der
der Läsion gleichseitigen Netzhaut und den inneren Theil der der
Läsion gegenüberliegenden Netzhaut. Es ist unmöglich, dies mit
Bestimmtheit auszusagen, da die Angaben in den einzelnen Fällen
nicht immer die nöthige Genauigkeit haben, und bei dem geistigen
Zustande der Kranken wohl auch nicht immer haben können.

Laufen in der Rinde in Folge der reizenden Läsion die Erregungen ab, wo sie sonst bei willkürlichen Innervationen abliefen,
und gelangen diese Erregungen in die centrifugalen Bahnen, so
rufen sie jene partiellen Epilepsieen hervor, die wir besprochen
haben. Laufen diese selben Erregungen da ab, wo sonst die von
der Peripherie kommenden Impulse ihre Erregungen setzten, und
steht dieser Rindentheil noch in Verbindung mit dem Organ des
Bewusstseins, so haben wir es mit hallucinatorischen Eindrücken
zu thun. Als solche müssen für den Tastsinn auch jene oft erwähnten schmerzhaften Empfindungen betrachtet werden, welche
sicher nicht in Veränderungen in den betroffenen Körpertheilen
ihren Grund haben. Es finden sich manche solche Beispiele in der
oben gegebenen Zusammenstellung der mit tactilen Störungen verbundenen Läsionen. Fall 6 gibt ein Beispiel einer complicirten derartigen Hallucination. Als analoge Beispiele für den Gesichtssinn
können die Fälle 73 und 90 angeführt werden.

Nun gibt es aber auch noch Fälle, die augenscheinlich darauf
beruhen, dass der Kranke bei vollkommener Erhaltung des eigentlichen Gesichtssinnes das Vermögen verloren hat, die Eindrücke
derselben psychisch zu verarbeiten und zu verwerthen. Natur-
gemäss tritt dies bei den feinsten Sinnen am deutlichsten hervor.
Die Worttaubheit ist nichts anderes als die Unfähigkeit, die

---

[1]) Du Bois-Reymond's Arch. f. Phys. 1879, pag. 581. Sitz. der Berliner
phys. Gesellschaft vom 4. Juli 1879.

Gehörseindrücke der Worte mit den zugehörigen Begriffen zu verbinden. Aehnliches finden wir beim Auge. Wenn z. B. der Kranke vom Fall 62 vor ihm auf den Tisch gelegte Pillen ganz scharf sieht, sie aber nicht zählen kann, wenn er Buchstaben erkennt, sie aber in einem geschriebenen Worte nicht zeigen kann, so lässt sich dies nur dahin ausdrücken, es sei ihm die vollständige Verwerthung seiner Sinneseindrücke unmöglich geworden.[1])

Bedenken wir, dass die Rinde der Sitz aller Kenntnisse und alles psychischen Geschehens ist, und dass im Feld des Gesichtssinnes die Erregungen desselben ihren Eintritt in die Rinde finden, so wird es nicht unbegreiflich erscheinen, dass Läsionen, welche das Eintreten der Erregungen, sowie das Uebertreten derselben in das Bewusstsein zwar nicht hindern, doch im Stande sein können, die Verbindung derselben mit gewissen Depots psychischer Leistungen zu zertrennen, sowie die Einwirkung derselben auf anderweitige psychische Actionen unmöglich zu machen.

Stellen wir uns diese Art sensibler Störungen auf die motorischen Leistungen übertragen vor, so leuchtet ein, dass sie doch wohl nur als ungeschickte Bewegungen ihren Ausdruck finden können, also mit jenen zusammenfallen werden, die oben ausführlich besprochen wurden.

---

[1]) Luciani und Tamburini (studj clinici sui centri sensori corticali. Milano 1879) haben eine Zusammenstellung von Rindenläsionen, die mit Sehstörung einhergingen, publicirt, auf die ich hier nur verweisen will.

Sammlung von Krankenfällen.

1.

Keine motorischen und keine sensibeln Symptome.

Tumor von der Grösse einer kleinen Nuss, welcher, von der *Dura mater* ausgehend, hart an der *Fissura Sylvii* liegt und den *Lobulus olfactorius* mit seinen anliegenden Rindentheilen comprimirt und erweicht. Rechts. Abgebildet auf Tafel II A, D. (Vermeil, Bull. de la soc. anatom. vom 22. März 1878, pag. 194.)

2.

Unvollständige Lähmung des rechten Armes.

Ein Plaque nach der Zeichnung des Originales wiedergegeben auf Tafel VII A, B und X A. (Lelois, Soc. de Biologie, 28. December 1878, aus Gaz. méd. de Paris, 25. Jänner 1879, pag. 41, Nr. 4.)

3.

Rippencaries, Parese der unteren Gesichtsmuskeln und des Armes, insbesondere der Strecker und *Interossei*. Zeitweise Krämpfe dieser Muskeln. Rechts. Erst zuletzt traten Krampfanfälle ein, bei welchen auch die Muskeln der linken Seite Antheil nahmen.

In der Mitte des *Gyrus centralis ant. sinist.* auf den *Gyrus frontalis med.* übergreifend, sitzt ein Tuberkel von 4 Cm. Durchmesser. Seine Umgebung ist erweicht. Die Markmasse ist mit betheiligt. (Abgebildet auf Tafel VII B. (Rosenthal, Wiener med. Presse, 1878, pag. 689, 1. Fall.)

4.

Keine weiteren hiehergehörigen Symptome als Aphasie; welcher Art diese war, ist nicht zu ersehen.

Herabgekommenes Individuum, bei dessen Section sich durch oberflächliche Herderkrankung zerstört fand: Rechts: der *Gyrus supramarginalis*, durch eine Furche in einen kleinen vorderen und grösseren hinteren

Abschnitt getheilt, war in letzterem vollkommen erkrankt; der Herd griff auf den vorderen Theil über und liess hier nur eine ganz geringe Partie nach vorne frei. Ein weiterer Herd fand sich in der hinteren Partie der ersten Schläfenfurche. Links war der grösste Theil der Rinde des unteren Scheitelläppchens zerstört, nach oben griff die Erkrankung, die Interparietalfurche durchsetzend, auf das obere Scheitelläppchen über, zog nach unten die erste und zweite Schläfen-, nach hinten die zweite und dritte Occipitalwindung in seinen Bereich. Abgebildet auf Tafel IV und V A, B und ebenso auf den Tafeln VI, VII, VIII, X, natürlich getrennt die Läsion der rechten Seite und die der linken. (Fürstner, Berliner Klin. Wochenschrift, 1874, pag. 506.)

5.

Krämpfe, sowie Lähmung in wechselndem Grade, welche den rechten Arm und die gleichseitige Gesichtshälfte betreffen.

Marastische alte Frau, welche, 70 Jahre alt, geistig herabgekommen, an einer Bronchopneumonie zu Grunde ging. Es fand sich im rechten *Corpus striatum* ein Tumor, der uns weiter nicht interessirt. Links ein Tumor, welcher die ganze Breite der vorderen Centralwindung einnimmt, den *Sulcus praecentralis* überbrückt, und den hinteren Theil des *Gyrus frontalis med.* einnimmt. Der obere Rand der Geschwulst blieb 4 Cm. von der *Fissura longitudinalis cerebri* entfernt, der untere von ebenda 6·3 Cm. Gezeichnet Tafel VII A. (Remak, Berliner Klin. Wochenschrift, 1874, pag. 506.)

6.

Anfälle von Krämpfen und solche von Lähmungen im rechten Arm, sowie im Pectoralis und der Scapularmuskulatur, später auch Krampfanfälle im rechten Bein und „Verdrehung" des rechten Augapfels. Die Person hat das Gefühl, als wenn sie mit dem Rücken im Wasser läge. Schliesslich treten allgemeine Convulsionen, Aphasie, *Incontinentia urinae* auf. Es ist anzunehmen, dass die letzten Erscheinungen nicht mehr zum wesentlichen Theil des Krankenbildes gehören, so dass der schöne Sectionsbefund verwerthet werden kann.

Tumor, welcher links den hinteren Theil des *Gyrus frontalis sup.* einnimmt, etwas auf den *Gyrus centralis ant.* übergreift, an der Oberfläche 1 Zoll Diameter hat und 2 Zoll in die Tiefe reicht. Abgebildet auf Tafel IX A, B. (Hughlings-Jackson, Med. Times and Gaz., 5. Juni 1875, pag. 606.)

7.

Aphasie und unvollkommene Hemiplegie, nachdem vollkommene vorausgegangen war. Rechts.

Zerstörung der unteren linken Frontalwindung. Abgebildet auf Tafel IX A, B, D. (Hayden, The british medic. Journ., 14. Juli 1877, pag. 49.)

8.

Nach einem hemiplegischen Anfalle der rechten Seite kam einer auf der linken, begleitet von Aphasie, vielleicht auch nur Lähmung der Zungenmuskulatur. Der Zustand besserte sich so, dass noch zurückblieb: Schwäche in beiden Armen, Schwierigkeit bei den Schluckbewegungen, Lähmung der *m. pterigoidei* und Unbeweglichkeit der Zunge. Dieser Zustand währte Monate, bis der Kranke an einem Herzfehler starb.

Beiderseits gleiche Erweichungen an derselben Stelle, nämlich da, wo der *Gyrus frontalis med.*, der *Gyrus frontalis inf.* und *Gyrus centralis ant.* zusammenstossen. Abgebildet (rechte und linke Läsion getrennt) auf Tafel VI A; VII A; VIII A, B; IX A, B; XI A, B. (Barlow, The british med. Journ., 28. Juli 1877, pag. 103.)

9.

Totale Hemiplegie rechts ohne tactile Störungen und ohne Beeinträchtigung der Intelligenz. Dass sich die Hemiplegie auch auf die Gesichtsmuskeln und die Hals- und Stammmuskeln bezieht, ist nicht besonders gesagt.

Zerstörung des *Gyrus centralis post.*, der drei hinteren Digitationen der Insel, der *Lobuli parietalis sup.* und *inf.* in ihrem vorderen Antheil. Die Zerstörung reicht bis an die Medianspalte des grossen Gehirns. Der *Gyrus centralis ant.* ist verkleinert. Links. Abgebildet auf Tafel IX A, B. (Lepine, Localisation cérébr., pag. 53, Obs. 6.)

10.

Muskeln des linken *Facialis* und der Zunge theilweise dem Willen entzogen. Bei intendirten beiderseitigen Gesichtsbewegungen bleibt die linke Gesichtshälfte fast ganz zurück, wenn die Bewegung aber blos für die linke Seite intendirt ist, so gelingt sie bis zu einem gewissen Grade. Zeitweilig auftretende Anfälle, in denen sich hauptsächlich die Muskeln des linken *Facialis* klonisch contrahiren.

Kleiner Substanzverlust im rechten *Gyrus centralis ant.* an der aus der Zeichnung ersichtlichen Stelle. Abgebildet auf Tafel IV A, B; VI A; XI A. (Hitzig, Untersuchungen über das Gehirn, Berlin 1874, pag. 114.) Es ist bei diesem Falle hervorzuheben, dass sich bei der Section nebst der angegebenen Läsion eine verbreitete eitrige Meningitis fand. Es ist jedoch mit aller nur wünschenswerthen Sicherheit anzunehmen, dass die geschilderten Symptome nur mit jener Läsion zusammenhingen, so dass die schliesslich hinzugetretene Meningitis mit ihren Symptomen abgetrennt werden kann.

11.

Krämpfe blos im Daumen, begleitet von dem Gefühle der Taubheit im Arm, welches Gefühl sich später auf den ganzen Körper erstreckt.

Haselnussgrosser Tuberkel im hinteren Theil des rechten *Gyrus frontalis inf.* Ob die Krämpfe auf der linken Seite waren, findet sich in meiner Quelle nicht ausdrücklich angegeben, kann aber wohl mit Bestimmtheit angenommen werden, da sonst das Gegentheil hervorgehoben wäre. Abgebildet auf Tafel VI A, VIII A. (Jackson, wahrscheinlich im Medic. mirror, September 1869. Da mir das Original nicht zugänglich ist, nehme ich den Fall nach Bernhardt, Archiv f. Psychiatrie, 1874, pag. 713 auf.)

12.

Paralyse der rechten unteren Extremität, zu welcher sich zwölf Tage vor dem Tode auch Lähmung der oberen Extremität gesellt.

Erweichung im Bereich des *Lobulus paracentralis*, welche in die Furche zwischen dem *Gyrus frontalis sup.* und *Gyrus centralis ant.* übergreift. Links. Abgebildet auf Tafel IX B, C. (Bouchet, Bull. de la soc. anatom. de Paris, 17. Mai 1878, pag. 260.)

13.

Linke Hemiplegie. Die obere Extremität scheint stärker betroffen zu sein als die untere, da für sie die vollkommene Lähmung besonders hervorgehoben ist. Auch die Halsmuskeln sind betheiligt, denn es ist gesagt, das Gesicht sehe nach links.

Erweichungsherd in der rechten vorderen Centralwindung, ungefähr 4 Cm. lang. Sein unteres Ende reicht bis zur Anastomose des *Gyrus centralis ant.* mit dem *Gyrus frontalis med.* Abgebildet auf Tafel VIII A. (Stackler, Bull. de la soc. anatom. de Paris, 15. März 1878, pag. 173.)

14.

Keine motorischen und keine sensibeln Symptome.

Knochenwucherung, welche den rechten *Lobulus parietalis sup.* und die erste Hinterhauptswindung 1·5 Cm. tief eindrückt. Gezeichnet auf Tafel II A, B, C. (Lebee, Progrès méd., 1877, pag. 887.)

15.

Lähmung des rechten Armes, die zu wiederholten Malen schwindet und in wechselndem Maasse wiederkehrt. Krampfanfälle, welche rechts beginnen und sich dann über den ganzen Körper ausbreiten. Da nur der Arm dauernd, d. h. nicht allein anfallsweise afficirt ist, so glaube ich diesen allein berücksichtigen zu müssen. Auch die Angaben über Sensibilitätsstörungen scheinen

mir nicht der Art zu sein, dass ich sie in den Symptomencomplex
aufzunehmen hätte.

Die Läsion, welche in der linken Hemisphäre sitzt, ist nach der
Zeichnung des Originales auf meine Tafel übertragen. Es sind drei sehr
kleine Stellen, an denen die Hirnrinde wirklich verletzt ist. Es liessen
sich dieselben mit meiner Schraffirmethode eben wegen ihrer Kleinheit
nicht darstellen, weshalb ich sie als volle Flecken gezeichnet habe. Nur
bei einem derselben ist die Nummer des Falles angegeben. Gezeichnet
auf Tafel XV B. (Edinger, Archiv f. Psychiatrie und Nervenkrankh.,
1879, Bd. X, Heft I, pag. 83.)

16.

Lähmung des rechten *Facialis* und beider Extremitäten dieser
Seite. Die Lähmung der oberen ist vollständiger und persistenter
als die der unteren.

Erweichung des *Gyrus centralis ant.* in seinem mittleren Drittel,
links. Gezeichnet auf Tafel XV B. (Palmerini, Arch. ital. per le mal.
nerv., 1877, fasc. V, pag. 308.)

17.

Im somnolenten Zustande ist das linke Auge fast ganz geschlossen, das rechte offen. Tendenz zu einer Kopfdrehung nach
links, doch ist die Drehung selbst nicht klar ausgesprochen. Das
linke Auge weicht nach aussen ab. Lähmung des rechten Armes
und Beines. Ob Aphasie vorhanden ist, lässt sich nicht mit Sicherheit ermitteln.

Es findet sich in der linken Hemisphäre eine Zerstörung, welche
den obersten Theil des *Gyrus centralis ant.* und den hintersten Abschnitt
des *Gyrus frontalis sup.* betrifft. Eine zweite ähnliche Läsion sitzt im
Gyrus centralis post., einen Zoll vom oberen Ende desselben entfernt.
Weiter ist der *Lobulus supramarginalis* und sämmtliche Inselwindungen
zerstört. Gezeichnet auf Tafel IX A, B. (Bernhardt, Archiv f. Psychiatrie, 1874, pag. 698, Fall 6.)

18.

Linke Hemiplegie. Ob auch der *Facialis* wenigstens spurweise
betheiligt ist, muss unentschieden bleiben.

Erweichung: Hinteres Drittel des *Gyrus frontalis sup.* Oberes Viertel
des *Gyrus centralis ant.* Oberes Fünftel des *Gyrus centralis post.* und der
vorderste Theil des „Läppchens der Parietalwindung". Der Herd reicht
bis in weisse Faserbündel, welche vom *Lobulus paracentralis* kommen. —
Es ist hervorzuheben, dass dieser Fall im Progrès méd. 1876, Nr. 4,
pag. 59 (es ist nämlich kein Zweifel, dass der hier beschriebene Fall,
obwohl er mit einem anderen Datum versehen ist, mit dem aufgenommenen identisch ist) etwas anders beschrieben wurde. Hier nämlich
ist nur von der Läsion der beiden Centralwindungen die Rede. Doch

scheint mir die aufgenommene Angabe vertrauenerweckender. Auch im Bull. de la soc. anatom. vom 19. November 1875, pag. 708, ist der Fall so dargestellt, wie ich ihn aufgenommen habe. Gezeichnet auf Tafel VIII A, B, C. (Pitres, Gaz. méd. de Paris, 1876, Nr. 42, ident. mit Soc. de Biologie, 15. Jänner 1876, Fall 3.)

19.

Apoplektischer Anfall. Plötzliche Verzerrung des Mundwinkels nach links und Lähmung des rechten Armes.

Haselnussgrosser Herd im inneren Theile der vorderen Central-windung links. Es ist hervorzuheben, dass Ferrier (Localisation of the cerbr. disease, pag. 84), wie es scheint, dieselbe Läsion, aber tiefer liegend abbildet, als ich dies thue. Sollte nicht etwa Ferrier doch einen anderen Fall meinen — es ist mir dessen Quelle nicht zugänglich — so muss ich meine Zeichnung als die richtigere ansehen. Gezeichnet auf Tafel VII B. (Dieulafoi, Gaz. des hôpit., 1868, pag. 150.)

20.

Rechtes Augenlid, sowie Arm und Fuss gelähmt. Eine Läh-mung der Zunge verschwand bald wieder.

Läsion nach der Zeichnung des Originales aufgenommen; sie sitzt $1\frac{1}{4}$ Zoll oberhalb der *Fissura Sylvii* und gleich hinter dem *Sulcus Rolandi* links. Gezeichnet auf Tafel IX A. (Bramwell, Brit. med. journ., 1. September 1877, Nr. 870, pag. 291.)

21.

Anfangs Parese und Krämpfe im linken Bein, später in beiden linken Extremitäten. Keine Motilitätsstörung im Gesicht.

Läsion des *Lobulus paracentralis* und des obersten Theiles der beiden Centralwindungen rechts. Gezeichnet auf Tafel VIII B, C. (Faisans, Progrès méd., 1877, pag. 574.)

22.

Keine motorischen und keine sensibeln Symptome.

Abscess, welcher die vorderen Antheile des rechten *Gyrus frontalis sup.* und *med.* zerstört hat und ziemlich tief ins Mark eindringt. Letz-terer Umstand kommt hier, da die Läsion latent verläuft, nicht in Be-tracht. Gezeichnet auf Tafel II A, B, C. (Gauché, Bull. de la soc. anatom. de Paris, 1878, 26. Juli, pag. 409.)

23.

Lähmung der beiden rechten Extremitäten.

Zerstörung blos der Rinde, und zwar im oberen Theil des *Gyrus centralis ant.* und dem hinteren Abschnitt des *Gyrus frontalis sup.* Ferner ist der oberste Abschnitt der dem *Sulcus centralis* zugekehrten Seite des *Gyrus centralis post.* und der ganze *Lobulus paracentralis* zerstört. Links.

Gezeichnet auf Tafel IX A, C. (Dreyfous, Bull. de la soc. anatom. de
Paris, 9. November 1877, pag. 541.)

24.

Rechts Facialislähmung und Schwäche im Arm.

Tuberculäre Auflagerungen an der *Pia*, die im linken *Sulcus centralis* sitzen und von der Gränze zwischen dem oberen und mittleren
Drittel desselben 3 Cm. weit herabreichen. Die Gehirnsubstanz selbst
ist nicht angegriffen. Gezeichnet auf Tafel VII A. (Landouzy, Progrès
méd., 1878, pag. 122.)

25.

Rechts Arm und Bein gelähmt. Anästhesie. Der *Facialis* gesund.

Erweichungsherd, welcher links den oberen Theil der beiden Centralwindungen in einer Ausdehnung von 2·5 Cm. und den ganzen *Lobulus paracentralis* einnimmt. Gezeichnet auf Tafel IX B, C. (Dumontpallier, Gaz. des hôpit., 9. Februar 1878, pag. 132.)

26.

Krämpfe, sowie Schwäche im linken Arm; Krämpfe im *Orbicularis palpebrarum* und den mittleren Gesichtsmuskeln, ferner im
linken Bein, den gleichseitigen Hals- und Bauchmuskeln und in der
Zunge. In dieser tritt auch leichte Parese auf.

Zerstörung rechts, nach der Zeichnung des Originales wiedergegeben
auf Tafel XI A.[1] (Gliky, Deutsches Archiv. f. Klin. Med., 10. December 1875, pag. 463.)

27.

Dementer Knabe. Fast vollständige Lähmung des rechten
Beines und Armes. Keine Sprache. *Facialis* gesund.

Zerstört links: die untere Hälfte des *Gyrus centralis post.*, das
untere Ende des *Gyrus centralis ant.*, die Insel, die hinteren zwei Drittel
des *Gyrus frontalis inf.*, die „Parietalwindungen mit Ausnahme der
obersten", alle Occipitalwindungen, der *Cuneus* und der *Lobulus quadratus*.
Gezeichnet auf Tafel IX A, B, C, D. (Simon, Berliner Klin. Wochenschrift, 1873, Nr. 5, pag. 52.)

28.

Die Motilität der linken vorderen Extremität ist im Allgemeinen herabgesetzt, die Extensoren des Vorderarmes speciell sind
vollkommen gelähmt, ebenso der *Musculus supinator longus*.

Tuberkel mit erweichter Umgebung von 1 Cm. Durchmesser. Er
liegt im *Sulcus centralis*, 5·5 Cm. vom oberen Rande der Hemisphäre

---

[1] Es findet sich aus Ersparungsrücksichten der Theil der Läsion, welcher
auf der medialen Seite liegt, nicht auf der Tafel verzeichnet. Es sei deshalb bemerkt, dass die Zerstörung hier den *Lobulus paracentralis* und den hinteren Theil
der medialen Fläche des *Gyrus frontalis sup.* betrifft.

entfernt, gegenüber dem Ursprung des *Gyrus frontalis med*. Die Läsion beginnt auf dem *Gyrus centralis ant*., um schief von oben nach unten und von vorne nach hinten die Centralwindung zu durchsetzen, ist etwa 1·5 Cm. tief und greift ein wenig in die weisse Substanz ein. Gezeichnet auf Tafel VI B̈; VIII A, B. (Raynaud, Bull. de la soc. anatom. de Paris, 28. Juli 1876, pag. 522.)

29.

Links Lähmung des *Facialis* und fast vollständige Lähmung des Armes. Motilitätsstörung im Bein. Die Halsmuskeln sind frei. Sensibilität beiderseits herabgesetzt. Die Zunge weicht nach links ab. Sprache erhalten.

In der linken Hemisphäre ein 2 Cm. langer, 1 Cm. breiter Herd, der die unteren Schichten der grauen Substanz in der Tiefe des *Sulcus centralis* einnimmt. Seine Lage ist der Beschreibung nach nicht ganz verständlich, doch scheint er keine Symptome hervorgerufen zu haben. In der rechten Hemisphäre findet sich nach der Zeichnung des Originales eine Zerstörung, welche betrifft: den ganzen *Gyrus frontalis inf*., das untere Drittel des *Gyrus centralis ant*., das untere Viertel des *Gyrus centralis post*., den ganzen *Lobulus parietalis inf*., die hintere Hälfte des *Lobulus parietalis sup*., den *Gyrus temporalis sup*. und die Insel. Gezeichnet auf Tafel XI A. (Charcot et Pitres, Revue mensuelle, 1877, Nr. 3, pag. 181.)

30.

Lähmung und Contractur des linken Beines und Armes.

Zerstörung des mittleren Drittels des *Gyrus centralis post*. der rechten Seite. Gezeichnet auf Tafel VIII A, B. (Charcot et Pitres, Revue mensuelle, 1877, Nr. 3, pag. 191.)

31.

Leichte Facialislähmung. Lähmung und Contractur der beiden Extremitäten. Rechts.

Erweichung der beiden unteren Drittel des *Gyrus centralis post*. Links. Gezeichnet nach der Abbildung des Originales auf Tafel XV A. (Charcot et Pitres, Revue mensuelle, 1877, Nr. 3, pag. 191.)

32.

Links Facialislähmung und unvollständige Lähmung des Armes.

Es findet sich eine Läsion in der rechten Hemisphäre, welche betrifft: Das untere Fünftel des *Gyrus centralis post*. Von hier zieht sich dieselbe in der Tiefe des *Sulcus centralis* nach aufwärts und erstreckt sich bis in die Höhe des *Sulcus frontalis sup*. Die Erweichung reicht 1 Cm. tief in die weisse Substanz hinein. Gezeichnet auf Tafel VI A. (Charcot et Pitres, Revue mensuelle, 1877, Nr. 3, pag. 186.)

33.

Lähmung und Contractur der beiden linken Extremitäten.

Zerstörung rechts, welche betrifft: Hinteres Drittel des *Gyrus frontalis sup.*, oberes Viertel des *Gyrus centralis ant.*, oberes Fünftel des *Gyrus centralis post.*, den obersten Antheil des *Lobulus parietalis sup.* Die Erweichung reicht 2 Cm. in die Tiefe und trennt den *Lobulus paracentralis*, dessen Rinde intact ist, von seinen nach der Peripherie ziehenden Bahnen ab. Gezeichnet auf Tafel VIII B. (Charcot et Pitres, Revue mensuelle, 1877, Nr. 3, pag. 184.)

34.

Linke Hemiplegie mit Krampfanfällen. Nicht betheiligt an der Erkrankung sind, wie aus der Darstellung zu ersehen, *Facialis* und Zunge, so dass wohl nur die beiden Extremitäten betroffen sein dürften.

Zerstörung rechts: die obere Hälfte des *Gyrus centralis ant.*, der hintere Theil des *Gyrus frontalis sup.* und des *Gyrus frontalis med.*, und der ganze *Lobulus paracentralis*. Gezeichnet auf Tafel VIII A, B, C. (Charcot et Pitres, Revue mensuelle, 1877, Nr. 3, pag. 193; ident. mit Bourneville, Soc. de Biologie, Jänner 1876.)

35 und 36.

Der Kranke liegt im Coma, ist linkerseits gelähmt, Kopf und Augen nach links gewendet; rechte Pupille erweitert. Es folgen Krämpfe der rechten Seite, sowie im linken Arm, der linken Gesichtshälfte und am Kopf (damit sind wohl die linken Halsmuskeln gemeint). Die linke Seite setzt aus, wenn die Krämpfe in der rechten beginnen. Der Kopf scheint bei den Anfällen zur linken abzuweichen. Was die Augen anbelangt, so ist nicht zu bestimmen, welcher Hemisphäre ihre Ablenkung zuzuschreiben ist. Ob der *Facialis* ausser in den Anfällen betheiligt ist, und auf welcher Seite, ist auch nicht mit Bestimmtheit zu entnehmen.

Es sind durch Capillarhämorrhagieen afficirt auf der linken Seite: die mittleren drei Fünftel des *Gyrus centralis ant.*, die drei hinteren Viertel des *Gyrus frontalis med.* und die hintere Hälfte des *Gyrus frontalis inf.* Rechterseits sind in gleicher Weise (mit Ausnahme eines wahren hämorrhagischen Herdes in der Mitte des *Gyrus frontalis sup.*, welcher einige Millimeter in die weisse Substanz vordringt) lädirt: der grösste Theil der beiden oberen Frontalwindungen, die obere Hälfte des mittleren Theiles der unteren Frontalwindung und ein grosser Theil der medialen Fläche der obersten Stirnwindung. Wie aus dem Mitgetheilten hervorgeht, ist dieser Fall für die Bestimmung des Rindenfeldes des *Facialis* ausser Betracht zu setzen. Gezeichnet nach der Abbildung des Originales die rechte Hemisphäre auf Tafel XIV A, B, die linke auf Tafel XV A. (Magnan, Revue mensuelle, 1878, pag. 30.)

37.

Ein Kind, welches an gewöhnlicher Epilepsie leidet. Keine motorischen, sensorischen oder psychischen Störungen.

Zerstörung im rechten [1]) Temporallappen, nach der Abbildung des Originals wiedergegeben auf Tafel II A, C, D. (Boyer, Bull. de la soc. anatom., December 1877, pag. 612; ident. mit Charcot et Pitres, Revue mensuelle, 1878, pag. 805, Obs. 1.)

38.

Amaurose (wohl in Folge von Compression der *Nervi optici* durch den Tumor). Sonst leidet das Individuum nur gelegentlich an Kopfschmerz und Ohnmachten. Es fällt auch einige Male zu Boden, ohne das Bewusstsein zu verlieren.

Nussgrosses Sarcom, welches in der *Fossa temporo-sphenoidalis sinist.* liegt und in die betreffenden Hirnpartieen eindringt. Gezeichnet auf Tafel III C, D. (Shaw, Americ. neurologic. Assoc. 1877, Obs. II; ident. mit Charcot et Pitres, Revue mensuelle, 1878, pag. 806, Obs. IV.)

39.

Bewusstlos aufgefundenes Individuum mit oberflächlichen Kopfwunden. Die linke Pupille weiter als die rechte. Auf der rechten Seite keine Erscheinungen als herabgesetzte Sensibilität. Keine Aphasie.

Blutaustritt unter die *Dura.* Das Gehirn selbst durch Extravasate linkerseits zerstört an folgenden Stellen: vorderes Drittel des *Gyrus frontalis sup.*, vordere Hälfte des *Gyrus frontalis med.*, die zwei hinteren Drittel des *Gyrus frontalis inf.* Da die genannte Sensibilitätsstörung beiderseits vorhanden war, so muss ich sie als Folge einer vorhandenen Compression der *Medulla oblongata* betrachten, so dass ich den Fall als latenten aufnehme. Gezeichnet auf Tafel III A, B, C, D. (Piéchaud, Lebec et Gauché, Bull. de la soc. anatom., 1878, pag. 13; ident. mit Charcot et Pitres, Revue mensuelle 1878, pag. 808, Obs. IX.)

40.

Lähmung des rechten *Facialis* und der beiden rechten Extremitäten. Aphasie mit Erhaltung des Wortverständnisses.

2 Cm. messender Tumor, welcher zur Atrophie gebracht hat: die Mitte des *Gyrus centralis ant.* und die hintere Hälfte des *Gyrus frontalis med.* Auch die beiden anderen Frontalwindungen haben etwas gelitten. Links. Gezeichnet auf Tafel XV B. (Bourneville, Bull. de la soc. anatom., 27. December 1878, pag. 585.)

---

[1]) Im citirten Original ist links angegeben, doch hebt der Autor in einem späteren Werke (Les cortic., pag. 166) hervor, dass dies auf einem Irrthum beruhte.

41.

Keine motorischen und keine sensibeln Störungen.

Cyste, welche die untere rechte Frontalwindung zerstört und sich noch in den Sphenoidallappen eingegraben hat. Sie comprimirt die Windungen, die dem *Lobulus olfactorius* anliegen. Die Centralwindungen sind gesund. Gezeichnet auf Tafel II A, B, D. (Rendu, Bull. de la soc. anatom., 27. December 1878, pag. 581.)

42.

Keine weiteren Störungen als allgemeine epileptiforme und histeriforme Anfälle. Erbrechen.

Zerstörung links: *Gyrus frontalis sup.*, von seinem Beginn am *Gyrus centralis ant.* bis an das vorderste Ende des Stirnlappens. An der medialen Fläche ist nebst dem genannten *Gyrus* noch die vordere Hälfte des *Gyrus fornicatus* zerstört. Ferner der *Gyrus frontalis med.* in seiner hinteren Hälfte. Gezeichnet auf Tafel III A, B, C. (Charcot et Pitres, Revue mensuelle, 1878, pag. 810. Obs. XIX.)

43.

Keine Symptome als geringe Sehstörungen, die sich wohl durch den Druck des Tumor auf den *Tractus opticus* erklären.

Tumor, welcher die nach der Zeichnung des Originals wiedergegebene Stelle der rechten Hemisphäre einnimmt. Gezeichnet auf Tafel II A, C, D. (Boyer, Bull. de la soc. anatom., 18. Jänner 1878, pag. 43; gezeichnet nach Boyer, Les. cortic., pag. 48, Obs. IX.)

44.

Vollständige Lähmung der Zunge.

Herde beiderseits, und zwar rechts: im Grau und der angränzenden weissen Substanz des unteren Endes des *Gyrus centralis ant.* und des hinteren Endes des *Gyrus frontalis inf.* Links: ebenda und ausserdem im hinteren Ende des *Gyrus frontalis med.*; ferner kleine Erweichungsherde im *Corpus striatum*. Des letzteren Umstandes wegen benütze ich nur die rechte Hemisphäre. Gezeichnet auf Tafel IV A; VI A; VIII A; XI A. (Rosenthal, Wiener med. Presse, 1878, pag. 728, Fall 2.)

45.

Keine Störungen motorischer oder sensibler Natur.

Kleiner Tumor, der sammt encephalitischem Herd 1 Cm. im Durchmesser hat. Der Tumor dringt von der *Dura* aus in die Rindenmasse bis zum Mark. Er sitzt am hinteren Ende des *Gyrus frontalis sup. sinist.* vor der vorderen Centralwindung. Gezeichnet auf Tafel III B. (Obersteiner, Wiener med. Jahrbücher, herausgegeben von Stricker, 1878, pag. 286, 1. Fall.)

46.

Linke Extremitäten gelähmt. Vorübergehende Aphasie, welcher Art, ist nicht zu ersehen. Die Lähmung bessert sich im Allgemeinen, nur Daumen und Zeigefinger bleiben bewegungs- und empfindungslos. Die Zungenspitze weicht nach links ab.

Rindentuberkel, welcher die untere Hälfte der beiden Centralwindungen mit Ausschluss eines schmalen Streifens an der *Fossa Sylvii* einnimmt. Rechts. Gezeichnet auf Tafel VIII A, B; XI A. (Bramwell, Edinb. med. Journ., 1878, 228. pag. 141, Fall 2; mir nur bekannt aus Centralbl. f. d. med. Wissensch., 1879, pag. 81.)

47.

Mehrere Male wiederkehrende linksseitige Hemiplegie mit Sensibilitätsstörungen im Verbreitungsgebiete des *N. medianus*. Es ist nicht gesagt, dass der *Facialis* mit betheiligt ist. Abwechselnd treten auch Krämpfe auf.

Gumma, welches den hinteren Theil des mittleren und oberen *Gyrus frontalis* rechts einnimmt. Gezeichnet auf Tafel VIII A, B. (Bramwell, Edinb. med. Journ., October 1878, pag. 308, Jänner 1879, pag. 599, Februar, pag. 693. Fall VII. Mir nur bekannt aus Centralbl. f. d. med. Wissensch., 1879, pag. 634.)

48.

Linke Hemiplegie mit Betheiligung des *n. facialis*. Kopf und Augen nach rechts gewendet. Sprache erhalten. Sensibilität der linken Seite erst erhalten, später schwindet sie.

Rechte *Arteria fossae Sylvii* obliterirt. Erweichung des *Gyrus frontalis med.* und *Gyrus temporalis med.* Gezeichnet auf Tafel XIV A (an zwei Stellen). (Prevost et Cotard, Gaz. méd. de Paris, 1866, pag. 253, Fall 2.)

49.

Rechts unvollständige Hemiplegie mit Facialislähmung. Sensibilität herabgesetzt (was wohl zweifelhaft ist, da die Intelligenz geschwunden sein soll, und nicht gut einzusehen ist, wie da die Sensibilität gemessen werden soll).

Oberflächliche Erweichung des *Gyrus temporalis sup.* Die Angabe über die Seite lässt an Deutlichkeit zu wünschen, doch dürfte die Läsion wohl links sein. Gezeichnet auf Tafel XV A. (Prevost et Cotard, Gaz. méd. de Paris, 1866, pag. 339, Fall 2.)

50.

Die unteren Gesichtsmuskeln der linken Seite paretisch.

7*

In Folge einer 30 Jahre vor dem Tode erfolgten Verletzung findet
sich ein rundlicher Defect von 3 Cm. Durchmesser in der grauen und
auch weissen Substanz des *Gyrus frontalis inf.* unmittelbar hinter der
Umbiegung von der Orbitalseite auf die convexe, und zwar an der letzteren. Gezeichnet auf Tafel IV A; VI A. (Rosenthal, Wiener med.
Presse, 1878, pag. 759, Fall 3.)

51.

Links Herabsetzung der Sensibilität.

Gänseeigrosser Tumor der *Dura mater*, der vom hinteren Ende der
rechten Fläche des *Processus falciformis maj.* ausgeht und zwischen die
Windungen des rechten Hinterhauptlappens eindringt. Auch Oedem der
Medulla spinalis. Gezeichnet auf Tafel IV C; VI C; VIII C. (Rosenthal,
Wiener med. Presse, 1878, pag. 789, Fall 4.)

52.

Acht Tage nach einem Traume stellt sich Trismus und zehn
Tage nachher Tod ein.

Zwei Erweichungsherde links. Der erste im *Gyrus temporalis inf.*
Derselbe beginnt 3·5 Cm. hinter dem vorderen Ende des Schläfelappens
und reicht 7 Cm. lang nach hinten. Unbedeutendes Uebergreifen des
Herdes auf den *Gyrus temporalis med.* und das Spindelläppchen, und zwar
auf ersterem in der Grösse eines Sechsers ungefähr in der Mitte der
Läsion. Auf letzteres greift er über, indem er den ganzen anliegenden
Rand desselben mit erweichte. Die Gehirnmasse aber, welche die Tiefen
der benachbarten Furchen bildete, also zwischen *Gyrus temporalis med.*
und *inf.*, sowie zwischen letzterem und dem Spindelläppchen liegt, war
intact. Ein zweiter Herd hat die Grösse eines Groschens, und sitzt mit
seinem Centrum in der vorderen Spitze des *Sulcus temporalis sup.* Gezeichnet auf Tafel V A, D; VII A (an zwei Stellen), D; IX A (zwei
Mal), D. (Samt, Arch. f. Psychiatrie, 1875, Bd. V, pag. 202, Fall 1.)

53.

Keine Störungen motorischer oder sensibler Art.

Die Läsion nach der Zeichnung des Originals wiedergegeben. Nur
ist noch zu bemerken, dass sie sich auch noch auf die hintere Hälfte
der Insel erstreckt und nur die Rinde betrifft. Rechts. Gezeichnet auf
Tafel II A, B. (Charcot et Pitres, Revue mensuelle, 1877, pag. 10,
Obs. 1.)

54.

Keine Erscheinungen, ausser eine von den Autoren auf senile
Dementia bezogene, stets gleichbleibende Stellung der unteren Extremitäten.

Zerstörung links nach der Zeichnung des Originals wiedergegeben
auf Tafel III C, D. (Charcot et Pitres, Revue mensuelle, 1877,
pag. 11, Obs. 2.)

55.

Ziemlich dementes Individuum, das keinerlei Lähmungen zeigt.

Zerstörung an drei nicht genauer beschriebenen Stellen des Occipitallappens rechts, und des *Lobulus quadratus* an der Innenfläche des Gehirns links. Ich nehme demnach nur die linke Hemisphäre auf. Gezeichnet auf Tafel III C. (Charcot et Pitres, Revue mensuelle, 1877, pag. 13, Obs. 3.)

56.

Keine Erscheinungen motorischer oder sensibler Art.

In der linken Hemisphäre oberhalb der Augenhöhle ein hühnereigrosser Defect im Gehirn, dessen Umgebung erweicht ist. Gezeichnet auf Tafel III D. (Charcot et Pitres, Revue mensuelle, 1877, pag. 16, Obs. 5.)

57.

Nachdem eine Trigeminus-Neuralgie vorausgegangen, tritt ein apoplektischer Anfall ein. Linke Extremitäten, sowie *Facialis* ist gelähmt. Das linke Auge weicht nach Innen ab. Rechte Pupille ist weiter als die linke. Eine Störung der Sensibilität lässt sich nicht mit Bestimmtheit nachweisen.

Erweichung der zwei unteren Drittel beider *Gyri centrales*, des hinteren Theiles des *Gyrus frontalis inf.* und des *Lobulus parietalis inf.* rechts. Gezeichnet auf Tafel XIV A. (Charcot et Pitres, Revue mensuelle, 1877, pag. 116, Obs. 6.)

58.

Nach einem Anfall findet sich: die linke Pupille enger als die rechte, Gesicht und Augen nach rechts gewendet; der *Musculus sternomastoideus sinister* ist contrahirt, der rechte schlaff. Lähmung der linken Extremitäten und Parese des linken *Facialis*. Die linken Extremitäten sind wärmer als die rechten.

Zerstörung nach der Zeichnung des Originals wiedergegeben. Es ist nur noch zu bemerken, dass sie nirgends in die Tiefe geht, und dass sie auch die hintere Hälfte der Inselwindungen einbegreift. Rechts. Gezeichnet auf Tafel XV C. (Charcot et Pitres, Revue mensuelle, 1877, pag. 118, Obs. 7.)

59.

Rechts sind gelähmt: die beiden Extremitäten (mit secundärer Contractur), der *Facialis* und der *Hypoglossus*. Die Sensibilität dieser Seite ist etwas herabgesetzt; vielleicht sind auch aphasische Störungen da.

Die Zerstörung betrifft: den hinteren Theil des *Gyrus frontalis inf.*, die beiden Centralwindungen, die zwei hinteren Inselwindungen und den

Lobulus parietalis inf. links. Gezeichnet auf Tafel XI B. (Charcot et Pitres, Revue mensuelle, 1877, pag. 121, Obs. 9.)

60.

Lähmung des linken Armes mit secundärer Contractur, des *Facialis* und Parese der unteren Extremität. Dass Aphasie dagewesen wäre, ist nicht erwähnt.

Zerstörung nach der Zeichnung des Originals wiedergegeben. Ausserdem waren alle Inselwindungen erkrankt. Gezeichnet auf Tafel XIV A. (Charcot et Pitres, Revue mensuelle, 1877, pag. 121, Obs. 8.)

61.

Abgestorbensein und Schwere in der linken Hand, dann im ganzen Arm und schliesslich in der ganzen linken Körperhälfte. Der Kranke hat mit verbundenen Augen keine Kenntniss von der Lage der linken oberen Extremität, kann auch mit dieser gehobene Gewichte weniger gut schätzen als mit der rechten. Man befindet sich diesen Symptomen gegenüber wieder im Zweifel, ob man sie als sensibel betrachten soll. Doch glaube ich mit Rücksicht auf den Umstand, dass der Kranke von der Lage seines Armes keine Empfindungen hat, eine sensible Störung annehmen zu müssen. Erschwerung der Bewegungen des linken Armes und Beines sind die motorischen Störungen.

Apfelgrosser Erweichungsherd, der die erste Parietalwindung ganz die zweite Parietalwindung in ihrer oberen Hälfte, und auch noch einen Theil der hinteren Centralwindung einnimmt. Gezeichnet auf Tafel VIII A, B, C. (Vetter, Deutsches Archiv f. klin. Med., 1878, Bd. 22, pag. 424, Fall 2. Nach einer Mittheilung von Birch-Hirschfeld.)

62 und 63.

Eigenthümliche Sehstörungen an beiden Augen. Der Kranke sieht z. B. Pillen, kann sie aber nicht zählen, erkennt die Buchstaben, kann sie aber in einem geschriebenen Worte nicht zeigen u. s. w. Epileptiforme Anfälle und Lähmung, die sich auf den linken Arm und Bein beschränken. Anfangs war nach einem solchen Anfalle auch Facialislähmung und Drehung von Kopf und Augen vorhanden; später blieben diese aus.

Läsion beiderseits, und zwar links: die Rinde der ersten, zweiten und des vorderen Theiles der dritten Occipitalwindung zerstört. Es scheint die Zerstörung in das Mark vorzudringen. Rechts ein Herd an ähnlicher Stelle, nur etwas weiter vorne, so dass er an einer Stelle über den *Sulcus parieto-occipitalis* übergreift. Am Durchschnitt zeigt er die Gestalt eines Dreieckes, dessen eine Spitze dem Hinterhorn zugewendet ist. Ferner sind zwei symmetrisch gelegene, kaum erbsengrosse

Herde im vorderen oberen Theil der beiden *Thalami optici*. Da diese
Stelle des Sehhügels mit dem Sehen nichts zu thun hat, so ist kein
Zweifel, dass die Sehstörung auf die Rindenläsion zu beziehen ist. Ich
hatte demnach die Absicht, diesen Fall nur für die Frage nach dem
Rindenfeld des Auges zu verwerthen; nun ist es mir durch ein Ver-
sehen geschehen, dass ich ihn auch für die motorischen Rindenfelder
mit in Rechnung gezogen habe, obwohl jene freilich sehr kleinen Lä-
sionen im *Thalamus opticus* da waren. Auf die schliesslichen Resultate
hat dieser kleine Lapsus natürlich keinen Einfluss. Gezeichnet rechte
Hemisphäre auf Tafel IV A, B, C; VI A, B, C; VIII A, C; XII A, B, C.
Linke Hemisphäre auf Tafel V A, B, C; VII A, B, C; X A, B, C;
XIII A, B, C. (Fürstner, Arch. f. Psychiatrie, Bd. VIII, 1878, pag. 165.)

64.

Rechte Hemiplegie mit Betheiligung des *Facialis*. Vorübergehend
sind Kopf und Augen nach links gewendet. Anfangs unvollständige,
später vollständige Aphasie.

Läsion nach der Zeichnung des Originals wiedergegeben. Sie reicht
im *Lobulus parietalis sup.* und im *Gyrus angularis* nicht durch die ganze
Dicke der Rinde, in der vorderen Abtheilung des *Lobulus supramarginalis*
durchsetzt sie diese ganz und dringt sogar ein wenig in das Mark vor.
Gezeichnet auf Tafel XV A. (Samt, Arch. f. Psychiatrie und Nervenkrankh., Bd. V, 1875, pag. 205, Fall 2.)

65.

Keine Aphasie.

Atrophie in Folge von Obliteration einer Arterie nach der Zeichnung des Originals wiedergegeben auf Tafel V A, B; VII A; X A.
(Charcot, Localis. d. l. malad. du cerveau, Paris 1876, pag 69; auch
beschrieben im Progès méd., 1874, Nr. 20 und 21.)

66.

Hemiplegie der beiden rechten Extremitäten.

Läsion links nach der Zeichnung des Originals wiedergegeben auf
Tafel IX A, B, C. (Charcot, Localis. d. l. malad. du cerveau, Paris
1876, pag. 71.)

67.

Sehr leichte Parese des rechten *Facialis* und Armes. Aphasie.
Anfangs war dieselbe mit Worttaubheit verbunden, später kehrte
das Wortverständniss zurück, während Aphasie und Agraphie noch
persistirten. Endlich verschwanden auch diese.

Blutung von der Grösse einer kleinen Mandel, um dieselbe ein
Hof von 0·5 Cm. Breite, in dem die Rinde auch zerstört war. Die Läsion
sitzt im *Gyrus frontalis med.*, da, wo er an den *Gyrus centralis ant.* anstösst. Links. Gezeichnet auf Tafel IX A, B. (Bar, France méd, 1878,
Nr. 77; mir nur bekannt aus Centralbl. f. d. med. Wiss., 1879, pag. 345.)

68.

Dementes Individuum, das nicht spricht (was wohl nicht zur Annahme von Aphasie berechtigt). Lähmung der beiden rechten Extremitäten und Andeutungen von Facialisparalise derselben Seite. Ebenda Herabsetzung der tactilen Empfindlichkeit, so dass auf leichte Nadelstiche in Gesicht, Rumpf und Extremitäten keine Reaction auftritt.

Tumor von der Grösse eines kleinen Apfels, der im oberen Drittel des linken *Gyrus centralis ant.* und dem diesem *Gyrus* angehörigen Antheile des *Lobulus paracentralis* sitzt und bis in die Marksubstanz reicht. Gezeichnet auf Tafel XV B. (Samt, Berliner klin. Wochenschr., 1875, pag. 545, Fall 2.)

69.

Auf der rechten Seite ist der *Facialis* gelähmt, ferner die beiden Extremitäten, an welchen sich secundäre Contractur und zeitweilig Krampfanfälle zeigen. Schmerzhafte Empfindungen und Erhöhung der tactilen Erregbarkeit in dem erkrankten Gebiete, also in der Haut des Gesichtes und der Extremitäten. Anfälle von Aphasie, in welchen die Patientin noch verstanden zu haben scheint, denn sie bemüht sich, Antworten zu geben. Ob Agraphie vorhanden war, ist nicht gesagt.

Tumor, welcher linkerseits comprimirt: das hintere Ende des *Gyrus frontalis med.*, den mittleren und unteren Theil des *Gyrus centralis ant.* und die untere Hälfte des *Gyrus centralis post.* Gezeichnet auf Tafel XV C. (Petřina, Prager Vierteljahrsschrift, Bd. 133, Fall 1.)

70.

Lähmung des *Facialis* und beider Extremitäten mit consecutiver Contractur rechts. Aphasie bei vollkommener Erhaltung des Wortverständnisses. Anfangs hat der Kranke noch einige Worte zur Verfügung, später verliert er auch diese.

Tumor, welcher 5·5 Cm. im Durchmesser hat und hinten bis in den *Gyrus centralis ant.*, unten bis an die Insel reicht. Links. Gezeichnet auf Tafel XV A. (Petřina, Prager Vierteljahrsschrift, Bd. 133, pag. 98, Fall 2.)

71.

Linkerseits Krämpfe und Parese der beiden Extremitäten und des *Facialis*. Sehstörungen namentlich links. Ebenda Herabsetzung der Sensibilität.

Tumor in den zwei oberen Dritteln des *Gyrus centralis ant.* Rechts. Gezeichnet auf Tafel XII A, B. (Petřina, Prager Vierteljahrsschrift, Bd. 133, pag. 108, Fall 7.)

Lähmung des rechten *Facialis* und der gleichseitigen Extremitäten. Nackenkrampf.

Tumor, der 2 Cm. tief in die Hirnmasse eindringt und die oberen Drittel der beiden Centralwindungen mit Ausnahme eines einige Linien breiten Saumes an der Medianspalte einnimmt. Links. Gezeichnet auf Tafel XV B. (Petřina, Prager Vierteljahrsschrift, Bd. 133, pag. 103, Fall 5.)

73.

Zittern und Steifigkeit im linken Arm und Fuss ohne eigentliche Lähmungserscheinungen. Ameisenlaufen im Fuss. Gesichtshallucinationen, welche von Zeit zu Zeit wiederkehren: die Kranke glaubt Kinder auf ihrem Bette sitzend zu sehen u. dgl.

Erweichungsherd, welcher unter der Rinde des Occipitallappens liegt, und zwar zwischen dem Hinterhorn des Seitenventrikels und den hintersten Rindenwindungen. [1]) Derselbe hat 3 bis 4 Cm. im Durchmesser rechts. Gezeichnet auf Tafel VIII A, B; XII A, B. (Vauttier, Ramolissement cérébr. lat. Thèse, Paris 1868, pag 44, Obs. 6, „recueillie par Bourneville, communiquée par Charcot".)

74.

Lähmung beider rechten Extremitäten, des *Facialis* und *Hypoglossus. Trismus.*

Apfelgrosser Tumor, der oben bis zum oberen Drittel der Centralwindungen, unten bis gegen die *Fissura Sylvii* reicht und die Inselwindungen comprimirt. Er reicht in das Mark hinein. Gezeichnet auf Tafel XI B. (Petřina, Prager Vierteljahrsschrift, Bd. 133, pag. 102, Fall 4.)

75.

Keine Symptome motorischer oder sensibler Natur.

Tumor, der an der Basis der rechten Hemisphäre liegt, 4 Cm. lang, 1 Cm. breit und 1·5 Cm. dick ist, vom vorderen Rande des Kleinhirns bis vor den Ursprung des *Trigeminus* reicht und in der Hirnrinde einen tiefen Eindruck macht. Gezeichnet auf Tafel II D. (Virchow, Virchow's Arch., Bd. VIII, 1855, pag. 417.)

76.

Keine motorischen oder sensibeln Störungen.

---

[1]) Obwohl dies keine eigentliche Rindenläsion ist, glaubte ich diesen interessanten Fall doch aufnehmen zu sollen, da die hier verletzten Fasern doch sicher nur mit der Rinde des Occipitallappens in Verbindung stehen können.

Eine Abscesshöhle gegenüber der *Eminentia arcuata* des Felsenbeines, 4 Linien tief und 2 Linien weit. Rechts. Gezeichnet auf Tafel II D. (Heusinger, Virchow's Arch., Bd. XI.)

77.

In Folge eines Hufschlages Fractur des Schädels. Gutes Bewusstsein. Keine Aphasie. Auf der rechten Seite Facialislähmung. Zuckungen in allen vier Extremitäten, links stärkere als rechts. Diese verlieren sich aber gänzlich, ohne Lähmungserscheinungen zurückzulassen. Da ich wegen der rechtsseitigen Schädelfractur nur die linke Hemisphäre verwenden kann, so ist der Fall mit Ausnahme der Facialislähmung als latenter aufzufassen und habe ich ihn deshalb aufnehmen zu müssen geglaubt, obwohl ein Trauma vorlag.

Die untere Fläche des unteren Frontallappens inclusive des ganzen *Gyrus frontalis inf.* zerstört. Auch die Insel hat gelitten. Gezeichnet auf Tafel V A, B, D; VII A, B, D. (Bergmann, Nord. med. Arch., Bd. IV, Nr. 19, nach Virchow's Jahresbericht 1872, Bd. II, pag. 52.)

78.

Krämpfe und Lähmung des linken Beines und Armes, später auch des rechten Beines.

Tumor, welcher die nach der Zeichnung des Originals wiedergegebenen Theile der rechten Centralwindungen und des *Lobulus paracentralis* comprimirt und auch auf die linke Hemisphäre drückt. Da der Ort, wo letzteres geschieht, nicht genauer angegeben ist, so kann ich den Fall nur, insoferne er die rechte Hemisphäre betrifft, aufnehmen. Gezeichnet auf Tafel VIII A, C. (Ferrier, The localisation of the cerbr. disease, London 1878, pag. 67—68; ident. mit Brain 1878, Part. II.)

79.

Schwäche in der linken Körperhälfte, besonders im Arm. Ameisenlaufen und Hyperästhesie ebenda. Parese des *Facialis*. Die Motilitätsstörungen schwinden später wieder.

Meningitis mit compacten Granulationen an den unteren Hälften der beiden Centralwindungen und hinter diesen im *Gyrus supramarginalis* bis zum *Gyrus angularis*. Die Granulationen scheinen nur oberflächlich zu sein. Rechts. Gezeichnet auf Tafel XIV A. (Grasset, Etud. cliniq. et anatom.-pathol., Montpellier 1878, pag. 44, Fall VII. 2.)

80.

Lähmung der beiden rechten Extremitäten und der Gesichtshälfte.

Erweichung des mittleren Drittels des *Gyrus centralis ant.* Gezeichnet auf Tafel XV B. (Palmerini, Vortrag auf dem Congresso della soc. freniatr. ital., September 1877, refer. in Rivista sperim., Anno III, pag. 745, Fall. 1.)

81.

Lähmung des linken Beines und später auch des Armes. Sensibilitätsstörungen (Zwicken) im linken Bein. Die rechte Pupille kleiner als die linke. Im Verlaufe der Krankheit treten Motilitätsstörungen auch auf der rechten Seite und zwar wieder in Arm und Bein ein. Der Kranke kann die Augenlider nicht mehr vollständig heben.

Tumor auf der rechten Seite, welcher die nach der Zeichnung des Originals wiedergegebenen Rindenpartieen zerstört und etwas auf die linke Hemisphäre übergreift. Ich benütze nur die rechte Hemisphäre. Gezeichnet auf Tafel VIII B, C. (Haddon, Brain 1878, vol. I, pag. 250.)

82.

Lähmung und Krämpfe der linken Körperhälfte. Der *Facialis* scheint nach dem Berichte nicht betheiligt zu sein. Neuritis beider *Nervi optici.* Zuletzt treten auch Lähmungserscheinungen auf der linken Seite auf.

Tumor, welcher im *Lobulus parietalis sup.* sitzt und sich unter der Rinde noch einen Zoll weit nach dem *Lobulus parietalis inf.* hinzieht. Er comprimirt den oberen Theil des *Gyrus centralis post.* Gezeichnet auf Tafel IX A, B. (Gowers, Brain 1878, vol. I, pag. 55; ident. mit Gowers, Path. Transact., vol. 27, pag. 13.)

83.

Epileptiforme Anfälle im linken Arm, Fuss und der linken Gesichtshälfte. Keine Lähmungen. Linke Pupille weiter als die rechte. Dementia.

Tumor, welcher die nach der Zeichnung des Originals wiedergegebenen Stellen ergriffen hat. Rechts. Gezeichnet auf Tafel XIV A. (Magnan, Brain 1878, vol. I, pag. 562.)

84.

Rechte Hemiplegie mit Einschluss der Gesichtshälfte. Aphasie „coi caratteri della paralisi verbale".

Erweichung der unteren Hälfte des linken *Gyrus centralis ant.* und eines Theiles der unter diesem liegenden weissen Substanz. Gezeichnet auf Tafel XV A. (Palmerini, Congresso della soc. freniatr. ital., September 1877, refer. in Rivista sperim. Anno III, pag. 745, Fall 3.)

85.

Lähmung und Contractur des linken Armes und der Hand. Ob das Bein betheiligt ist, lässt sich nicht entscheiden, da eine Schwierigkeit im Gehen von einer Fractur desselben herrühren kann. Es ist deshalb dieser Fall in den Tafeln der negativen Fälle mit einem Fragezeichen versehen.

Depression der Rinde, welche sich 1 Cm. breit und 5 Cm. lang längs dem medialen oberen Rande der rechten Hemisphäre hinzieht, hinter dem Sulcus centralis beginnt und bis zum Occipitallappen reicht. Gezeichnet auf Tafel VI A, B; VIII A. (Cotard, Atrophie cérébr., Thèse de Paris 1868, pag. 21. Obs. 5.)

86.

Ausser Empfindlichkeit der Kopfhaut und Kopfschmerz keine motorischen oder sensibeln Störungen.

Abscess, der den rechten Vorderlappen gänzlich zerstört. Gezeichnet auf Tafel II A, B, C. D. (Pitres, Lés. du centr. ovale. Paris 1877, pag. 47, Obs. 9.)

87.

Verminderte Motilität in den rechten Extremitäten.

Tumor von 6 Cm. Länge, 4 Cm. Breite, der an der Dura hängt und den vorderen Theil der beiden oberen Frontalwindungen comprimirt. Gezeichnet auf Tafel IX A. B. (Pitres, Lés. du centr. ovale. Paris 1877, pag. 45, Obs. 7; ident. mit Martin, Bull. de la soc. anatom. de Paris, 1874, 22. Mai.)

88.

Unvollkommene Facialis- und Hypoglossuslähmung der rechten Seite. Ebenda vollständige Lähmung des Beines und unvollständige des Armes.

Erweichung links an nach der Zeichnung des Originals wiedergegebenen Rindenpartieen. Gezeichnet auf Tafel XI B. (Maragliano e Seppilli, Rivista di freniatr. e med. leg., 1878, pag. 376.)

89.

Unvollständige Lähmung des rechten Beines und vollständige des gleichseitigen Armes.

Abgekapselter Herd, nach der Zeichnung des Originals wiedergegeben auf Tafel IX A, C. (Neelsen, Deutsch. Arch. f. klin. Med. 1879, Bd. 24, pag. 483.

90.

Hallucinatorische Sehstörungen eigenthümlicher Art, welche anfallsweise auftreten und in subjectiven Gesichtserscheinungen bei

Herabsetzung des objectiven Sehvermögens bestehen. Sie betreffen beide Augen, sind aber an dem linken stärker.

Tumor, welcher in der rechten Hemisphäre sitzt und einnimmt: die erste und zweite Occipitalwindung, die hintere Hälfte der *Lobuli parietales sup.* und *inf.*, den *Cuneus* und einen Theil des *Lobulus quadratus.* Die Zerstörung reicht in die weisse Substanz. In letzterer Beziehung verweise ich auf das beim Fall 73 in der Anmerkung Gesagte. Gezeichnet auf Tafel IV A, B, C; VI A, B, C; VIII A, B, C; XII A, B, C. (Gowers, The Lancet, 15. März 1879.)

91.

Ohne Gehirnsymptome an Bronchopneumonie gestorben, sieben Jahre vor dem Tode war Aphasie mit Erhaltung des Wortverständnisses eingetreten, die sich aber wieder verloren hat.

Defect: laterale Orbitalwindung und vorderste Windung des Klappdeckels links. Gezeichnet auf Tafel V A, D; VII A, D; X A, D. (Nothnagel, Topische Diagnostik der Gehirnkrankh., Berlin 1879, pag. 426.)

92.

Lähmung der unteren Facialisäste rechts, welche dauernd war. Vorübergehende Herabsetzung der Empfindlichkeit an der ganzen Körperoberfläche, an der rechten Hälfte in höherem Grade als links. Muskelsinn erhalten. Aphasie und Agraphie (mit Erhaltung des Wortverständnisses), welche im Laufe von drei Monaten fast ganz rückgängig geworden war. Später trat nochmals Aphasie und linksseitige Anästhesie auf, um nach zwei Tagen wieder zu schwinden.

Läsion in Folge einer Embolie links; sie betrifft: die vordere Hälfte des unteren Drittels des *Gyrus centralis ant.*, die Tiefe des *Sulcus praecentralis* in seinem lateralen Abschnitt, ein ganz schmales Stück des Fusses des *Gyrus frontalis med.*, den hinteren Abschnitt des *Gyrus frontalis inf.*, endlich die dritte, vierte und fünfte Inselwindung. Die Läsion ist durchaus auf die Rinde beschränkt. Gezeichnet auf Tafel V A, B; VII A, B. (Nothnagel, Topische Diagnostik der Gehirnkrankh., Berlin 1879, pag. 429.)

93.

Nach einem apoplektiformen Anfall bleibt der linke Arm gelähmt, welche Lähmung nach Verlauf von vier Wochen rückgängig geworden war.

Zwei kleine Erweichungsherde rechts: der erste, 15 Mm. lang und 6 Mm. breit, sitzt an der Vereinigung des oberen mit dem mittleren Drittel des *Gyrus centralis ant.* und greift von da auf den *Gyrus frontalis med.* über. Der zweite, 20 Mm. lang und 8 Mm. breit, sitzt theils im *Lobulus parietalis*, theils im *Gyrus angularis*. Gezeichnet auf Tafel VI B (zwei Mal); VIII A (zwei Mal) B (zwei Mal). (Decaisne, Paralys. cortic. du membr. sup.. Paris 1879, pag. 19, Obs. 2.)

94, 95.

Nach einem Sturz vom Gerüst Lähmung beider Arme. Tod nach zwei Tagen.

Keine Fractur oder Depression der Schädeldecke; nichts als zwei ganz oberflächliche Herde, jeder von circa 15 Mm. Durchmesser. Der eine links am oberen Theil des *Gyrus centralis ant.*, der andere rechts an der Vereinigung des *Gyrus centralis post.* mit der zweiten Parietalwindung. Die Aufnahme dieses Falles, obwohl es ein traumatischer ist, rechtfertigt sich wohl von selbst durch die Beschränktheit der Symptome. Fall 94 gezeichnet auf Tafel VII A, B; X A, B. Fall 95 auf Tafel VI A, B; VIII A. (Vermeil nach Bourdon. Mir bekannt aus Decaisne, Paralys. cortic. du membr. sup., Paris 1879, pag. 23, Obs. 3.)

96.

Keine Motilitätsstörung, auch eine Sensibilitätsstörung ist nicht constatirt worden.

Abgekapselter Erweichungsherd links, welcher den *Gyrus temporalis med.*, *inf.*, und den *Gyrus occipito-temporalis lateralis* einnimmt. Nach der Zeichnung des Originals wiedergegeben auf Tafel III A, C, D. (Boyer, Bull. de la soc. anatom. de Paris, November 1877, und dessen Lés. cortic., pag. 50, Obs. 14.)

97 und 98.

Ein keine Motilitätsstörungen zeigender Idiot.

Beiderseits ausgedehnte Erweichungen, nach der Zeichnung des Originals wiedergegeben für die rechte Hemisphäre auf Tafel II A, C, D; für die linke Hemisphäre auf Tafel III A, C, D. (Voisin, Album d'observations inédites, exposé en 1878 au pavillon de l'Anthropologie. Mir bekannt aus Boyer, Lés. cortic., pag. 51.)

99.

Idiot, der keine Motilitätsstörungen hatte.

Rechterseits Erweichung und Meningitis. Nach der Zeichnung des Originals wiedergegeben auf Tafel II A, C, D. (Voisin, Album d'observations inédites, exposé en 1878 au pavillon de l'Anthropologie. Mir bekannt aus Boyer, Lés. cortic., pag. 51, Obs. 16.)

100.

Keine Lähmungen. Dass auch keine Sensibilitätsstörungen vorhanden waren, ist zwar nicht ausdrücklich erwähnt, aber eben deshalb wahrscheinlich.

Erweichung von der Grösse einer Haselnuss im linken *Gyrus uncinatus*. Nach der Zeichnung des Originals wiedergegeben auf Tafel III D. (Boyer, Lés. cortic., Paris 1879, pag. 52, Obs. 19.)

101.

Wie im Fall 100.

Erweichungsherd links, nach der Zeichnung des Originals wiedergegeben auf Tafel III D. (Boyer, Lés. cortic., pag. 52, Obs. 20.)

102.

Keine Motilitäts- und keine Sensibilitätsstörungen.

Kleiner Herd rechts; nach der Zeichnung des Originals wiedergegeben auf Tafel II D. (Boyer, Lés. cortic., pag. 52, Obs. 21.)

103.

Latente Läsion.

Erweichungsherd rechts, nach der Zeichnung des Originals wiedergegeben auf Tafel II A. (Boyer, Lés. cortic., pag. 52, Obs. 22.)

104.

Unvollständige Hemiplegie der ganzen rechten Körperhälfte, Contractur des rechten Gesichtes und der Hand. Aphasie. „Der Kranke war taub." Er scheint Zeichen zu verstehen, denn er gibt „renseignements" über seinen Zustand.

Zwei Erweichungsherde nach der Zeichnung des Originals auf Tafel XV C (zwei Mal). (Boyer, Lés. cortic., Paris 1879, pag. 91, Obs. 57.)

105.

Nach einer Apoplexie eine Monate währende Lähmung der beiden Extremitäten (es ist nicht angegeben, aber kann als selbstverständlich angenommen werden, dass die rechte Seite gemeint ist) und der Gesichtshälfte. Aphasie; welcher Art diese ist, ist nicht gesagt.

Zerstörung nach der Zeichnung des Originals. Dieselbe dringt in das Mark des hintersten Antheiles des *Gyrus frontalis inf.* ein und betrifft auch die Insel. Gezeichnet auf Tafel XV C. (Boyer, Lés. cortic., pag. 100, Obs. 63.)

106.

Lähmung des rechten Armes, die bald wieder schwand, und dauernde Lähmung des gleichseitigen Beines.

Die Läsion betrifft den ganzen *Gyrus centralis post.*, ein Stückchen des *Lobulus parietalis sup.*, ebenso des *Lobulus paracentralis* und dringt ein wenig unter dem *Gyrus centralis ant.* vor. Gezeichnet auf Tafel X A, B, C. (Boyer, Lés. cortic., pag. 123, Obs. 84. Nach einer nicht publicirten Beobachtung von Derignac.)

107.

Deviation beider Augen.

Läsion an zwei Stellen der rechten Hemisphäre, nach der Zeichnung des Originals wiedergegeben auf Tafel IV A (zwei Mal), B; VI A (zwei Mal), B; VIII A (zwei Mal), B. (Boyer, Lés. cortic., pag. 132, Obs. 89. Nach einer nicht publicirten Mittheilung von Oudin.)

108.

Lähmung der rechten Extremitäten und der Gesichtshälfte. Mehrere Anfälle von Aphasie, deren Art nicht genauer angegeben ist.

Läsion der linken Hemisphäre, nach der Zeichnung des Originals wiedergegeben auf Tafel XV A. (Boyer, Lés. cortic., pag. 158, Obs. 115. Nach einer nicht publicirten Beobachtung von Riecher.)

109.

Rechte Hemiplegie mit secundärer Contractur der beiden Extremitäten.

An der medialen Fläche der linken Hemisphäre der ganzen Länge des *Gyrus frontalis sup.* entlang ein 1 Cm. breites Band erweichter Substanz, welches nach hinten auf den *Lobulus paracentralis* übergeht. Dieser ist fast ganz zerstört. Gezeichnet auf Tafel X C. (Charcot et Pitres, Revue mensuelle, 1879, pag. 133, Obs. 34.)

110 und 111.

Paralyse der beiden rechten Extremitäten; schmerzhafte Contractur des rechten Armes. Stupide Person.

Erweichungen in beiden Hemisphären. Die der rechten Hemisphäre nimmt die Tiefe des *Sulcus temporalis sup.* und den oberen Theil des *Gyrus temporalis sup.* ein und reicht bis zum *Gyrus angularis* (exclus.). Gezeichnet auf Tafel II A. Die Läsion der linken Hemisphäre ist nach der Zeichnung des Originals wiedergegeben auf Tafel X C. (Charcot et Pitres, Revue mensuelle, 1879, pag. 135, Obs. 37.)

112.

Rechterseits Lähmung der unteren Facialismuskeln. Aphasie, bei welcher die Patientin Fragen nur schwer versteht.

Erweichung, nach der Zeichnung des Originals wiedergegeben auf
Tafel V A, B; VII A, B. (Charcot et Pitres, Revue mensuelle, 1879,
pag. 148, Obs. 53.)

113 und 114.

Keine anderen Symptome als Aphasie mit Andeutungen davon,
dass die Patientin noch hört. Doch versteht sie, wie es scheint,
keine Worte. Es darf dies nicht mit Sicherheit auf Worttaubheit
bezogen werden, da sie auch blödsinnig ist.

Erweichung beiderseits, und zwar: rechts sämmtliche Schläfenwindungen mit Ausnahme der basalen; links dieselben Windungen und
die hintere Hälfte des *Gyrus frontalis inf.* Die „zumeist" auf die Rinde
beschränkte Läsion reicht beiderseits vorne bis fast an die Spitze des
Schläfelappens, rückwärts bis an die Gränze des Hinterhauptlappens.
Wie an einem späteren Orte (pag. 22) von den Autoren dieses Falles
angeführt wird, befinden sich im Lendenmark dieser Patientin ein Paar
sclerosirte Herde, die uns hier nicht zu interessiren brauchen. Die Läsion der rechten Hemisphäre ist gezeichnet auf Tafel IV A; VI A, D;
VIII A, D; die der linken auf Tafel V A (zwei Mal); IX A, D; VII
A, D. Was die letztgenannte Abbildung anbelangt, so ist hervorzuheben, dass der Antheil der Läsion, welcher im *Gyrus frontalis inf.* liegt,
als mit dem ebenda gezeichneten Fall 65 zusammenfallend gezeichnet
ist. (Kahler und Pick, Prager Vierteljahrsschrift, 1879, pag. 6, Fall 1.)

115.

Unvollständige Lähmung der linken Extremitäten und des
Facialis. Sensibilitätsstörung im Arm und Bein. Atrophie beider
Nervi optici, weshalb das Verhalten des Gesichtssinnes mit Bezug
auf die Läsion nicht zu ermitteln ist. Die angeführten Störungen
besserten sich im Laufe der Krankheit.

Tumor, dessen Umgebung erweicht ist. Die Läsion betrifft die
rechte obere und mittlere Parietalwindung und einen Theil des *Gyrus
occipitalis prim.* Gezeichnet auf Tafel XIV A. (Bramwell, The Lancet,
4. September 1875, II, pag. 346, Fall 1.)

116.

Keine motorischen oder sensibeln Erscheinungen.

Tumor, welcher der medialen Gehirnfläche anliegt. Er hat 2·5 Cm.
Durchmesser. Das Centrum desselben liegt in dem *Sulcus*, der die mediale
Fläche des *Gyrus frontalis sup.* vom *Gyrus callosomarginalis* trennt (*Sulcus
callosomarginalis*), und zwar entsprechend der Mitte der Länge des *Gyrus
frontalis sup.* Links. Gezeichnet auf Tafel III C. (Sabourin, Bull. de
la soc. anatom., 1. December 1876, pag. 667.)

117.

Lähmung, Contractur und schmerzhafte Empfindungen (ob auch ausser den Anfällen?) im linken Arm. In den Anfällen Herabziehen des linken Mundwinkels.

Erweichung nach der Zeichnung des Originals wiedergegeben auf Tafel VI A, B. (Dreschfeld, The Lancet, 24. Februar 1877, I. pag. 268.)

118.

Convulsionen im rechten Arm.

Tumor, welcher den hintersten Theil des *Gyrus frontalis sup.* afficirt und oberflächlich auf das obere Ende des *Gyrus centralis ant.* übergreift. Links. Gezeichnet auf Tafel VII A, B; X B. (Jackson, Lancet, 16. Juni 1877, I, pag. 876.)

119.

Ganz so wie der vorhergehende Fall, nur ist die Seite der Läsion nicht angegeben. Die Zeichnung fällt demnach mit 118 zusammen. Ebenso das Citat.

120.

Keine Sensibilitäts- und Motilitätsstörungen. Ob Aphasie vorhanden ist, lässt sich nicht entscheiden, da dem Kranken zwar Worte fehlen und er sich nicht gut ausdrücken kann, er aber auch sonst in einem so abnormen Zustande war, dass er z. B. seine Freunde und Bekannten nicht mehr erkannte.

Zerstörung in einer Ausdehnung eines Halb-Crown-Stückes und $1/4$ Zoll tief, entsprechend der tiefsten Stelle der *Portio squamosa* des Schläfebeines. Links. Gezeichnet auf Tafel III D. (Alcock, The Lancet, 10. März 1877, I, pag. 346.)

121.

Aphasie mit Unvermögen, das gesprochene Wort zu verstehen, herabgesetzte Empfindlichkeit rechts und auf derselben Seite eine „sehr leichte" Facialislähmung.

Erweichung, welche an der linken Hemisphäre einnimmt: den *Lobulus supramarginalis*, den *Gyrus angularis*, die *Gyri temporalis sup.* und *med.* (wie mir aus der Darstellung hervorzugeben scheint, nur in ihren hinteren Abschnitten) und der anstossende Theil des Occipitallappens. Gezeichnet auf Tafel V A, B; VII A, B. (Broadbent, The Lancet, 2. März 1878, I, pag. 312, aus der royal medical and chirurg. Society, 26. Februar 1878.)

122.

Keine motorischen oder sensibeln Störungen. Dementes Individuum.

Erweichung, 7 Cm. lang und 3 Cm. breit, den *Gyrus temporalis sup.* und *med.* betreffend. Links. Gezeichnet auf Tafel III A. (Pitres, Gaz. méd. de Paris, 1877, Nr. 3, pag. 27; nach Soc. de Biologie vom 21. October 1876, Fall 2.)

123.

Allgemeine Hyperästhesie; Lähmung des linken oberen Augenlides.

Ein Plaque und Exsudat am Ende der Parallelfurche von 1·5 Cm. Flächenraum, die beiden diese Furche begränzenden Windungen betreffend. Rechts. Gezeichnet auf Tafel IV A. B; VI A; VIII A. (Landouzy, Arch. gén. de Méd., August 1877, pag. 149, Fall. 1.)

124.

Keine anderen Erscheinungen als Lähmung des oberen Augenlides links. Coma.

Meningitis mit einem tiefer greifenden Plaque nahe dem Ende des *Gyrus temporalis sup.* von 1·5 Cm. Ausdehnung. Nach der Zeichnung des Originals wiedergegeben auf Tafel IV A; VI A; VIII A. (Landouzy, Arch. gén. de Méd., August 1877, pag. 149, Fall 3.)

125.

Convulsionen, die nach Pausen von zwei Minuten immer wiederkehren, eine Minute dauern und sich links erstrecken auf Arm, Fuss und Gesicht. Deviation der Augen. Keine Lähmung. Diese Erscheinungen waren nach einem apoplektiformen Anfalle aufgetreten, dauerten nur zwei Tage, worauf der Tod eintrat.

Infiltration der *Pia*, welche am stärksten an den zwei oberen Dritteln der beiden Centralwindungen ist. Hier ist die *Pia* mit der Rinde so verwachsen, dass letztere beim Abziehen der ersteren mitgeht. Links. Rechts nur Hyperämie. Gezeichnet auf Tafel XV B. (Jaccoud, Gaz. hebdom. de Méd. et de Chirurg., 28. Februar 1879, Nr. 9, pag. 135.)

126.

Lähmung des linken Armes und unvollständige Lähmung der linken Gesichtshälfte.

Erweichung, welche die hintere Hälfte des mittleren Drittels des *Gyrus centralis ant.* betrifft und sich in derselben Ausdehnung auf die vordere Fläche des *Gyrus centralis post.* fortsetzt. Gezeichnet auf Tafel

8*

VI A, B. (Ganché, Soc. de Biologie, 17. Mai 1879, nach Gaz. méd. de Paris, 1879, Nr. 24, pag. 309.)

127.

Lähmung der beiden linken Extremitäten.

Läsion des *Lobulus paracentralis* und der oberen Enden beider *Gyri centrales.* Rechts. Gezeichnet auf Tafel XIV A, B. (Gougenheim, Soc. méd. des hôpit., 22. Februar 1878, nach Union méd., 7. Mai 1878, pag. 691.)

128.

„Paralyse de tout le côté droit du corps," dass auch der *Facialis* betheiligt ist, ist hiernach wohl sehr wahrscheinlich. Aphasie, von der unter Anderem gesagt ist: „depuis plusieurs mois déjà il était paralysé, et bien qu'il parût comprendre qu'on lui parlait lorsqu'on insistait près de lui, il ne repondait jamais."

Erweichung des *Gyrus temporalis sup.*, des unteren Theiles des *Gyrus centralis post.* und der Insel. Beim Oeffnen der *Fissura Sylvii* wird weiter eine Erweichung des unteren Endes des *Gyrus centralis ant.* und des hinteren Theiles des *Gyrus frontalis inf.* sichtbar. Gezeichnet auf Tafel XV A. (Peter, Gaz. hebdom., 27. Mai 1864, Nr. 22, pag. 358, Fall 18.)

129.

Linke Facialislähmung. Schwäche in der linken Hand, insbesondere bedeutende Parese der drei inneren Finger (Daumen, Zeige- und Mittelfinger).

Erweichung rechterseits. Sie betrifft das unterste Fünftel des *Gyrus centralis post.* und erstreckt sich, wie man beim Auseinanderlegen der Lippen des *Sulcus centralis* sieht, von da nach aufwärts bis in die Höhe der Einpflanzung des oberen Theiles des *Gyrus frontalis med.* in die vordere Centralwindung. An dieser in der Tiefe verborgenen streifenförmigen Erweichung betheiligen sich beide Lippen der Centralfurche. Gezeichnet auf Tafel VI A, B. (Martin, Bull. de la soc. anatom. de Paris, 22. December 1876, pag. 767.)

130.

Lähmung des rechten Vorderarmes und der Hand.

Ein kleiner oberflächlicher Herd im oberen Theil des *Gyrus centralis ant.* links. Gezeichnet auf Tafel VII B; X B. (Bourdon, Akad. de Méd. vom 23. October 1877, nach Progrès. méd., 1877, Nr. 43, pag. 789.) Es scheint, dass dieser Fall identisch ist mit Bourdon, Rech. clin. sur les contr. mot. Obs. I. Es ist dieses Werk vergriffen, ich konnte es also nicht nachsehen; doch ist in dem Referat, das Maragliano in seiner Sammlung von diesem Falle gibt, auch noch Aphasie angegeben.

Aphasie und rechte Hemiplegie. Dass auch der *N. facialis* betheiligt ist, ist nicht angegeben.

Zwei Tumoren. Der eine comprimirt das obere Drittel des *Gyrus centralis ant.* und die hinteren Hälften des *Gyrus frontalis sup.* und *med.* Der zweite Tumor in der Grösse eines Hühnereies liegt zwischen Insel und dem *Gyrus frontalis inf.* Es ist als selbstverständlich vorausgesetzt, dass die Läsion links ist. Gezeichnet auf Tafel IX A (zwei Mal), B. (Magnan, Soc. de Biologie, 18. Jänner 1879, nach Progrès. méd., 25. Jänner 1879, Nr. 4, pag. 62.)

132.

Beeinträchtigung der Bewegungen des rechten Armes und Beines, und vielleicht Andeutungen von Aphasie. Alles erst in den letzten Monaten der Krankheit aufgetreten.

Kastaniengrosser Tumor links, nahe dem Ende der *Fissura Sylvii*, theils im *Gyrus supramarginalis*, theils im *Gyrus angularis* liegend. Gezeichnet auf Tafel X A. (Glynn, Brit. med. Journ., 28. September 1878, pag. 472, Fall 2.)

133.

Lähmung der rechten Hand und des Armes.

Verwachsung der *Pia* mit dem Gehirn, welche mit Erweichung der, wie es scheint, nur oberflächlichsten Rindenschichten an den nach der Zeichnung des Originals wiedergegebenen Stellen verbunden ist. Gezeichnet auf Tafel VII A (zwei Mal), B; X A. B (zwei Mal). (Ringrose-Atkins, Brit. med. Journ., 11. Mai 1878, pag. 675, Fall 5.)

134.

Keine motorischen Störungen der linken Seite.

In der rechten Hemisphäre zwei Erweichungsherde, welche nach der Zeichnung des Originals wiedergegeben sind auf Tafel II A. B. Auch in der linken Hemisphäre war eine Läsion, die zu Aphasie und rechter Hemiplegie geführt hatte, doch ist dieselbe nicht genauer angegeben. (Ringrose-Atkins, Brit. med. Journ., 4. Mai 1878, pag. 640, Fall 3.)

135.

Lähmung beider rechten Extremitäten. In diesen schmerzhafte Empfindungen. Aphasie mit Erhaltung des Wortverständnisses. In einem vorübergehenden Anfall Trismus und Facialislähmung.

Tumor, welcher die Windungen disloCirt und comprimirt. Er ist 6 Cm. lang, 4·5 Cm. breit und 3 Cm. tief, drängt die beiden Centralwindungen unten auseinander und comprimirt sie, sowie den *Gyrus transitivus*, den *Gyrus supramarginalis*, so weit er an den *Gyrus centralis post.* gränzt, und die Inselwindungen. Gezeichnet auf Tafel X A, B. (Petřina, Prager Vierteljahrsschrift, Bd. 133, pag. 100, Fall 3.)

136.

Keine Symptome motorischer oder sensibler Art.

Tumor und Erweichung links, nach der Zeichnung des Originals wiedergegeben auf Tafel III A. (Ringrose-Atkins, Brit. med. Journ., 4. Mai 1878, pag. 639, Fall 1.)

137.

Rechte Hemiplegie mit Ausschluss des *Facialis*. Auf derselben Seite etwas herabgesetzte Empfindlichkeit.

Erweichung: Hinterer Theil der Innenfläche des *Gyrus frontalis sup.*, der ganze *Lobulus paracentralis*, die zwei vorderen Drittel des *Lobulus quadratus*. An der oberen Fläche des Gehirns nahm der Herd ein: das hintere Drittel des *Gyrus frontalis sup.* und die beiden oberen, 3 bis 4 Cm. messenden Enden der Centralwindungen. An einer Stelle reicht der Herd 3 bis 4 Cm. weit in die Tiefe. Nach der Zeichnung des Originals wiedergegeben auf Tafel X A, C. (Grasset, Étud. clin. et anatom.-pathol., Montpellier 1878, pag. 8, Fall 2.)

138.

Nicht vollständige Lähmung der rechten oberen Extremität. (Es restirt noch einige Beweglichkeit im Ellbogen und den Fingern.) Lähmung des Beines.

Läsion nach der Zeichnung des Originals. Sie erstreckt sich bis in das Mark. Es ist auch *Pachymeningitis cervicalis* vorhanden, doch glaubte ich den Fall trotzdem aufnehmen zu müssen, da, wenn diese die Ursache der Lähmung wäre, dieselbe wohl beiderseitig sein müsste. Auch ist ausdrücklich angegeben, dass das Rückenmark gesund war. Gezeichnet auf Tafel X A, B. (Seguin, Transact. of the americ. neurol. assoc., vol. II, 1877. Loc. cerbr. Les., Fall 5. Sep.-Abdr. pag. 25.)

139.

Hemiplegie der rechten Seite mit Einschluss des *Facialis*. Aphasie ohne genauere Angabe der Art derselben. Später besserte sich die Lähmung, so dass die Person einige Schritte allein machen und den Arm ganz frei bewegen konnte. Die Aphasie blieb.

Zerstörung links, welche, die Rinde betreffend, an einigen Stellen, nämlich im *Gyrus frontalis inf.* und der Insel, etwas in das Mark reicht und nach der Zeichnung des Originals wiedergegeben ist auf Tafel XV C. (Seguin, Transact of the americ. neurol. assoc., vol. II, 1877. Loc. cerbr. Les., Fall 1. Sep.-Abdr. pag. 13.)

140 und 141.

Unvollständige Aphasie mit Erhaltung des Wortverständnisses und Schwierigkeiten beim Schreiben. Linke Hemiplegie.

Läsionen in beiden Hemisphären. Rechts: ein Herd an der Innenfläche des Frontallappens, den „Geruchsnerven entsprechend", von 2 Cm. Breite und 1 Cm. Tiefe. Ein zweiter Herd in der „*circonvol. pariét. pos. acces.*", mit anderen Worten: in „jenem Theile der *Circonvol. pariét. post.*, welcher gegen den Occipitallappen hinzieht". Links: Atrophie des hinteren Antheiles des *Gyrus frontalis inf.*, ferner ein 2 Cm. langer Herd im *Gyrus temporalis sup.*, da, wo die *Fissura Sylvii* ihren Winkel bildet. Ich beziehe die Aphasie auf die linke Hemisphäre, die Hemiplegie fällt *eo ipso* der rechten zu. Gezeichnet die rechte Hemisphäre auf Tafel VIII B, C, D; die linke auf Tafel X A (zwei Mal). (Bourneville, Progrès. méd., 1874, mir bekannt aus Legroux: De l'Aphasie. Thèse. Paris 1875, pag. 72.)

142.

Parese des linken Beines. Contractur der Flexoren des Daumens und anderer Finger der linken Hand und Zittern in den Gliedern dieser Seite. Contractur des rechten Beines.

Encephalitischer Plaque der rechten Hemisphäre, welcher 2 Cm. lang, parallel dem oberen Hirnrande, am oberen Ende der beiden Centralwindungen verläuft und (nach der Zeichnung des Originals) auf die innere Hirnfläche übergreift. Gezeichnet auf Tafel X B, C. (Landouzy, Convulsions et paralys. Thèse. Paris 1876, pag. 137. Obs. 24.)

143.

Keine motorischen, keine sensibeln Symptome.

Zerstörung des hinteren Antheiles des linken *Gyrus frontalis inf.* und der zweiten Windung der Insel. Gezeichnet auf Tafel III A, B. (Hayem, Thèse sur l'Encéphalite. Paris 1868, Obs. 12, pag. 105.)

144.

In Folge eines vor Jahren stattgehabten Traumas stellen sich Krämpfe und Lähmungen des rechten Armes, Beines und des Platysma, sowie „numbness" (ob dies zu den motorischen oder sensibeln Störungen gerechnet werden soll, muss ich unentschieden lassen) in den Fingern ein.

Läsion links, nach der Zeichnung des Originals wiedergegeben auf Tafel X A. (Bramwell, Brit. med. Journ., 28. August 1875, nach Ferrier, Local. of the cerbr. disease, pag. 109.)

145.

Plötzlich aufgetretene Aphasie und Agraphie mit Erhaltung des Wortverständnisses.

In der unteren Stirnwindung ein haselnussgrosser Bluterguss mit
erweichter Umgebung, so dass die Rinde in der Ausdehnung eines Vier-
groschenstückes zerstört war. Gezeichnet auf Tafel X A. (Rosenstein,
Berliner klin. Wochenschr., 1868, Nr. 17; hier nach Nothnagel's Top.
Diagnostik der Gehirnkrankh., pag. 424.)

146.

Zitternde Bewegungen im rechten Arm, Gesichtshälfte, Bein,
„Kopf" (also wohl Betheiligung der Halsmuskeln), Brust- und
Bauchmuskeln und im Kremaster. Parese des rechten Armes, Con-
tractur des Daumens, Nystagmus des rechten Auges.

Ein Tuberkel in der Rinde dicht vor dem *Sulcus centralis* in der
Mitte der Hemisphäre. Er hat die Grösse einer Haselnuss, seine Um-
gebung ist erweicht. Links. Gezeichnet auf Tafel XV C. (Hennoch,
Charité-Annalen, IV. Jahrgang, Berlin 1879; hier nach Nothnagel's
Top. Diagnostik der Gehirnkrankh., pag. 420.)

147.

Zuckungen in der rechten Gesichtshälfte mit Einschluss des
Orbicularis. Das Gefühl von Eingeschlafensein im rechten Arm und
Bein. Anfälle von Aphasie bei vollkommener Erhaltung des Wortverständnisses. Dieselben lösten sich immer nach Verlauf von circa
einer Viertelstunde wieder unter Zurücklassung von mässigen Sprachstörungen. In den Zeiten zwischen den Anfällen Facialisparese.
Die Zungenspitze weicht nach rechts ab. Die erwähnte Sensibilitätsstörung ist später gänzlich geschwunden, weshalb ich sie nicht
in Rechnung ziehe.

Kirschengrosser Tumor in der linken Hemisphäre. Auch im rechten
Kleinhirn sitzt ein kleiner Tumor, der, wie sich von selbst ergibt, mit
den Erscheinungen nichts zu thun hat. Die Localität des ersten ist
nach der Zeichnung des Originals wiedergegeben auf Tafel V A; XI B.
(Goltdammer, Berliner klin. Wochenschrift, 16. Juni 1879, pag. 349,
Nr. 24, Fall 1.)

148.

Keine motorischen, keine sensibeln Erscheinungen.

Gelbe Erweichung rechts. Ihre Ausbreitung an der medialen Gehirnfläche ist nach der Zeichnung des Originals wiedergegeben. Aussen
setzt sich die Läsion bis an die *Fissura interparietalis* fort. Sie reicht
ziemlich tief in das Mark. Auch im *Corpus striatum* ist eine alte Lacune.
Es kommt dies hier als bei einer latenten Läsion nicht in Betracht.
Gezeichnet auf Tafel II A, B, C, D. (Boyer, Lés. cortic., pag. 58,
Obs. 31.)

149.

Leichte Parese des rechten unteren *Facialis*. Lähmung des gleichseitigen Armes und Beines.

Erweichung blos der Rinde, nach der Zeichnung des Originals wiedergegeben auf Tafel XV A. (Goltdammer, Berliner klin. Wochenschrift, 23. Juni 1879, Nr. 25, pag. 367, Fall 3.)

150.

Aphasie[1]) und rechte Hemiplegie. Dass auch der *Facialis* betheiligt ist, ist nicht gesagt. Keine Sensibilitätsstörung.

Erweichung der drei ersten Inselwindungen, sowie eines Theiles der vierten und einer Rindenpartie, welche nach der Zeichnung des Originals wiedergegeben ist auf Tafel X A, B. (Magnan, Brain, vol. II, pag. 114, Obs. 2.)

151.

Unvollständige Aphasie. Die Patientin kann noch einige Worte sprechen und bis zehn zählen. Das Wortverständniss erhalten. Lähmung des Armes und des *Facialis* rechts. Die Zunge weicht beim Herausstrecken von der Mittellinie ab, doch ist nicht angegeben, nach welcher Seite.

Ein Tumor im Grau der mittleren und unteren Stirnwindung links. Er scheint etwas in das Mark dieser Windungen vorzudringen, liegt im hinteren Theil derselben und hat einen Durchmesser von circa 3 Cm. Er greift noch auf die „benachbarte Parietalwindung" über. Darunter kann wohl nur der *Gyrus centralis ant.* verstanden sein. Gezeichnet auf Tafel XV C. (Bourceret et Cossy, Bull. de la soc. anatom., 9. Mai 1873, pag. 346.)

152 und 153.

Keine motorischen und keine sensibeln, auch keine Sprachstörungen.

Erweichung beiderseits. Rechts: die obere Schläfenwindung und die laterale und hintere Partie des Sphenoidallappens. Links: die ganze untere Stirnwindung mit Ausnahme der hinteren und inneren Partie. Auch am Schläfelappen sind einige in ihrer Localität nicht näher angegebene Läsionen. Nur dass das vordere Ende derselben auch erweicht ist, ist speciell hervorgehoben. Gezeichnet: rechte Hemisphäre auf Tafel II A (zwei Mal), D; linke Hemisphäre auf Tafel III A. (Chouppe, Bull. de la soc. anatom., Juni 1870, pag. 365.)

---

[1]) Es ist ausdrücklich gesagt, dass Patient auch nicht mehr lesen und schreiben kann. Da der Versuch auf Agraphie gemacht wurde, so muss die Lähmung des rechten Armes als nur gering angenommen werden, weshalb ich das Vorhandensein einer wirklichen Agraphie annehmen zu müssen glaube.

154.

Nach einem apoplektischen Anfall erbolt sich der Patient und steht und geht wieder. Es sind keinerlei sensible oder motorische Erscheinungen genannt.

Zerstörung des ganzen linken Schläfelappens. Gezeichnet auf Tafel III A, D. (Calot, Bull. de la soc. anatom., Februar 1870, pag. 141.)

155.

Keine sensibeln oder motorischen Störungen.

Traumatische Zerstörung. Sie beginnt 1 Cm. hinter der Spitze des Schläfelappens und erstreckt sich 5 Cm. lang und circa 3 Cm. breit nach hinten. Sie betrifft den *Gyrus temporalis inf.* und den *Gyrus occipitotemporalis lateral.* (wahrscheinlich links). Gezeichnet auf Tafel XV D. (Herpin, Bull. de la soc. anatom., 19. Mai 1876. pag. 396.)

156 und 157.

Sensibilität und Motilität ist erhalten. Der Mensch ist vollständig verblödet und spricht auch seit Jahren nicht mehr (Symptome der allgemeinen Paralyse). Da er auch sonst keine selbstständigen Aeusserungen von sich gibt, so glaube ich eigentliche Aphasie nicht annehmen zu dürfen.

Zerstörung der convexen Rinde beider Frontallappen bis zum *Gyrus centralis ant.* Die mediale Fläche des Stirnlappens ebenfalls zerstört. Ob auch die Orbitalwindungen zerstört sind, ist zwar nicht speciell angegeben, doch aus der Darstellung als wahrscheinlich anzunehmen. Weiter ist rechterseits der *Lobulus parietalis inf.* zerstört. Gezeichnet rechte Hemisphäre auf Tafel II A (zwei Mal), B (zwei Mal), C; linke Hemisphäre auf Tafel III A, B., C. (Baraduc, Bull. de la soc. anatom., März 1876, pag. 277.)

158.

Aphasie. Aus der Beschreibung nicht mit Sicherheit zu entnehmen, welcher Art diese ist. Einmal wurde ein Zittern im rechten Arm beobachtet, auf das ich weiter kein Gewicht lege.

Tumor in der oberen Schläfenwindung hart unter der Rinde. Er hat Haselnussgrösse und eine 2 Cm. dicke erweichte Zone um sich. Die Localität, an der der Tumor sitzt, ist nicht genauer angegeben, doch ist dies, da die Läsion über 5 Cm. lang sein muss, kaum nöthig. Gezeichnet auf Tafel V A; VII A; X A. (Götz, Bull. de la soc. anatom., 28. Jänner 1876, pag. 81.)

159.

Keine motorischen und keine sensibeln Symptome.

Traumatische Zerstörung des *Gyrus frontalis med.* an der Vereinigung des vorderen und mittleren Drittels desselben. An der entsprechenden Stelle ist auch der *Gyrus frontalis sup.* in die Läsion einbezogen. Diese stellt eine nussgrosse Höhle dar. Gezeichnet auf Tafel II A, B. (Marot, Bull. de la soc. anatom., 4. Februar 1876, pag. 138.)

160.

Eine epileptische Person, welche an einer Erkrankung der linken Hemisphäre zu Grunde gegangen ist. Sie zeigte keine auf die rechte Hemisphäre zu beziehende Symptome als eine unbedeutende Parese des linken Fusses.

Bei der Section fand sich rechts vollkommen fehlend (vielleicht seit Geburt): die beiden unteren Drittel des *Gyrus centralis post.*, das oberste Ende des *Gyrus temporalis sup.* und der ganze *Lobulus parietalis inf.* Der Defect erstreckt sich nach vorne bis zur *Fissura Sylvii*, nach hinten bis zur *Fissura parieto-occipitalis.* Der obere Rand bleibt 3 Cm. von der *Fissura interhemisphärica* entfernt. Der *Lobulus parietalis sup.* ist gesund. Gezeichnet auf Tafel IV A, B; VIII A, B. (Gallopain, Bull. de la soc. anatom., 23. November 1877, pag. 557.)

161.

Lähmung der Extensoren der Hand. Leichte Facialisparese rechts. Zeitweilig Convulsionen, welche sich auf die ganze rechte Hemisphäre erstrecken. Sprachstörungen, die aber, wie es scheint, nur vorübergehend sind.

Tumor von der Grösse eines Zehncentimesstückes; er sitzt an der Vereinigung des *Gyrus frontalis med.* und *Gyrus centralis ant.* Gezeichnet auf Tafel VII A, B. (Mahot, Bull. de la soc. anatom., 15. December 1876, pag. 734.)

162.

Keine motorischen und keine sensibeln Symptome.

Ein Tumor links, welcher nach des Autors Angabe den *Gyrus frontalis sup.* so comprimirt, dass er in eine vordere und eine hintere Abtheilung zerfällt. Hiernach wäre der Fall wegen ungenügender Localangaben unbrauchbar, doch zeichnet und beschreibt ihn Boyer (in Lés. cortic., pag. 64). Indem ich voraussetze, dass Boyer den Fall gesehen oder aus dem Album der Soc. anatom. entnommen hat, nehme ich ihn nach diesem Autor auf. Gezeichnet auf Tafel III A, B. (Pitres, Bull. de la soc. anatom., 1. December 1876, pag. 672.)

163.

Linkerseits leichte Facialis- und Hypoglossuslähmung. Lähmung des Armes und fast vollständige Lähmung des Beines. Auf

derselben Seite ist die Empfindlichkeit herabgesetzt. Die Sehkraft
hat gelitten. Ob auf einer Seite mehr wie auf der andern, ist nicht
gesagt.

Zwei Erweichungsherde rechts. Der erste sitzt im hinteren Theil
des *Gyrus frontalis med.* und ist klein; der zweite betrifft die zwei unteren Drittel des *Gyrus centralis post.* mit Ausnahme des untersten Endes
desselben, den ganzen *Lobulus parietalis inf.* mit Ausschluss der hintersten
untersten Partie; ferner greift die Läsion auf den *Gyrus temporalis sup.*
über, um am *Sulcus temporalis sup.* zu enden. Die weisse Substanz ist
stellenweise mit verletzt. Gezeichnet auf Tafel XI A (zwei Mal); XII A
(zwei Mal), B (zwei Mal). (Lépine, Bull. de la soc. anatom., 13. April
1877, pag. 279.)

164.

Leichte Facialis- und Hypoglossuslähmung. Parese des Armes
rechts. Es war auch Lähmung des Beines und Aphasie vorhanden,
diese schwanden aber vor dem Tod.

Links ein Herd von der Grösse eines Zweifrankenstückes. Dessen
Mitte entspricht dem vorderen Theile der „pli courbe" ungefähr in der
Mitte ihrer Höhe. Es ist gesagt, dass die benachbarte Partie des *Gyrus
centralis post.* mit einbegriffen war, woraus hervorgeht, dass hier der
Gyrus supramarginalis. nicht der *Gyrus angularis* gemeint ist. Die „Zone
der Erweichung", also wohl eine um jenen Herd gelegene erweichte
Partie, erstreckt sich auf den ganzen *Lobulus* der „pli courbe". Sie reicht
aber nicht bis an die *Fissura Sylvii.* Auch in der Insel ist ein kleiner
Herd. Gezeichnet auf Tafel VII A; XI B. (Sabourin, Bull. de la soc.
anatom., 19. Jänner 1877, pag. 45.)

165.

Plötzlich eingetretene Aphasie, nachdem schon vorher einmal
ein hemiplegischer Anfall eingetreten, aber spurlos vorübergegangen
war. Die Aphasie ist der Art, dass die Patientin ihren Namen für
gewöhnlich nicht aussprechen kann, wenn man ihr aber die erste
Hälfte vorsagt, so kann sie die zweite nachsagen.

Sie ist unvermögend zu schreiben. Gezeichnet auf Tafel V A; X A.
(Lucas-Championnière, Bull. de la soc. anatom., 12. März 1875,
pag. 202.)

166.

Lähmung des rechten *Facialis* mit Unvermögen, das Auge zu
schliessen. Aphasie. Der Kranke kann seine Gedanken noch durch
die Schrift ausdrücken, aber wie es scheint, ist auch diese etwas
mangelhaft. Die Aphasie ist auch keine vollständige, da Silben
ziemlich gut nachgesprochen werden können, später kommen sogar
einige Worte wieder. Die Zunge weicht nach rechts ab.

Erweichung an zwei Stellen links. Die erste, 3·5 Cm. im Durchmesser und nicht ganz 1 Cm. tief, liegt am vorderen Rande des *Sulcus centralis*, in der Höhe des *Gyrus frontalis inf.* Die zweite hat die Grösse eines silbernen Zwanzigcentimesstückes und liegt im *Gyrus frontalis inf.* an seiner Umbiegungsstelle nach der Orbitalseite. Gezeichnet auf Tafel XI B (zwei Mal). (Hervey, Bull. de la soc. anatom., 9. Jänner 1874, pag. 29.)

167.

Lähmung der beiden rechten Extremitäten und des *Facialis*. Aphasie und Unfähigkeit, zusammenhängend zu lesen und zu schreiben. Unter ersterem ist wohl nicht Vorlesen, sondern das Verständniss des geschriebenen Wortes verstanden. Aus der Krankengeschichte ist nicht mit Bestimmtheit zu ersehen, ob der Kranke das gesprochene Wort gut versteht. *Hemianopsia dextra*.

Tumor des linken Hinterhauptlappens, vorwiegend in den Occipitalwindungen und dem *Praecuneus* sitzend. Gezeichnet auf Tafel XIII A, B, C. (Jastrowitz, Centralbl. für prakt. Augenheilkunde, vol. I. December 1877, pag. 254.)

Tabellen der procentischen Berechnung.

Erklärung.

In der ersten Columne findet sich die Nummer des Quadrates angegeben, in der zweiten findet sich angegeben, was sich auf die rechte und was sich auf die linke Hemisphäre bezieht. In der dritten Columne ist die Anzahl der Fälle angegeben, deren Läsionen das Quadrat trifft. In den übrigen Columnen sind die Procentzahlen für die einzelnen Störungen verzeichnet. Es ist z. B. das Quadrat 35 auf der rechten Seite 8 Mal, auf der linken 14 Mal Sitz einer Läsion. Unter den 8 Malen war immer Motilitätsstörung des Beines, unter den 14 Malen war eine solche nur 11 Mal vorhanden. Es steht demnach in der Rubrik „untere Extremität" rechts 100 Procent, links 78 Procent.

Es wird auffallen, dass in einzelnen Fällen die Summirung der passenden Zahlen einer horizontalen Reihe nicht 100 Procent ergibt. Es rührt dies dann daher, dass erstens die Trigeminusfälle nicht in der Tabelle verzeichnet und auch nicht als latente Läsion eingerechnet sind, zweitens ein Fall von Aphasie bei Läsion der rechten Hemisphäre allein, und ein anderer bei Läsion beider Hemisphären als für das Sprachfeld der rechten Seite nicht eingerechnet erscheint. Wie schon im Texte erwähnt, hat es nämlich keinen Sinn, die Tabellen, die auf einigen wenigen Fällen beruhen, mitzutheilen.

Nummer des Quadrates	Seite	Anzahl der Fälle, in denen es verletzt ist	Muskeln des N. facialis	Obere Extremität	Untere Extremität	Sprache	Halsmuskeln	Zungenmuskeln	Muskeln des Auges	Tactile Störung	Sehstörungen	Keine Symptome
1	rechts	5	20	100	100	—	20	20	0	0	0	0
	links	6	0	100	100	0	0	0	0	33	0	0
2	rechts	5	20	100	100	—	20	20	0	0	0	0
	links	7	14	100	100	0	0	0	0	43	0	0
3	rechts	6	17	100	100	—	17	17	0	0	0	0
	links	8	12	87	87	0	0	0	0	37	0	12
4	rechts	7	14	100	100	—	14	14	14	14	0	0
	links	8	13	100	100	0	0	0	0	37	0	0
5	rechts	7	14	100	100	—	14	14	14	14	0	0
	links	8	13	100	100	0	0	0	0	37	0	0
6	rechts	5	20	100	100	—	20	20	0	0	0	0
	links	7	14	100	100	0	0	0	0	43	0	0
7	rechts	6	17	100	100	—	17	17	17	17	0	0
	links	6	0	100	100	0	0	0	0	33	0	0
8	rechts	7	14	100	100	—	14	14	14	14	0	0
	links	9	11	100	100	0	0	0	0	33	0	0
9	rechts	7	14	100	100	—	14	14	14	14	0	0
	links	9	11	100	100	0	0	0	0	33	0	0
10	rechts	7	14	100	100	—	14	14	14	14	0	0
	links	11	9	100	100	0	0	0	0	27	0	0
11	rechts	6	17	100	100	—	17	17	17	17	0	0
	links	7	0	100	100	0	0	0	0	0	0	0
12	rechts	7	14	100	100	—	14	14	14	14	0	0
	links	8	0	100	100	0	0	0	0	0	0	0
13	rechts	9	11	89	89	—	11	11	11	22	0	0
	links	12	17	83	75	17	0	0	8	25	0	0
14	rechts	9	22	100	89	—	11	11	11	22	11	0
	links	10	30	100	90	10	0	10	30	50	0	0
15	rechts	10	20	100	100	—	20	10	10	20	10	0
	links	12	25	100	92	8	0	8	17	33	0	0
16	rechts	10	20	100	100	—	10	10	10	20	10	0
	links	13	23	100	92	8	0	0	15	30	0	0
17	rechts	7	14	100	100	—	14	14	14	14	0	0
	links	11	36	100	100	0	9	9	18	27	0	0

Nummer des Quadrates	Seite	Anzahl der Fälle, in denen es verletzt ist	Muskeln des N. facialis	Obere Extremität	Untere Extremität	Sprache	Halsmuskeln	Zungenmuskeln	Muskeln des Auges	Tactile Störung	Sehstörungen	Keine Symptome
18	rechts	10	10	100	100	—	10	10	10	20	0	0
	links	12	33	100	100	0	8	8	17	25	0	0
19	rechts	8	13	88	88	—	0	0	13	37	0	13
	links	4	25	100	100	0	25	0	25	25	0	0
20	rechts	8	13	88	75	—	0	0	13	37	0	13
	links	5	20	100	100	0	20	0	20	20	0	0
21	rechts	9	22	100	89	—	11	11	11	33	0	0
	links	10	30	100	90	0	10	0	20	10	0	0
22	rechts	9	11	100	89	—	11	11	11	22	0	0
	links	15	33	100	100	0	13	7	13	20	0	0
23	rechts	9	22	100	100	—	22	11	11	22	11	0
	links	16	37	100	94	6	12	6	19	25	0	0
24	rechts	9	22	100	100	—	22	11	11	22	11	0
	links	14	36	100	86	7	7	7	14	29	0	0
25	rechts	9	22	100	100	—	33	11	11	22	11	0
	links	14	36	100	86	7	7	7	21	36	0	0
26	rechts	8	13	88	88	—	13	13	0	25	0	13
	links	12	17	83	75	8	0	0	17	25	0	17
27	rechts	8	13	88	88	—	13	13	13	25	0	13
	links	10	10	90	70	10	0	0	20	20	0	20
28	rechts	8	25	100	100	—	25	13	13	25	13	0
	links	15	33	100	80	7	7	7	20	27	0	0
29	rechts	8	25	100	100	—	13	13	13	37	13	0
	links	17	29	100	71	6	6	6	12	24	0	0
30	rechts	6	17	100	100	—	17	17	17	17	0	0
	links	12	42	100	100	0	17	8	17	17	0	0
31	rechts	5	40	100	80	—	20	20	20	40	0	0
	links	12	42	100	100	0	17	17	8	17	0	0
32	rechts	8	25	88	88	—	17	13	13	37	0	13
	links	6	17	100	100	0	17	0	17	17	0	0
33	rechts	7	29	100	100	—	29	14	14	29	14	0
	links	11	45	100	91	9	9	9	27	27	0	0
34	rechts	8	25	100	100	—	25	13	13	25	13	0
	links	13	38	100	85	8	8	8	23	31	0	0

Nummer des Quadrates	Seite	Anzahl der Fälle, in denen es verletzt ist	Muskeln des N. facialis	Obere Extremität	Untere Extremität	Sprache	Halsmuskeln	Zungenmuskeln	Muskeln des Auges	Tactile Störungen	Sehstörungen	Keine Symptome
35	rechts	8	25	100	100	—	25	13	13	25	13	0
	links	14	36	100	78	7	7	7	7	21	0	0
36	rechts	4	25	100	100	—	25	25	25	25	0	0
	links	11	45	100	100	0	18	9	18	18	0	0
37	rechts	5	20	100	100	—	20	20	20	40	0	0
	links	10	50	100	100	0	20	10	20	20	0	0
37a[1]	rechts	4	25	100	100	—	25	25	25	50	0	0
	links	11	45	100	100	0	18	9	18	18	0	0
38	rechts	6	33	83	83	—	17	17	17	50	0	17
	links	6	17	100	100	0	17	0	17	17	0	0
39	rechts	5	40	100	100	—	40	20	0	20	20	0
	links	9	88	100	67	11	22	11	11	11	0	0
40	rechts	7	57	100	86	—	29	14	0	14	14	0
	links	13	83	100	62	0	15	8	8	15	0	0
41	rechts	6	67	100	87	—	17	17	0	17	17	0
	links	15	64	100	73	0	13	7	7	7	0	0
42	rechts	5	40	100	60	—	20	20	0	0	0	0
	links	9	56	100	89	0	11	11	22	11	0	0
43	rechts	4	50	100	75	—	25	25	0	25	0	0
	links	8	50	100	100	0	13	13	25	13	0	0
44	rechts	3	33	100	67	—	33	33	0	33	0	0
	links	10	50	100	100	0	20	10	30	10	0	0
45	rechts	6	67	100	67	—	33	17	17	33	0	17
	links	10	67	80	60	30	10	10	0	10	0	20
46	rechts	6	67	100	67	—	17	17	17	0	17	0
	links	14	92	100	71	14	7	14	14	14	0	0
47	rechts	7	71	100	59	—	14	14	14	0	14	0
	links	19	78	100	68	16	5	11	5	11	0	0
48	rechts	11	73	91	64	—	9	18	0	9	9	0
	links	11	64	100	91	9	0	18	18	9	0	0
49	rechts	7	59	86	86	—	14	29	0	14	14	0
	links	11	56	100	100	9	9	18	18	9	0	0

[1]) Ein später eingeschobenes Quadrat.

Nummer des Quadrates	Seite	Anzahl der Fälle, in denen es verletzt ist	Muskeln des N. facialis	Obere Extremität	Untere Extremität	Sprache	Halsmuskeln	Zungenmuskeln	Muskeln des Auges	Tactile Störungen	Sehstörungen	Keine Symptome
50	rechts	6	50	83	83	–	17	33	0	17	17	0
	links	11	45	100	100	9	18	9	27	18	0	0
51	rechts	8	50	88	75	—	25	13	25	25	0	13
	links	15	86	93	67	33	13	27	13	13	0	7
52	rechts	6	83	100	83	—	17	17	17	17	17	0
	links	18	94	100	78	22	11	17	11	11	0	0
53	rechts	8	88	100	63	—	13	13	13	13	13	0
	links	22	76	100	73	14	9	14	9	9	0	0
54	rechts	12	67	92	67	—	8	25	8	17	8	0
	links	13	62	100	92	15	0	15	15	15	0	0
55	rechts	9	67	89	100	—	11	22	11	33	11	0
	links	12	58	100	92	8	0	17	17	17	0	0
56	rechts	7	59	86	86	—	14	29	14	14	14	0
	links	9	56	100	89	0	0	33	11	11	0	0
57	rechts	3	33	67	67	—	33	33	0	0	0	33
	links	15	100	93	80	33	13	27	7	20	0	7
58	rechts	5	60	100	80	—	20	40	20	20	0	0
	links	16	100	100	88	31	13	19	13	13	0	0
59	rechts	8	75	100	63	—	13	25	13	13	0	0
	links	20	79	100	80	25	5	15	20	15	0	0
60	rechts	11	82	91	73	—	9	27	9	27	9	0
	links	13	62	100	85	31	0	15	0	23	0	0
61	rechts	11	64	91	73	—	9	27	9	27	9	0
	links	15	60	100	93	13	0	13	13	20	0	0
62	rechts	12	58	92	75	—	8	25	8	25	8	0
	links	14	57	100	93	21	0	14	14	21	0	0
63 ¹)	rechts	10	60	100	60	—	10	20	10	30	10	0
	links	14	57	100	86	14	0	14	14	14	0	0
64	rechts	6	67	100	83	—	17	50	17	33	0	0
	links	17	94	94	71	35	12	29	6	18	0	0
65	rechts	6	83	83	67	—	17	50	17	33	0	0
	links	13	100	100	85	38	15	23	8	15	0	0

¹) In der Furche verborgen.

Nummer des Quadrates	Seite	Anzahl der Fälle, in denen es verletzt ist	Muskeln des N. facialis	Obere Extremität	Untere Extremität	Sprache	Halsmuskeln	Zungenmuskeln	Muskeln des Auges	Tactile Störungen	Sehstörungen	Keine Symptome
66	rechts	8	88	100	63	—	13	25	13	25	0	0
	links	19	78	100	84	37	10	16	5	16	0	0
67	rechts	10	80	90	80	—	10	30	10	30	10	0
	links	15	53	100	93	40	0	13	0	20	0	0
68	rechts	9	67	89	78	—	11	33	11	44	11	0
	links	16	44	100	94	31	6	13	6	19	0	0
69	rechts	10	60	90	80	—	10	30	10	40	10	0
	links	13	54	100	92	23	0	15	8	23	0	0
70	rechts	7	71	100	86	—	14	59	14	29	0	0
	links	14	85	78	64	64	7	43	0	28	0	0
71	rechts	7	71	100	86	—	14	59	14	29	0	0
	links	16	80	75	63	63	6	44	0	25	0	0
72	rechts	5	80	100	100	—	20	40	20	40	0	0
	links	16	67	75	75	50	6	31	0	19	0	0
73	rechts	10	80	90	70	—	10	13	10	40	10	0
	links	16	56	100	94	38	6	17	0	19	0	0
74	rechts	10	80	90	80	—	10	40	10	40	10	0
	links	16	50	100	94	38	6	13	0	19	0	0
75	rechts	10	80	90	80	—	10	40	10	40	10	0
	links	17	53	94	88	35	12	12	6	18	0	0
76	rechts	7	71	100	86	—	14	59	14	29	0	0
	links	15	86	73	60	67	7	47	0	27	0	0
77	rechts	7	71	100	86	—	14	59	14	29	0	0
	links	15	78	73	67	60	7	40	0	27	0	0
78	rechts	7	86	100	86	—	14	43	14	29	0	0
	links	15	73	80	80	53	7	33	7	13	0	0
79	rechts	10	80	90	80	—	10	40	10	30	10	0
	links	16	63	100	100	44	13	13	6	25	0	0
80	rechts	11	82	91	73	—	9	36	9	27	9	0
	links	17	59	94	94	41	12	12	6	24	0	0
81	rechts	10	80	90	80	--	10	40	10	40	10	0
	links	16	63	94	94	44	13	13	6	19	0	0
82	rechts	9	67	67	67	—	11	44	11	33	11	11
	links	16	63	94	88	44	6	19	13	19	0	6

Nummer des Quadrates	Seite	Anzahl der Fälle, in denen es verletzt ist	Muskeln des N. facialis	Obere Extremität	Untere Extremität	Sprache	Halsmuskeln	Zungenmuskeln	Muskeln des Auges	Tactile Störungen	Sehstörungen	Keine Symptome
83	rechts	8	63	88	75	—	13	63	13	25	0	0
	links	21	57	62	57	67	0	24	0	19	0	5
84	rechts	7	71	100	86	—	14	59	14	29	0	0
	links	16	75	75	75	69	0	38	0	25	0	0
85	rechts	7	86	100	86	—	14	43	14	29	0	0
	links	18	73	83	83	56	6	29	6	18	0	0
86	rechts	11	82	91	73	—	9	36	9	36	9	0
	links	15	60	93	93	40	7	13	7	33	0	0
87	rechts	11	82	91	64	—	9	36	9	36	9	0
	links	16	63	94	94	44	6	13	6	25	0	0
88	rechts	8	75	88	88	—	13	50	13	50	13	0
	links	15	67	93	93	53	7	13	7	20	0	0
89	rechts	9	67	67	67	—	11	33	11	33	11	11
	links	13	62	92	92	54	8	8	15	23	0	8
90	rechts	6	67	83	83	—	17	50	17	17	0	0
	links	22	59	64	64	77	0	14	0	14	0	5
91	rechts	7	71	86	86	—	14	59	14	29	0	0
	links	18	67	73	78	78	6	17	6	22	0	0
92	rechts	7	86	100	86	—	14	43	14	14	0	0
	links	16	75	94	94	56	6	13	6	25	0	0
93	rechts	9	78	89	89	—	11	44	11	33	11	0
	links	16	69	94	94	56	6	6	6	25	0	0
94	rechts	10	80	90	80	—	10	40	10	40	10	0
	links	14	64	93	93	57	7	7	7	28	0	0
95	rechts	7	71	71	86	—	14	43	14	29	14	0
	links	13	62	85	85	62	8	8	8	23	0	0
96	rechts	7	59	59	59	—	14	43	14	0	0	29
	links	14	50	71	71	78	0	0	0	7	0	7
97	rechts	5	80	80	80	—	20	60	20	0	0	0
	links	17	59	65	65	82	0	6	0	18	0	0
98	rechts	6	83	83	83	—	17	50	17	17	0	0
	links	15	60	73	73	87	0	7	0	27	0	0
99	rechts	6	100	100	83	—	17	33	17	17	0	0
	links	13	69	92	92	69	8	8	8	23	0	0

Nummer des Quadrates	Seite	Anzahl der Fälle, in denen es verletzt ist	Muskeln des N. facialis	Obere Extremität	Untere Extremität	Sprache	Halsmuskeln	Zungenmuskeln	Muskeln des Auges	Tactile Störungen	Sehstörungen	Keine Symptome
100	rechts	8	88	88	88	—	13	37	13	25	13	0
	links	14	71	93	93	57	7	7	7	28	0	0
101	rechts	2	50	0	0	—	0	0	0	0	0	100
	links	3	0	0	0	0	0	0	0	0	0	67
102	rechts	5	0	20	20	—	0	0	0	0	0	80
	links	4	25	0	0	0	0	0	0	0	0	75
103	rechts	5	0	20	20	—	0	0	0	0	0	100
	links	4	25	0	0	0	0	0	0	0	0	75
104	rechts	2	0	0	0	—	0	0	0	0	0	100
	links	4	25	0	0	0	0	0	0	0	0	75
105	rechts	2	0	0	0	—	0	0	0	0	0	100
	links	3	33	0	0	0	0	0	0	0	0	67
106	rechts	3	0	0	0	—	0	0	0	0	0	100
	links	3	33	0	0	0	0	0	0	0	0	67
107	rechts	3	0	33	33	—	0	0	0	0	0	67
	links	3	33	0	0	0	0	0	0	0	0	67
108	rechts	2	50	50	50	—	0	50	0	0	0	50
	links	3	33	0	0	0	0	0	0	0	0	67
109	rechts	2	50	50	50	—	0	50	0	0	0	50
	links	3	33	0	0	0	0	0	0	0	0	67
110	rechts	3	0	0	0	—	0	0	0	0	0	100
	links	3	33	0	0	0	0	0	0	0	0	67
111	rechts	3	0	0	0	—	0	0	0	0	0	100
	links	3	33	0	0	0	0	0	0	0	0	67
112	rechts	2	0	0	0	—	0	0	0	0	0	100
	links	3	33	0	0	0	0	0	0	0	0	67
113	rechts	4	50	50	50	—	25	25	25	25	0	50
	links	3	33	0	0	0	0	0	0	0	0	67
114	rechts	4	50	50	50	—	0	25	25	25	0	50
	links	4	25	0	0	25	0	0	0	0	0	50
115	rechts	3	0	0	0	—	0	0	0	0	0	100
	links	2	0	0	0	0	0	0	0	0	0	100
116	rechts	3	33	33	33	—	0	33	0	0	0	67
	links	3	33	0	0	0	0	0	0	0	0	67

Nummer des Quadrates	Seite	Anzahl der Fälle, in denen es verletzt ist	Muskeln des N. *facialis*	Obere Extremität	Untere Extremität	Sprache	Halsmuskeln	Zungenmuskeln	Muskeln des Auges	Tactile Störungen	Sehstörungen	Keine Symptome
117	rechts	4	0	25	25	—	25	0	0	0	0	75
117	links	4	0	25	25	0	0	0	0	0	0	75
118	rechts	3	0	0	0	—	0	0	0	0	0	100
118	links	2	0	0	0	0	0	0	0	0	0	100
119	rechts	3	0	0	0	—	0	0	0	0	0	100
119	links	2	0	0	0	0	0	0	0	0	0	100
120	rechts	2	0	0	0	—	0	0	0	0	0	100
120	links	2	0	0	0	0	0	0	0	0	0	100
121	rechts	2	0	0	0	—	0	0	0	0	0	100
121	links	2	0	0	0	0	0	0	0	0	0	100
122	rechts	4	0	25	25	—	25	0	0	0	0	75
122	links	4	0	25	25	0	0	0	0	0	0	75
123	rechts	4	0	25	25	—	25	0	0	0	0	75
123	links	3	0	33	33	0	0	0	0	0	0	67
124	rechts	4	0	25	25	—	25	0	0	0	0	75
124	links	4	0	25	25	0	0	0	0	0	0	75
125	rechts	2	0	0	0	—	0	0	0	0	0	100
125	links	2	0	0	0	0	0	0	0	0	0	100
126	rechts	4	0	25	25	—	25	0	0	0	0	75
126	links	3	0	0	0	0	0	0	0	0	0	100
127	rechts	4	0	25	25	—	25	0	0	0	0	75
127	links	3	0	33	33	0	0	0	0	0	0	67
128	rechts	4	0	25	25	—	25	0	0	0	0	75
128	links	3	0	33	33	0	0	0	0	0	0	67
129	rechts	4	0	25	25	—	25	0	0	0	0	75
129	links	3	0	33	33	0	0	0	0	0	0	67
130	rechts	4	0	25	25	—	25	0	0	0	0	75
130	links	3	0	33	33	0	0	0	0	0	0	67
131	rechts	1	0	0	0	—	0	0	0	0	0	100
131	links	2	0	0	0	0	0	0	0	0	0	100
132	rechts	2	0	50	50	—	50	0	0	0	0	50
132	links	3	0	0	0	0	0	0	0	0	0	100
133	rechts	2	0	50	50	—	50	0	0	0	0	50
133	links	4	0	25	25	0	0	0	0	0	0	75

Nummer des Quadrates	Seite	Anzahl der Fälle, in denen es verletzt ist	Muskeln des N. facialis	Obere Extremität	Untere Extremität	Sprache	Halsmuskeln	Zungenmuskeln	Muskeln des Auges	Tactile Störungen	Sehstörungen	Keine Symptome
134	rechts	2	0	50	50	—	50	0	0	0	0	50
	links	3	0	33	33	0	0	0	0	0	0	67
135	rechts	3	0	67	67	—	67	33	0	0	0	33
	links	4	33	50	50	0	0	0	0	25	0	50
136	rechts	3	50	67	67	—	67	33	0	0	0	33
	links	4	0	50	50	0	0	0	0	25	0	50
137	rechts	2	0	50	50	—	50	0	0	0	0	50
	links	2	0	0	0	0	0	0	0	0	0	100
138	rechts	1	0	0	0	—	0	0	0	0	0	100
	links	2	0	0	0	0	0	0	0	0	0	100
139	rechts	1	0	0	0	—	0	0	0	0	0	100
	links	2	0	0	0	0	0	0	0	0	0	100
140	rechts	4	33	75	75	—	50	25	0	0	0	25
	links	5	0	60	60	0	0	0	0	20	0	40
141	rechts	4	33	75	75	—	50	25	0	0	0	25
	links	5	0	60	60	0	0	0	0	20	0	40
142	rechts	3	50	67	67	—	67	33	0	0	0	33
	links	3	0	33	33	0	0	0	0	0	0	67
143	rechts	1	0	0	0	—	0	0	0	0	0	100
	links	2	0	0	0	0	0	0	0	0	0	100
144	rechts	1	0	0	0	—	0	0	0	0	0	100
	links	2	0	0	0	0	0	0	0	0	0	100
145	rechts	3	33	67	67	—	33	33	0	0	0	33
	links	6	0	67	67	0	0	0	0	17	0	33
146	rechts	3	50	67	67	—	67	33	0	0	0	33
	links	5	0	60	60	0	0	0	0	20	0	40
147	rechts	3	33	67	67	—	33	33	0	0	0	33
	links	4	0	50	50	0	0	0	0	25	0	50
148	rechts	0	0	0	0	—	0	0	0	0	0	0
	links	1	0	0	0	0	0	0	0	0	0	100
149	rechts	0	0	0	0	—	0	0	0	0	0	0
	links	1	0	0	0	0	0	0	0	0	0	100
150	rechts	—	—	—	—	—	—	—	—	—	—	—
	links											

Nummer des Quadrates	Seite	Anzahl der Fälle, in denen es verletzt ist	Muskeln des N. facialis	Obere Extremität	Untere Extremität	Sprache	Halsmuskeln	Zungenmuskeln	Muskeln des Auges	Tactile Störungen	Sehstörungen	Keine Symptome
151	rechts	—	—	—	—	—	—	—	—	—	—	—
	links	—	—	—	—	—	—	—	—	—	—	—
152	rechts	1	0	100	100	—	0	0	0	0	0	0
	links	0	0	0	0	0	0	0	0	0	0	0
153	rechts	—	—	—	—	—	—	—	—	—	—	—
	links	—	—	—	—	—	—	—	—	—	—	—
154	rechts	1	0	100	100	—	0	0	0	0	0	0
	links	0	0	0	0	—	0	0	0	0	0	0
155	rechts	—	—	—	—	—	—	—	—	—	—	—
	links	—	—	—	—	—	—	—	—	—	—	—
156	rechts	3	0	67	67	—	0	0	33	67	0	0
	links	1	0	0	0	0	0	0	0	0	0	100
157	rechts	2	0	0	0	—	0	0	0	50	0	50
	links	2	0	50	50	0	0	0	0	0	0	50
158	rechts	2	0	50	50	—	0	0	0	50	0	0
	links	5	0	80	80	0	0	0	0	20	0	20
159	rechts	2	0	100	100	—	0	0	50	50	0	0
	links	5	0	80	80	0	0	0	0	20	0	20
160	rechts	3	0	100	100	—	0	0	33	67	0	0
	links	5	0	80	80	0	0	0	0	20	0	20
161	rechts	4	0	50	50	—	0	0	25	25	25	0
	links	6	17	83	83	17	0	0	0	33	17	17
162	rechts	3	0	67	67	—	0	0	33	67	0	0
	links	5	20	80	80	20	0	0	0	20	20	20
163	rechts	3	0	33	33	—	0	0	0	33	0	33
	links	3	0	67	67	0	0	0	0	33	0	33
164	rechts	3	0	0	0	—	0	0	0	33	33	33
	links	2	0	50	50	0	0	0	0	0	0	33
165	rechts	2	0	0	0	—	0	0	0	50	0	50
	links	1	0	0	0	0	0	0	0	0	0	100
166	rechts	5	0	40	40	—	0	0	20	60	20	20
	links	6	17	83	83	17	0	0	0	17	17	17
167	rechts	3	0	0	0	—	0	0	0	33	33	33
	links	4	25	75	75	25	0	0	0	25	25	25

Nummer des Quadrates	Seite	Anzahl der Fälle, in denen es verletzt ist	Muskeln des N. facialis	Obere Extremität	Untere Extremität	Sprache	Halsmuskeln	Zungenmuskeln	Muskeln des Auges	Tactile Störungen	Sehstörungen	Keine Symptome
168	rechts	3	0	0	0	—	0	0	0	33	33	33
	links	2	0	50	50	0	0	0	0	0	0	50
169	rechts	3	0	0	0	—	0	0	0	0	67	33
	links	4	25	75	75	25	0	0	0	25	25	25
170	rechts	6	0	17	17	—	0	0	0	33	33	33
	links	2	50	50	50	0	0	0	0	0	50	50
171	rechts	6	0	17	17	—	0	0	0	33	33	33
	links	3	33	67	67	33	0	0	0	0	33	33
172	rechts	3	0	0	0	—	0	0	0	33	33	33
	links	2	0	50	50	0	0	0	0	0	0	50
173	rechts	5	0	0	0	—	0	0	0	20	40	40
	links	2	50	100	100	50	0	0	0	0	50	0
174	rechts	3	0	0	0	—	0	0	0	33	33	33
	links	1	0	100	100	0	0	0	0	0	0	0
175	rechts	5	0	0	0	—	0	0	0	20	40	40
	links	3	33	67	67	33	0	0	0	0	67	0
176	rechts	3	0	0	0	—	0	0	0	33	33	33
	links	1	0	100	100	0	0	0	0	0	0	0
177	rechts	2	0	0	0	—	0	0	0	0	50	50
	links	1	0	100	100	0	0	0	0	0	0	0
178	rechts	3	0	0	0	—	0	0	0	33	33	33
	links	0	0	0	0	0	0	0	0	0	0	0
179	rechts	2	0	0	0	—	0	0	0	0	50	50
	links	0	0	0	0	0	0	0	0	0	0	0
180	rechts	3	0	0	0	—	0	0	0	33	33	33
	links	1	0	100	100	0	0	0	0	0	0	0
181	rechts	2	0	0	0	—	0	0	0	0	50	50
	links	1	0	100	100	0	0	0	0	0	0	0
182	rechts	3	0	0	0	—	0	0	0	0	67	33
	links	2	0	50	50	0	0	0	0	0	50	0
183	rechts	2	0	0	0	—	0	0	0	0	50	50
	links	1	0	100	100	0	0	0	0	0	0	0
184	rechts	2	0	0	0	—	0	0	0	0	50	50
	links	1	0	100	100	0	0	0	0	0	0	0

Nummer des Quadrates	Seite	Anzahl der Fälle, in denen es verletzt ist	Muskeln des *N. facialis*	Obere Extremität	Untere Extremität	Sprache	Halsmuskeln	Zungenmuskeln	Muskeln des Auges	Tactile Störungen	Sehstörungen	Keine Symptome
185	rechts	2	0	0	0	—	0	0	0	0	50	50
	links	1	0	100	100	0	0	0	0	0	0	0
186	rechts	2	0	0	0	—	0	0	0	0	50	50
	links	0	0	0	0	0	0	0	0	0	0	0
187	rechts	1	0	0	0	—	0	0	0	0	0	100
	links	0	0	0	0	0	0	0	0	0	0	0
188	rechts	1	0	0	0	—	0	0	0	0	0	100
	links	1	0	0	0	0	0	0	0	0	0	100
189	rechts	0	0	0	0	—	0	0	0	0	0	0
	links	1	0	0	0	0	0	0	0	0	0	100
190	rechts	—	—	—	—	—	—	—	—	—	—	—
	links											
191	rechts	2	0	0	0	—	0	0	0	0	0	100
	links	2	0	0	0	0	0	0	0	0	0	100
192	rechts	3	0	0	0	—	0	0	0	0	0	100
	links	4	0	0	0	0	0	0	0	0	0	100
193	rechts	3	0	0	0	—	0	0	0	0	0	100
	links	3	0	0	0	0	0	0	0	0	0	100
194	rechts	1	0	0	0	—	0	0	0	0	0	100
	links	3	0	0	0	0	0	0	0	0	0	67
195	rechts	2	0	0	0	—	0	0	0	0	0	100
	links	4	0	0	0	0	0	0	0	0	0	100
196	rechts	4	0	0	0	—	0	0	0	0	0	100
	links	7	0	0	0	0	0	0	0	0	0	100
197	rechts	2	0	0	0	—	0	0	0	0	0	100
	links	4	0	0	0	0	0	0	0	0	0	75
198	rechts	3	0	0	0	—	0	0	0	0	0	100
	links	5	0	0	0	0	0	0	0	0	0	80
199	rechts	2	0	0	0	—	0	0	0	0	0	100
	links	6	0	0	0	0	0	0	0	0	0	83
200	rechts	3	0	0	0	—	0	0	0	0	0	100
	links	9	0	0	0	0	0	0	0	0	0	89
201	rechts	4	0	0	0	—	0	0	0	0	0	100
	links	7	0	0	0	0	0	0	0	0	0	100

Nummer des Quadrates	Seite	Anzahl der Fälle, in denen es verletzt ist	Muskeln des N. facialis	Obere Extremität	Untere Extremität	Sprache	Halsmuskeln	Zungenmuskeln	Muskeln des Auges	Tactile Störungen	Sehstörungen	Keine Symptome
202	rechts	4	0	0	0	—	0	0	0	0	0	100
	links	5	0	0	0	0	0	0	0	0	0	100
203	rechts	4	0	0	0	—	0	0	0	0	0	100
	links	6	0	0	0	0	0	0	0	0	0	83
204	rechts	3	0	0	0	—	0	0	0	0	0	100
	links	5	0	0	0	0	0	0	0	0	0	80
205	rechts	2	0	0	0	—	0	0	0	0	0	100
	links	4	0	0	0	0	0	0	0	0	0	75
206	rechts	2	0	0	0	—	0	0	0	0	0	100
	links	3	0	0	0	0	0	0	0	0	0	67
207	rechts	4	25	25	25	—	0	25	0	0	0	75
	links	3	33	0	0	0	0	0	0	0	0	67
208	rechts	3	33	33	33	—	0	33	0	0	0	67
	links	3	33	0	0	0	0	0	0	0	0	67
209	rechts	3	33	33	33	—	0	33	0	0	0	67
	links	3	33	0	0	0	0	0	0	0	0	67
210	rechts	4	25	25	25	—	0	25	0	0	0	75
	links	3	0	33	33	0	0	0	0	0	0	67
211	rechts	4	25	25	25	—	0	25	0	0	0	75
	links	3	0	33	33	0	0	0	0	0	0	67
212	rechts	4	25	25	25	—	0	25	0	0	0	75
	links	3	0	33	33	33	0	0	0	0	0	67
213	rechts	6	33	33	33	—	17	17	17	0	0	67
	links	4	0	25	25	50	0	0	0	0	0	50
214	rechts	3	0	0	0	—	0	0	0	0	0	100
	links	4	0	25	25	0	0	0	0	0	0	75
215	rechts	4	0	0	0	—	0	0	0	0	0	100
	links	3	0	33	33	0	0	0	0	0	0	67
216	rechts	5	20	20	20	—	20	0	20	0	0	80
	links	3	0	67	67	33	0	0	0	0	0	33
217	rechts	7	33	29	29	—	14	14	0	0	0	43
	links	7	14	29	29	59	0	0	0	0	0	29
218	rechts	3	0	0	0	—	0	0	0	0	0	100
	links	4	0	25	25	0	0	0	0	0	0	75

Nummer des Quadrates	Seite	Anzahl der Fälle, in denen es verletzt ist	Muskeln des N. facialis	Obere Extremität	Untere Extremität	Sprache	Halsmuskeln	Zungenmuskeln	Muskeln des Auges	Tactile Störungen	Sehstörungen	Keine Symptome
219	rechts	3	0	0	0	—	0	0	0	0	0	100
	links	4	0	25	25	0	0	0	0	0	0	75
220	rechts	6	20	33	33	—	33	0	17	0	0	67
	links	4	0	50	50	25	0	0	0	0	0	50
221	rechts	6	40	33	33	—	17	17	0	0	0	50
	links	7	29	43	43	59	0	0	0	0	0	29
222	rechts	4	0	25	25	—	25	0	0	0	0	75
	links	4	0	25	25	0	0	0	0	0	0	75
223	rechts	5	0	20	20	—	20	0	0	0	0	80
	links	4	0	25	25	0	0	0	0	0	0	75
224	rechts	7	33	43	43	—	29	0	14	0	0	59
	links	6	20	67	67	33	17	0	0	0	0	33
225	rechts	6	40	50	50	—	33	0	17	0	0	50
	links	7	33	59	59	43	14	0	0	0	0	29
226	rechts	6	40	50	50	—	17	17	0	0	0	50
	links	12	36	50	50	50	8	0	0	0	0	17
227	rechts	6	33	17	17	—	0	17	0	0	0	67
	links	7	29	43	43	59	0	0	0	0	0	29
228	rechts	6	33	33	17	—	0	17	0	0	0	50
	links	12	33	42	50	58	0	0	0	0	0	25
229	rechts	6	33	17	17	—	0	17	0	0	0	67
	links	8	25	25	25	63	0	13	0	0	0	25
230	rechts	6	33	17	17	—	0	17	0	0	0	67
	links	7	14	29	29	59	0	0	0	0	0	29
231	rechts	2	0	0	0	—	0	0	0	0	0	100
	links	5	20	20	20	40	0	0	0	0	0	40
232	rechts	6	50	33	33	—	0	17	0	0	0	50
	links	10	20	40	40	60	0	0	0	0	0	20
233	rechts	8	50	50	50	—	13	37	13	0	0	37
	links	13	31	54	54	69	0	0	0	0	0	15
234	rechts	9	44	56	44	—	11	33	11	11	0	33
	links	14	43	57	57	64	0	7	0	0	0	14
235	rechts	6	67	67	67	—	17	50	17	0	0	17
	links	18	44	61	61	61	0	11	0	6	0	11

Nummer des Quadrates	Seite	Anzahl der Fälle, in denen es verletzt ist	Muskeln des N. facialis	Obere Extremität	Untere Extremität	Sprache	Halsmuskeln	Zungenmuskeln	Muskeln des Auges	Tactile Störungen	Sehstörungen	Keine Symptome
236	rechts	9	44	67	56	—	11	56	11	22	0	22
	links	16	71	64	64	78	0	21	0	14	0	7
237	rechts	8	50	50	37	—	13	25	0	13	0	37
	links	16	40	56	56	63	6	6	0	0	0	13
238	rechts	7	59	71	59	—	14	29	14	14	0	29
	links	14	54	64	64	57	7	14	0	7	0	7
239	rechts	8	50	75	50	—	13	37	13	13	0	25
	links	18	59	61	50	61	6	28	0	11	0	6
240	rechts	7	50	43	43	—	14	14	0	0	0	43
	links	13	33	54	54	46	8	8	0	0	0	23
241	rechts	6	67	67	67	—	17	33	17	0	0	33
	links	17	50	59	53	59	6	18	0	6	0	13
242	rechts	7	59	71	59	—	14	43	14	0	0	29
	links	21	56	57	48	62	5	24	0	10	0	10
243	rechts	4	50	75	75	—	50	0	25	25	0	25
	links	10	40	50	50	40	10	10	0	0	0	20
244	rechts	4	25	75	75	—	25	0	25	25	0	25
	links	10	50	70	70	60	10	10	0	0	0	20
245	rechts	8	43	88	75	—	37	25	13	25	0	13
	links	13	58	77	54	54	8	31	0	0	0	15
246	rechts	8	43	88	75	—	37	25	13	25	0	13
	links	16	67	75	56	56	6	19	0	13	0	13
247	rechts	8	59	88	88	—	37	25	13	37	13	13
	links	15	71	80	60	67	7	13	0	20	0	13
248	rechts	8	59	88	88	—	37	25	13	37	13	13
	links	15	71	67	53	67	7	13	0	13	0	13
249	rechts	8	59	88	88	—	37	25	13	37	13	13
	links	14	69	78	57	64	7	14	0	7	0	14
250	rechts	8	59	88	88	—	37	25	13	37	13	13
	links	13	67	77	54	62	8	15	0	8	0	15
251	rechts	4	0	25	25	—	25	0	0	0	0	75
	links	4	0	25	25	0	0	0	0	0	0	75
252	rechts	4	0	25	25	—	25	0	0	0	0	75
	links	4	0	25	25	0	0	0	0	0	0	75

Nummer des Quadrates	Seite	Anzahl der Fälle, in denen es verletzt ist	Muskeln des N. facialis	Obere Extremität	Untere Extremität	Sprache	Halsmuskeln	Zungenmuskeln	Muskeln des Auges	Tactile Störungen	Sehstörungen	Keine Symptome
253	rechts	6	40	50	50	—	33	0	17	17	0	50
	links	9	25	67	67	44	11	0	0	0	0	33
254	rechts	4	0	25	25	—	25	0	0	0	0	75
	links	5	0	40	40	20	0	0	0	0	0	60
255	rechts	4	0	25	25	—	25	0	0	0	0	75
	links	6	17	50	50	33	0	0	0	0	0	50
256	rechts	6	40	67	67	—	17	0	17	17	0	33
	links	7	50	59	59	59	14	0	0	0	0	29
257	rechts	5	50	80	80	—	40	0	20	20	0	20
	links	9	50	67	56	56	11	0	0	0	0	22
258	rechts	2	0	50	50	—	50	0	0	0	0	50
	links	3	0	33	33	33	0	0	0	0	0	67
259	rechts	3	0	67	67	—	33	0	0	0	0	33
	links	4	25	50	50	50	0	0	0	0	0	50
260	rechts	3	0	67	67	—	33	0	0	0	0	33
	links	5	20	60	60	40	0	0	0	20	0	40
261	rechts	5	50	80	80	—	40	0	20	20	0	20
	links	9	50	67	56	56	11	0	0	0	0	22
262	rechts	7	67	86	71	—	43	29	14	29	14	14
	links	9	50	78	67	56	11	0	0	0	0	22
263	rechts	4	33	75	75	—	50	25	0	0	0	25
	links	5	20	60	60	20	0	0	0	20	0	40
264	rechts	5	25	80	80	—	40	20	0	0	0	20
	links	5	20	60	60	20	0	0	0	20	0	40
265	rechts	6	20	83	83	—	33	17	0	0	0	17
	links	4	0	50	50	25	0	0	0	25	0	50
266	rechts	6	20	83	83	—	33	17	0	17	0	17
	links	4	0	50	50	25	0	0	0	25	0	50
267	rechts	7	50	86	86	—	43	14	14	29	0	14
	links	7	33	71	59	43	14	0	0	0	0	29
268	rechts	8	59	88	88	—	37	25	13	37	13	13
	links	8	59	75	50	50	13	0	0	0	0	25
269	rechts	5	20	80	80	—	20	20	0	20	0	20
	links	8	13	75	63	13	0	0	13	25	0	25

Nummer des Quadrates	Seite	Anzahl der Fälle, in denen es verletzt ist	Muskeln des N. facialis	Obere Extremität	Untere Extremität	Sprache	Halsmuskeln	Zungenmuskeln	Muskeln des Auges	Tactile Störungen	Selbststörungen	Keine Symptome
270	rechts	5	0	80	80	—	20	20	0	20	0	20
	links	9	11	78	56	11	0	0	11	22	0	22
271	rechts	6	17	83	83	—	17	17	0	17	0	17
	links	7	14	71	59	14	0	0	0	14	0	29
272	rechts	6	17	83	83	—	33	17	17	17	0	17
	links	9	22	78	67	22	0	0	11	11	0	22
273	rechts	7	50	86	86	—	43	14	14	29	0	14
	links	7	50	71	43	29	14	0	0	0	0	29
274	rechts	7	67	86	86	—	29	29	14	43	14	14
	links	8	50	75	50	50	13	0	0	13	0	25
275	rechts	5	20	80	80	—	20	20	0	20	0	20
	links	9	11	78	67	11	0	.0	22	22	0	22
276	rechts	6	17	83	83	—	17	17	0	17	0	17
	links	11	9	73	56	9	0	0	18	18	0	27
277	rechts	6	17	83	83	—	17	17	0	17	0	17
	links	11	9	73	56	9	0	0	18	18	0	27
278	rechts	5	20	80	80	—	20	20	0	20	0	20
	links	10	10	80	60	10	0	0	20	20	0	20
279	rechts	6	50	83	83	—	33	17	17	17	0	17
	links	6	40	67	50	33	17	0	0	17	0	33
280	rechts	5	20	80	80	—	20	20	0	20	0	20
	links	10	10	80	60	10	0	0	20	20	0	20
281	rechts	5	60	100	100	—	40	20	20	40	0	0
	links	5	50	80	60	40	20	0	0	0	0	20
282	rechts	8	25	88	88	—	13	13	13	37	0	13
	links	5	20	100	100	0	20	0	20	0	0	0
283	rechts	6	33	83	83	—	17	17	17	50	0	17
	links	6	17	100	100	0	17	0	17	0	0	0
284	rechts	3	33	67	67	—	0	0	0	67	0	33
	links	7	29	100	100	14	14	0	14	0	0	0
285	rechts	3	33	67	67	—	0	0	0	67	0	33
	links	8	25	100	88	0	13	0	13	0	0	0
286	rechts	6	67	67	83	—	17	50	17	17	17	17
	links	11	64	91	73	27	9	18	18	27	0	·0

Nummer des Quadrates	Seite	Anzahl der Fälle, in denen es verletzt ist	Muskeln des N. facialis	Obere Extremität	Untere Extremität	Sprache	Halsmuskeln	Zungenmuskeln	Muskeln des Auges	Tactile Störungen	Sehstörungen	Keine Symptome
287	rechts	7	71	71	86	—	14	43	14	29	14	14
	links	13	54	92	77	31	8	15	23	23	0	0
288	rechts	9	67	67	67	—	11	33	11	33	11	22
	links	15	53	93	80	40	7	13	20	20	0	0
289	rechts	8	13	88	75	—	0	0	0	37	0	13
	links	5	20	100	100	0	20	0	20	20	0	0
290	rechts	7	17	86	83	—	0	0	17	50	0	17
	links	4	20	100	80	0	20	0	20	0	0	0
291	rechts	3	33	67	33	—	0	0	0	33	0	33
	links	7	29	86	100	29	14	0	14	14	0	0
292	rechts	9	44	56	67	—	0	22	22	33	11	22
	links	12	42	83	67	25	8	17	17	17	0	0
293	rechts	9	44	44	56	—	0	22	22	22	11	22
	links	11	56	82	64	36	9	18	18	18	0	0
294	rechts	9	67	67	67	—	11	33	11	33	11	22
	links	13	54	92	77	31	8	15	23	23	0	0
295	rechts	9	67	67	67	—	11	33	11	23	11	22
	links	14	57	93	78	43	7	14	14	14	0	0
296	rechts	9	67	67	67	—	11	33	11	33	11	22
	links	13	62	92	85	46	8	15	15	15	0	0
297	rechts	11	56	56	56	—	9	27	9	27	9	27
	links	11	56	82	73	45	9	9	18	18	0	0
298	rechts	11	36	36	45	—	0	18	18	18	9	27
	links	12	50	83	67	33	8	8	17	17	0	25
299	rechts	10	50	50	50	—	0	20	10	30	20	20
	links	10	70	80	80	50	10	10	20	20	0	0
300	rechts	8	25	75	63	—	0	13	13	37	13	13
	links	4	50	100	100	25	25	0	25	0	25	0
301	rechts	8	25	75	63	—	0	13	13	37	13	13
	links	4	50	100	100	25	25	0	25	0	25	0
302	rechts	4	25	75	75	—	0	0	0	50	25	0
	links	7	29	86	71	29	14	0	14	0	0	0
303	rechts	8	37	50	50	—	0	25	25	13	25	13
	links	6	50	67	50	33	17	17	17	33	0	0

Nummer des Quadrates	Seite	Anzahl der Fälle, in denen es verletzt ist	Muskeln des N. facialis	Obere Extremität	Untere Extremität	Sprache	Halsmuskeln	Zungenmuskeln	Muskeln des Auges	Tactile Störungen	Sehstörungen	Keine Symptome
304	rechts	9	44	44	56	—	0	22	22	22	22	22
	links	9	67	78	67	44	11	22	11	22	0	0
305	rechts	10	40	40	50	—	0	20	30	40	20	20
	links	8	63	75	75	50	13	13	13	13	0	0
306	rechts	9	44	44	56	—	0	22	22	22	22	22
	links	9	67	78	78	56	11	11	22	22	0	0
307	rechts	7	29	59	59	—	0	14	0	29	14	29
	links	4	50	100	100	25	25	0	25	0	25	0
308	rechts	8	25	63	50	—	0	13	0	25	13	25
	links	3	67	100	100	33	33	0	33	0	33	0
309	rechts	7	29	59	59	—	0	14	0	29	14	29
	links	3	67	100	100	33	33	0	33	0	33	0
310	rechts	7	29	43	43	—	0	14	0	29	14	43
	links	4	50	100	100	25	25	0	25	0	25	0
311	rechts	7	14	29	29	—	0	0	0	29	29	43
	links	2	50	100	100	50	0	0	0	0	50	0
312	rechts	6	17	33	33	—	0	0	0	33	33	33
	links	2	50	100	100	50	0	0	0	0	50	0
313	rechts	7	14	29	29	—	0	0	0	14	43	43
	links	3	33	67	67	33	0	0	0	0	67	0
314	rechts	6	17	33	33	—	0	0	0	17	50	33
	links	3	33	67	67	33	0	0	0	0	67	0
315	rechts	5	0	20	20	—	0	0	0	0	60	40
	links	3	33	67	67	33	0	0	0	0	67	0
316	rechts	5	0	20	20	—	0	0	0	0	60	40
	links	3	33	67	67	33	0	0	0	0	67	0
317	rechts	3	0	0	0	—	0	0	0	0	67	33
	links	3	33	67	67	33	0	0	0	0	67	0
318	rechts	4	0	25	25	—	0	0	0	0	75	25
	links	4	25	50	50	50	0	0	0	0	50	0
319	rechts	4	0	25	25	—	0	0	0	0	75	25
	links	3	0	33	33	33	0	0	0	0	33	0
320	rechts	4	0	25	25	—	0	0	0	0	75	25
	links	3	33	67	67	33	0	0	0	0	67	0

Nummer des Quadrates	Seite	Anzahl der Fälle, in denen es verletzt ist	Muskeln des *N. facialis*	Obere Extremität	Untere Extremität	Sprache	Halsmuskeln	Zungenmuskeln	Muskeln des Auges	Tactile Störungen	Sehstörungen	Keine Symptome
321	rechts	3	0	0	0	—	0	0	0	0	67	33
	links	3	0	33	33	33	0	0	0	0	33	0
322	rechts	3	0	0	0	—	0	0	0	0	67	33
	links	3	0	33	33	33	0	0	0	0	33	0
323	rechts	3	0	0	0	—	0	0	0	0	67	33
	links	2	0	50	50	0	0	0	0	0	50	0
324	rechts	3	0	0	0	—	0	0	0	0	67	33
	links	3	0	33	33	33	0	0	0	0	33	0
325	rechts	2	0	0	0	—	0	0	0	0	50	50
	links	3	0	33	33	33	0	0	0	0	33	0
326	rechts	1	0	0	0	—	0	0	0	0	0	100
	links	1	0	100	100	0	0	0	0	0	0	0
327	rechts	1	0	0	0	—	0	0	0	0	0	100
	links	1	0	100	100	0	0	0	0	0	0	0
328	rechts	1	0	0	0	—	0	0	0	0	0	100
	links	2	0	50	50	50	0	0	0	0	0	0
329	rechts	1	0	0	0	—	0	0	0	0	0	100
	links	3	0	33	33	33	0	0	0	0	33	0
330	rechts	0	0	0	0	—	0	0	0	0	0	0
	links	4	25	25	25	50	0	0	0	25	25	0
331	rechts	3	33	33	33	—	0	0	0	0	67	0
	links	6	50	50	50	33	17	17	33	33	17	0
332	rechts	7	29	29	59	—	0	14	14	0	59	14
	links	5	60	80	60	20	20	20	20	60	20	0
333	rechts	5	40	40	60	—	0	20	20	20	40	20
	links	4	75	100	100	25	25	25	25	25	0	0
334	rechts	6	33	33	50	—	0	17	17	17	33	33
	links	5	80	80	80	40	20	20	20	40	0	0
335	rechts	7	14	43	43	—	0	14	0	14	14	29
	links	7	43	86	86	43	14	0	14	0	14	0
336	rechts	8	37	37	50	—	0	25	25	25	25	25
	links	7	59	71	59	43	14	14	14	29	0	0
337	rechts	9	33	33	44	—	0	22	33	22	22	22
	links	6	83	83	83	50	17	17	17	33	0	0

Nummer des Quadrates	Seite	Anzahl der Fälle, in denen es verletzt ist	Muskeln des N. facialis	Obere Extremität	Untere Extremität	Sprache	Halsmuskeln	Zungenmuskeln	Muskeln des Auges	Tactile Störungen	Sehstörungen	Keine Symptome
338	rechts	8	37	37	50	—	0	25	25	13	25	25
	links	5	80	80	80	40	20	20	20	40	0	0
339	rechts	3	33	33	33	—	0	33	0	0	0	67
	links	4	50	25	25	75	0	0	0	25	0	25
340	rechts	2	0	0	0	—	0	0	0	0	0	50
	links	5	40	20	20	60	0	0	0	20	0	40
341	rechts	3	0	0	0	—	0	0	0	0	0	67
	links	6	17	17	17	33	0	0	0	0	0	50
342	rechts	3	0	0	0	—	0	0	0	0	0	67
	links	8	25	13	13	50	0	0	0	13	0	37
343	rechts	4	25	25	25	—	0	25	0	0	0	50
	links	6	33	17	17	67	0	0	0	17	0	33
344	rechts	5	20	20	20	—	0	20	0	0	0	60
	links	10	50	50	50	60	10	0	20	10	0	30
345	rechts	8	25	25	37	—	0	25	0	13	13	37
	links	15	47	40	40	60	7	0	7	7	0	20
346	rechts	6	33	33	33	—	17	17	17	17	0	50
	links	9	33	22	22	56	0	0	0	11	0	44
347	rechts	5	20	20	20	—	20	0	20	20	0	60
	links	10	30	20	20	50	0	0	0	10	0	40
348	rechts	3	0	0	0	—	0	0	0	0	0	67
	links	6	0	0	0	17	0	0	0	0	0	67
349	rechts	8	25	25	37	—	0	25	0	13	13	37
	links	13	46	38	38	69	8	0	8	8	0	31
350	rechts	6	33	33	33	—	17	17	17	17	0	50
	links	10	30	20	20	50	0	0	0	10	0	40
351	rechts	5	20	20	20	—	0	20	0	0	0	60
	links	10	50	50	50	50	10	0	10	0	0	30
352	rechts	6	33	33	33	—	17	17	17	17	0	50
	links	8	25	25	25	37	0	0	0	0	0	50
353	rechts	3	0	0	0	—	0	0	0	0	0	67
	links	5	0	0	0	20	0	0	0	0	0	60
354	rechts	4	25	25	25	—	0	25	0	0	0	50
	links	10	50	50	50	60	10	0	10	0	0	30

10*

Nummer des Quadrates	Seite	Anzahl der Fälle, in denen es verletzt ist	Muskeln des N. facialis	Obere Extremität	Untere Extremität	Sprache	Halsmuskeln	Zungenmuskeln	Muskeln des Auges	Tactile Störungen	Sehstörungen	Keine Symptome
355	rechts	4	25	25	25	—	0	25	0	0	0	50
	links	8	50	50	50	75	0	0	0	0	0	25
356	rechts	3	33	33	33	—	0	33	0	0	0	67
	links	2	50	50	50	50	0	0	0	0	0	50
357	rechts	4	0	0	0	—	0	0	0	0	0	100
	links	2	0	0	0	0	0	0	0	0	0	100
358	rechts	7	29	29	29	—	14	14	14	14	0	59
	links	6	33	33	33	50	0	0	0	0	0	50
359	rechts	7	29	29	29	—	14	14	14	14	0	59
	links	5	20	20	20	40	0	0	0	0	0	40
360	rechts	7	14	14	14	—	14	0	29	14	0	59
	links	5	20	20	20	40	0	0	0	0	0	40
361	rechts	6	0	0	0	—	0	0	17	0	0	67
	links	4	0	0	0	25	0	0	0	0	0	75
362	rechts	5	0	0	0	—	0	0	0	0	0	80
	links	4	0	0	0	25	0	0	0	0	0	75
363	rechts	7	0	0	0	—	0	0	14	0	0	71
	links	4	0	0	0	25	0	0	0	0	0	75
364	rechts	4	0	0	0	—	0	0	0	0	0	100
	links	4	0	0	0	0	0	0	0	0	0	100
365	rechts	4	0	0	0	—	0	0	0	0	0	100
	links	4	0	0	0	0	0	0	0	0	0	100
366	rechts	5	0	0	0	—	0	0	0	0	0	100
	links	2	0	0	0	0	0	0	0	0	0	100

Tabellen

über das

Verhalten des relativen Rindenfeldes der vier Extremitäten.

Die Erklärung dieser Tabellen ergibt sich von selbst. Es ist dem im Texte (pag. 35) Mitgetheilten nur noch hinzuzufügen, dass es auf den ersten Blick auffallend erscheinen dürfte, in mehreren Zahlenreihen nicht gleich ein Abfallen, sondern erst ein Ansteigen und erst dann ein Abfallen zu beobachten. Die Erklärung davon erhellt sogleich, wenn man erwägt, wie gering für die dem absoluten Rindenfelde zunächstliegenden Quadrate die Wahrscheinlichkeit ist, von Läsionen getroffen zu werden, welche nicht bis in jenes hineinragen. Diese Wahrscheinlichkeit steigt natürlich bei zunehmender Entfernung vom absoluten Rindenfeld.

Verletzungen des Gyrus frontalis sup. und des medialen Theiles der Orbitalwindungen, ohne dass mit verletzt wäre das absolute Rindenfeld des

Nummer des Quadrates	Armes				Beines			
	Anzahl der Fälle		Procentzahl der Motilitätsstörung		Anzahl der Fälle		Procentzahl der Motilitätsstörung	
	rechts	links	rechts	links	rechts	links	rechts	links
26	1	2	0	0	2	5	50	20
276	1	3	0	0	2	7	50	29
270	1	3	0	0	3	6	67	33
264	2	2	50	0	3	3	67	33
258	2	2	50	0	2	3	50	33
254	1	4	25	25	4	4	25	25
251	4	4	25	25	4	4	25	25
222	4	4	25	25	4	4	25	25
218	3	4	0	25	3	4	0	25
214	3	4	0	25	3	4	0	25
210	3	4	0	25	1	3	25	33
207	3	2	0	0	4	2	25	0
104	2	4	0	0	3	4	0	0
103	3	3	33?	0	4	4	0	0
102	4	3	25?[1]	0	4	4	0	0
101	2	3	0	0	2	3	0	0

[1] Diese beiden Ziffern betreffen einen Fall, in dem ausser der hier in Rechnung gebrachten, offenbar latenten Läsion noch eine zweite im Schläfelappen vorhanden war.

Verletzung des Gyrus frontalis med. und des mittleren Theiles der Orbitalwindungen, ohne dass mit verletzt wäre das absolute Rindenfeld des

Nummer des Quadrates	Armes				Beines			
	Anzahl der Fälle		Procentzahl der Motilitätsstörung		Anzahl der Fälle		Procentzahl der Motilitätsstörung	
	rechts	links	rechts	links	rechts	links	rechts	links
248	4	7	75	43	5	15	80	53
247	4	6	75	50	5	14	80	57
243	3	4	67	25	3	9	67	67
253	5	4	40	50	5	8	40	63
224	6	3	33	33	6	6	33	67
220	6	3	33	33	6	6	33	67
216	5	3	20	33	5	4	20	50
213	3	2	33	0	6	3	33	33
113	2	3	0	0	4	3	50	0
110	2	3	0	0	3	3	0	0
111	2	3	0	0	3	3	0	0

Verletzung des Gyrus frontalis inf. und des lateralen Theiles der Orbitalwindungen, ohne dass mit verletzt wäre das absolute Rindenfeld des

Nummer des Quadrates	Armes				Beines			
	Anzahl der Fälle		Procentzahl der Motilitätsstörung		Anzahl der Fälle		Procentzahl der Motilitätsstörung	
	rechts	links	rechts	links	rechts	links	rechts	links
239	3	12	33	33	6	17	33	47
238	3	13	33	31	5	13	40	62
237	4	10	25	20	6	15	17	53
228	4	10	0	20	5	10	20	40
227	5	8	20	13	6	6	17	33
229	4	8	0	13	6	8	17	25
112	2	3	0	0	2	3	0	0

Verletzung des Gyrus centralis post. und des senkrecht unter
diesem gelegenen Antheiles des Schläfelappens, ohne dass mit
verletzt wäre das absolute Rindenfeld des

Nummer des Quadrates	Armes				Beines			
	Anzahl der Fälle		Procentzahl der Motilitätsstörung		Anzahl der Fälle		Procentzahl der Motilitätsstörung	
	rechts	links	rechts	links	rechts	links	rechts	links
49	1	—	0	absol.	6	—	83	absol.
55	1	—	0	absol.	—	4	absol.	75
62	3	—	67	absol.	10	6	70	67
69	3	—	67	absol.	9	9	78	67
75	3	1	67	0	8	8	75	75
81	2	2	50	50	8	7	75	71
88	2	2	50	50	7	6	86	83
95	3	3	33	67	6	7	83	71
349	6	10	0	40	8	13	37	38
350	5	9	20	11	6	10	33	20
353	3	6	0	0	3	5	0	0
204	3	5	0	0	3	5	0	0
199	3	6	0	0	2	6	0	0
196	4	7	0	0	4	7	0	0
191	2	2	0	0	2	2	0	0

Verletzung des Parietal- und Sphenoidallappens, ohne dass mit
verletzt wäre das absolute Rindenfeld des

Nummer des Quadrates	A r m e s				B e i n e s			
	Anzahl der Fälle		Procentzahl der Motilitätsstörung		Anzahl der Fälle		Procentzahl der Motilitätsstörung	
	rechts	links	rechts	links	rechts	links	rechts	links
54	1	—	0	absol.	10	4	60	75
55	1	—	0	absol.	—	5	absol.	80
56	1	—	0	absol.	5	2	80	50
286	3	3	0	33	5	4	80	25
293	6	3	17	33	9	5	56	20
304	6	4	0	50	9	5	56	40
306	6	5	0	60	8	4	50	50
339	2	3	0	33	3	4	33	25
340	3	5	0	20	2	5	0	20
206	—	3	—	0	2	3	0	0
197	1	4	0	0	2	4	0	0
195	2	4	0	0	2	4	0	0
191	1	2	0	0	2	2	0	0

Verletzung des Parietal- und Occipitallappens, ohne dass mit verletzt wäre das absolute Rindenfeld des

Nummer des Quadrates	Armes				Beines			
	Anzahl der Fälle		Procentzahl der Motilitätsstörung		Anzahl der Fälle		Procentzahl der Motilitätsstörung	
	rechts	links	rechts	links	rechts	links	rechts	links
20	2	—	50	absol.	3	—	33	absol.
290	2	—	50	absol.	2	1	50	0
301	4	—	50	absol.	5	—	40	absol.
308	5	—	40	absol.	6	—	33	absol.
310	6	—	33	absol.	6	—	33	absol.
311	6	—	17	absol.	6	—	17	abso
313	7	1	29	0	7	2	29	50
315	6	1	33	0	5	2	20	50
320	5	1	20	0	4	2	25	50
318	4	1	25	0	4	3	25	33
322	3	1	0	0	3	3	0	33
324	3	1	0	0	3	2	0	0
326	1	1	0	0	1	—	0	—

Katalog.

Bemerkungen zur Benützung des Kataloges.

Es sind in denselben nur Krankenfälle aufgenommen, andere Arbeiten, welche in das vorliegende Gebiet eingreifen, sind nicht genannt. Die Fälle sind nach den Namen der Autoren alphabetisch geordnet. Bei Sammlungen von Fällen stösst man immer wieder auf die Schwierigkeit, zu vermeiden, einen Fall doppelt aufzunehmen. Ein guter Fall wird von den verschiedensten Autoren oft unter recht mangelhafter Quellenangabe, oft auch von dem Beobachter selbst in mehreren seiner Arbeiten reproducirt. Um späteren Arbeitern Mühe zu ersparen, habe ich identische Fälle wenigstens meistens bezeichnet. Es geschah dies auch, damit der Leser, wenn ihm das Original schwer zugänglich sein sollte, an anderem Orte nachsehen kann. Die Quelle, aus welcher ich geschöpft, ist immer zuerst genannt, dann kommt ein „ident. mit" und folgen die anderen Schriften, in welchen der Fall mitgetheilt ist. Am Schlusse des Citates setze ich, wenn der Fall für mich unbrauchbar ist, „unbrb." Ich brauche kaum zu erwähnen, dass dies doch ein äusserst interessanter Fall sein kann; er ist eben nur für meine speciellen Zwecke nicht verwendbar. Ist ein Fall derart, dass ich ihn in meine Sammlung aufnehmen konnte, so setze ich zu Ende des Citates „aufgen. als Fall ..." mit einer folgenden Zahl, welche die Nummer dieses Falles in meiner Sammlung angibt. Fand ich einen Fall citirt, war es mir aber unmöglich, mir in Wien die betreffende Zeitschrift zu verschaffen, so bemerke ich: „nicht zu haben". Finde ich den Fall an dem citirten Orte nicht, d. h. ist das Citat falsch, so steht der Zusatz: „l. c. nicht zu finden".

Sind bei einem Falle mehrere Citate angeführt, so sind diese ziemlich kurz gehalten. Das volle Citat ist dann immer unter dem

Namen des citirten Autors zu suchen. Wer es erfahren hat, wie mühsam und ärgerlich es ist, wenn man nach irgend einem Citat einen Fall sucht, und dann einen findet, den man unter anderem Namen schon hat, wird meine Verweisungen auf jene Orte, an welchen derselbe Fall behandelt ist, nicht überflüssig finden. Dasselbe gilt von der Ausführlichkeit der einzelnen Ortsangabe. Ich weiss wohl, dass es zum Nachschlagen genügt, wenn z. B. angegeben ist: „Laveran Un. méd., 10. Mai 1877“. Doch wie ärgerlich ist es, wenn man dann das Citat findet „Un. méd., 1877, pag. 758“; oder das Citat „Un. méd., 1877, Nr. 54“. Alle drei Citate gelten für denselben Fall. Ich glaube Jenen, welche sich später mit diesem Gegenstand beschäftigen, einen Dienst zu erweisen, indem ich im Allgemeinen die Citate so vollständig als möglich gebe.

Abercrombie (nach Powel), Krankheiten des Gehirnes und Rückenmarkes, übersetzt von Gerhard von dem Busch. Bremen 1829. unbrb.

Abercrombie (nach Anderson), ebenda, unbrb.

Achintre, Gaz. des hôpit., 24. und 26. Juni 1879, unbrb.

Alcock, The Lancet, 10. März 1877, I, pag. 346, aufgen. als Fall 120.

Andral, Clinique méd., 6. Fall, unbrb.

Assagioli e Bonvecciato, Gazetta medica Italiana-Lombard. Nr. 35, 1878, unbrb.

Baillarger, Gaz. des hôpit., Jänner 1861. Nicht zu haben.

Balfour, Lancet, 8. November 1873, unbrb.

— — 13. December, II, pag. 837, Fall 2 und 3, unbrb.

Ballet, Soc. de Biologie, 1877; ident. mit Gaz. méd. de Paris, 1878, pag. 18; ident. mit Boyer, Lés. cortic., pag. 144; ident. mit Charcot et Pitres, Revue mensuelle, 1879, unbrb.

Balzer, Bull. de la soc. anatom. de Paris, 20. November 1874, pag. 783, citirt und abgebildet in Boyer, Lés. cortic., pag. 86, Obs. 52. Im Original schlechte Angabe der Localität, unbrb.

— Progrès méd., 1875, pag. 240. Nicht zu haben.

Bamberger, Verh. der physik.-med. Gesellsch. in Würzburg, Bd. VI, 1855, pag. 283, unbrb.

Bar, France méd., 1878, Nr. 77. Mir nur bekannt aus Centralbl. f. d. med. Wissensch., 1879, pag. 345, aufgen. als Fall 67.

Baraduc, Bull. de la soc. anatom. de Paris, 19. März 1875, pag. 210, abgebildet in Boyer, Lés. cortic., pag. 55, Obs. 26, unbrb.

— ebenda, März 1876, pag. 277, ident. mit Progrès méd., 1876, Nr. 34, pag. 598, aufgen. als Fall 156 und 157.

— ebenda, 7. April 1867, pag. 306, unbrb.

Baraqué, Thèse de la Faculté de Paris, 1875, besprochen in Rev. des sciences méd., vol. VII. 1876, pag. 703. Nicht zu haben.

Barduzzi und Magi. Sulla Localisaz. nella Cort. degli emisph. etc. Milano 1879, unbrb.

Barety, Bull. de la soc. anatom. de Paris, December 1871, pag. 384, unbrb.

Barlow, Brit. med. Journ.. 1876. In meinem Exemplar kein Index, also nicht zu finden.

— ebenda, 28. Juli 1877, pag. 103, aufgen. als Fall. 8.

Barthélemy. Bull. de la soc. anatom., 6. April 1877, pag. 264, unbrb.

Bastian, Paralysis from Brain-Disease. pag. 113, unbrb.

Baumgarten, Centralbl. f. d. med. Wissensch., 1878, pag. 369, ident. mit Nothnagel. Top. Diagnostik d. Gehirnkrankh., pag. 388, unbrb.

Bayle und Kergaradec, cit. v. Zambaco, Aff. nerv. syphilit., 1862, pag. 536, unbrb.

Bazy, Bull. de la soc. anatom. de Paris, Juni 1876, pag. 438, ident. mit Nothnagel. Top. Diagnostik d. Gehirnkrankh., pag. 445, unbrb.

Begbie and Sanders, Edinb. med. Journ.. 1866: Im Index nicht angegeben, also nicht zu finden.

Beger, Arch. d. Heilkunde, XIX. Jahrg.. unbrb.

Bennett, Transact: of the pathological soc.. vol. XIII. 1862. pag. 5, unbrb.

Bennett Hughes. Brain. 1878. vol. I, pag. 114. unbrb.

Berdinel et Delotte, Bull. de la soc. anatom. de Paris. 1878, pag. 204, 5. April; ident. mit Progrès méd., 1878, Nr. 26, pag. 503, unbrb.

Berger. Arch. d. Heilkunde, 1878. 2, pag. 47, I. II. III. unbrb.

Bergeron, Bull. de la soc. anatom. de Paris, October 1872. pag. 443, unbrb.

Bergmann, Nord. med. Arch.. Bd. IV. Nr. 19. mir nur bekannt aus Virchows Jahresber., 1872, Bd. II, pag. 52; aufgen. als Fall 77.

Bernhardt. Arch. f. Psychiatrie. 1874. pag. 698. Fall I, II, III. unbrb.

— ebenda. Fall IV, aufgen. als Fall 17.

— ebenda, pag. 727. unbrb.

Beuermann. Bull. de la soc. anatom. de Paris, März 1876, pag. 251, unbrb.

Bide, Progrès méd., 1878, unbrb.

Birch-Hirschfeld's Fall ist durch Vetter publicirt. Deutsches Arch. f. klin. Med.. 1878, Bd. 22, pag. 424, aufgen. als Vetter's Fall.

Bleynie, Thès. Doct., Paris, 1809. Nr. 51. pag. 11. Nicht zu haben.

Blondeau. Bull. de la soc. anat. de Paris, 1858, pag. 271. Nicht zu haben.

Boinet, Gaz. des hôpit., 1872, Nr. 30. pag. 235, unbrb.

Bouchard, Gaz. méd. de Paris, 14. October 1865. pag. 636, refer. aus der Soc. de Biolog., 1865, unbrb., weil nicht angegeben ist, ob die Hemiplegie nur in dem einzigen Anfall oder dauernd war.

Bouchard et Lepine, Gaz. méd. de Paris, 1866, pag. 727, unbrb.

Bouchut. Gaz. des hôpit.. 30. December 1879, Nr. 150. pag. 1193, unbrb.

Bouillaud, Traité de l'Encéphalite, pag. 331, unbrb.

Bouilly. Bull. de la soc. anatom. de Paris, 1874. pag. 800; citirt und abgebildet in Boyer, Lés. cortic., pag. 67, Obs. 42, unbrb.

Bourceret et Cossy, Bull. de la soc. anatom. de Paris, Mai 1873, pag. 346, aufgen. als Fall 151.
Bourdon, Recherches cliniques sur les centres moteurs des membres Paris 1877. Nicht zu haben, im Buchhandel vergriffen.
— Bull. gén. des therap., 1877, l. c. nicht zu finden.
— Bull. de l'acad. de méd. Nr. 11, 1878. Nicht zu haben.
— Paris méd.. 1874, Nr. 44. Nicht zu haben.
— Progrès méd., 1877, Nr. 43, pag. 789, aus dem Bull. de l'acad. de médic. Sitzung vom 23. October 1877, pag. 1077, 1080 und 1098; ident. mit Nothnagel, Top. Diagnostik d. Gehirnkrankh., pag. 407, Fall 2, unbrb. Fall 1 aufgenommen als Fall 130.
Bourneville, Soc. de Biologie, Jänner 1876, ident. mit Charcot et Pitres, Revue mensuelle, 1877, Obs. 19. Unter dem Namen dieser aufgenommen.
— Bull. de la soc. anatom. de Paris, 28. Juli 1876, pag. 558, citirt und abgebildet in Boyer, Lés. cortic., pag. 115, Obs. 79. Da nicht genau zu ersehen ist, inwieweit die Centralwindungen betheiligt sind, unbrb.
— ebenda, vom 27. December 1878, pag. 585. 2. Fall. Aufgen. als Fall 40.
— ebenda, pag. 562, 1. Fall, unbrb.
— Gaz. méd. de Paris, December 1876, pag. 595, unbrb.
— Progrès méd., 1874, mir nur bekannt aus Legroux: De l'Aphasie. Thèse. Paris 1875, pag. 72. Aufgen. als Fall 140 und 141.
— Progrès méd., 1879, Nr. 16, unbrb.
Bousquet, Bull. de la soc. anatom. de Paris, October 1877, pag. 512, unbrb.
Boyer,[1]) Études clinique sur les lésions corticales, Paris 1879, Obs. 9, pag. 48; ident. mit Boyer, Bull. de la soc. anatom. de Paris, 18. Jänner 1878, pag. 43, aufgen. als Fall 43.
— ebenda, Obs. 19, pag. 52, aufgen. als Fall 100.
—   „   „ 20, „ 52, „ „ „ 101.
—   „   „ 21, „ 52, „ „ „ 102.
—   „   „ 22, „ 52, „ „ „ 103.
—   „   „ 31, „ 58, „ „ „ 148.
—   „   „ 57, „ 91, „ „ „ 104.
—   „ (nach Richer), Obs. 118, pag. 160, unbrb.
—   „ Obs. 120, pag. 161, unbrb.
—   „ Obs. 62, pag. 98; hier unvollkommen referirt und am citirten Orte (Bull. de la soc. anatom. de Paris, 1. Juni 1877) nicht zu finden; also unbrb.
— ebenda, Obs. 63, pag. 100; aufgen. als Fall 105.
—   „   „ 65, „ 102 (nach Richer's nicht publicirter Beobachtung), unbrb.

[1]) Ich habe erst im Laufe der Untersuchung bemerkt, dass zwei Autoren, Namens de Boyer, Beiträge zu dem uns beschäftigenden Gegenstand geliefert haben. Wollte ich jetzt constatiren, was dem einen und was dem andern gehört, so wäre dies bei dem Umstande, dass ich die Literatur theilweise von ausländischen Bibliotheken bezogen habe, mit unverhältnissmässig grossen Schwierigkeiten verbunden. Ich vereinige also die Arbeiten beider Autoren.

Boyer, ebenda, Obs. 84, pag. 123 (nach Derignac's nicht publicirter
Beobachtung), aufgen. als Fall 106.
— ebenda, Obs. 89, pag. 132 (nach Oudin's nicht publicirter Beobachtung), aufgen. als Fall 107.
— ebenda, Obs. 109, pag. 148, unbrb.
— „ „ 115, „ 158 (nach Richer's nicht publicirter Beobachtung), aufgen. als Fall 108.
— ebenda, Obs. 116, pag. 158 (nach Richer's nicht publicirter Beobachtung), unbrb.
— ebenda, Obs. 129, pag. 162, unbrb.
— „ „ 130, „ 163, ident. mit Boyer, Bull. de la soc.
anatom. de Paris, Mai 1877, unbrb.
— ebenda, Obs. 131, pag. 165, ident. mit Bull. de la soc. anatom.
de Paris, April 1877, unbrb.
— Bull. de la soc. anatom. de Paris, Februar 1877, pag. 115,
2 Fälle, unbrb.
— ebenda, April 1877, ident. mit Boyer, Lés. cortic., pag. 165,
Obs. 131, unbrb.
— ebenda, 13. April 1877, pag. 271, unbrb.
— „ 27. April 1877, pag. 328, refer. in Nothnagel's Gehirnkrankh., pag. 445, ident. mit Progrès méd., 1877, Nr. 34, pag. 659,
unbrb.
— ebenda, 4. Mai 1877, pag. 350, unbrb.
— „ 11. „ 1877, „ 360. „
— „ 25. „ 1877, „ 386, „
— „ 22. Juni 1877, „ 450, „
— „ November 1877, Boyer, Lés. cortic., pag. 50, Obs. 14,
aufgen. als Fall 96.
— ebenda, 14. December 1877, pag. 609, unbrb.
— „ December 1877, pag. 612, ident mit Charcot et Pitres,
Revue mensuelle, 1878, Obs. 1, pag. 805, aufgen. als Fall 37.
Bramwell, The Lancet, 4. September 1875, 1. Fall, aufgen. als Fall 115.
— ebenda, 2. Fall, unbrb.
— Brit. med. Journ., 28. August 1875. Mit Abbildungen citirt in
Ferrier, Localisation of the cerebr. disease, pag. 109. Im Original
nicht zu haben. Nach letzterem aufgen. als Fall 144.
— ebenda, 1. September 1877, Nr. 870, pag. 291, aufgen. als Fall 20.
— Edinburgh med. Journ., 1878, 228, pag. 141, und 1, ebenda,
1. September 1876. Im Original nicht zu haben; mir nur bekannt
aus Centralbl. f. d. med. Wissensch., 1879, pag. 81, 1. Fall, unbrb.
— wie oben, Fall 2, aufgen. als Fall 46.
— ebenda, August 1878. Nicht zu haben.
— „ October 1878, pag. 308, Jänner 1879, pag. 599, Februar
1879, pag. 693. Im Original nicht zu haben. Nach Centralbl. f. d.
med. Wissensch., 1879, pag. 634, Fall 7, aufgen. als Fall 47.
— Wie oben, Fall 8, unbrb.
— Wie oben, Fall 9, unbrb.
Burney, Brit. med. Journ., 10. November 1877, pag. 668, unbrb.
Burresi, Lo sperimentale, März 1877, unbrb.
Bulteau, Bull. de la soc. anatom. de Paris, 13. April 1877, pag. 282, unbrb.

Bull, Philadelph. med. Times, 9. Jänner und 15. Mai 1875, unbrb.

Buchard, Gazette méd., 14. October 1865, unbrb.

Brown-Sequard, Arch. de physiol. norm. et path., 1877, pag. 409. Fall von pag. 420 unbrb.

— ebenda, pag. 655, unbrb.

— Medical Record., 23. Februar 1878. Nicht zu haben.

Broca, Paris méd., 1877, Nr. 12. Nicht zu haben.

Broadbent, The Lancet, 5. Februar 1876, unbrb.

— ebenda, 2. März 1878, I, pag. 312, aus der Royal medic. and chir. society vom 26. Februar, ident. mit Brit. med. Journ., 2. März 1878, pag. 297. Aufgen. als Fall 121.

— Journ. of anat. and physiol., IV, 1870, pag. 218. Im Original nicht zu haben; nach dem Referate in Henle und Meissner's Jahresbericht, 1870, pag. 266, unbrb.

— Medic. chirurg. Transact., 1872, vol. 55, unbrb.

Bright, Med. Cases, 1841, cit. in Maragliano, Riv. sperim., 1878, pag. 17. Nicht zu haben.

Calot, Bull. de la soc. anatom. de Paris, Februar 1870, pag. 141. Aufgen. als Fall 154.

Camperon, ebenda, November 1871, pag. 322, unbrb.

Carminati, Raccogliatore Medico, 1856. Nicht zu haben.

Caron, Bull. de la soc. anatom. de Paris, 1852, vol. 27, pag. 207. Nicht zu haben.

Charcot, Localisations d. l. maladies du cerveau, Paris 1876, pag. 69, ident. mit Progrès méd., 1874, Nr. 20 und 21. Aufgen. als Fall 65.

— Localisations d. l. maladies du cerveau, Paris 1876, pag. 71, 1. Fall. Aufgen. als Fall 66.

— ebenda, 2. Fall, wahrscheinlich ident. mit Charcot et Pitres, Revue mensuelle, 1877, pag. 13, Obs. III, welche aufgen. als Fall 55.

Charcot et Ball, nach Landouzy, Convuls. et Paralys. Thèse. Paris 1876, pag. 192, unbrb.

Charcot et Pitres, Revue mensuelle de méd. et de chir., 1877, pag. 10, Obs. 1. Aufgen. als Fall 53.

— ebenda, pag. 11, Obs. 2. Aufgen. als Fall 54.

— ebenda, pag. 13, Obs. 3. Ident. mit Vauttier, Essai sur les ramolissements cérébr. lat., Paris 1868, pag. 47, Obs. VIII, und vermuthlich auch ident. mit Charcot, Localisation d. l. maladies du cerveau, pag. 71, Fall 2. Aufgen. als Fall 55.

— ebenda, pag. 15, Obs. 4. Ident. mit den Mittheil. an die soc. de Biolog. vom 8. August 1876, unbrb.

— ebenda, pag. 16, Obs. 5. Aufgen. als Fall 56.

—   „   „ 116,   „   6.   „   „   „ 57.

—   „   „ 118,   „   7.   „   „   „ 58.

—   „   „ 121,   „   8.   „   „   „ 60.

—   „   „ 121,   „   9.   „   „   „ 59.

—   „   „ 122,   „ 10. Ident. mit Lépine, Localis. cérébr., pag. 53, Obs. 6. Aufgen. als Fall 9.

— ebenda, pag. 181, Obs. 11. Aufgen. als Fall 29.

—   „   „ 184,   „ 12.   „   „   „ 33.

—   „   „ 186,   „ 13.   „   „   „ 32.

Charcot et Pitres, Revue mensuelle de méd. et de chir., 1877, pag. 189, Obs. 15, unbrb.
— ebenda, pag. 191, Obs. 16. Aufgen. als Fall 30.
— „ „ 191, „ 17. „ „ „ 31.
— „ „ 192, „ 18, unbrb.
— „ „ 193, „ 19, ident. mit Bourneville, Soc. de Biolog., Jänner 1876. Aufgen. als Fall 34.
— ebenda, pag. 373, Obs. 34, unbrb.
— ebenda, pag. 437, Obs. 36, ident. mit Odier, Manuel de méd. prat., 3. edit., 1821, pag. 178, unbrb.
— ebenda, pag. 439, ident. mit Lepine, Localis. cérébr., pag. 39, unbrb.
— „ „ 440, unbrb.
— „ „ 441, „
— „ „ 442, „
— „ „ 443, „
— „ „ 446, „
— „ 1878, pag. 810, Obs. 19. Aufgen. als Fall 42.
— „ 1879, „ 133, „ 34. „ „ „ 109.
— „ 1879, „ 135, „ 37. „ „ „ 110 und 111.
— „ 1879, „ 140, „ 43, unbrb.
— „ 1879, „ 148, „ 53. Aufgen. als Fall 112.
Chartier, Gaz. hebdomadaire de méd. et de chir., 1874, Nr. 36. Nicht zu haben.
Chauvel, Gaz. des hôpit., 1875, cit. von Maragliano Riv. sperim., 1878, pag. 15. Im Index nicht zu finden.
Chavanis, Gaz. hebdom., 1877, Nr. 19, pag. 297, vielleicht ident. mit Chavanis, Compt. rend. de la soc. des sciences méd. de Lyon, 1877, und mit Chavanis, Lyon méd., 1877, Nr. 26. Die beiden letzteren nicht zu haben. Unbrb.
Chouppe, Bull. de la soc. anatom. de Paris, Juni 1870, pag. 365, ident. mit Pitres, Lés. du centre ovale, pag. 133, Obs. 80. Aufgen. als Fall 152 und 153.
— ebenda, 1871, pag. 380, unbrb.
— Arch. de physiol., 1873, Nr. 2, pag. 209, unbrb.
Chuquet, Bull. de la soc. anatom. de Paris, 10. November 1876, pag. 618. Ident. mit Progrès méd., 1877, Nr. 6, pag. 108, ident. mit Gaz. hebdom. de méd. et de chir., 1877, Nr. 15, refer. in Virchow's Jahresbericht, 1877, I, 245, und in Nothnagel's Top. Diagnostik der Nervenkrankheiten, pag. 445, unbrb.
Chvostek, Oesterr. Zeitschrift f. prakt. Heilkunde, 1872, Nr. 33—36, 39, 44—46, unbrb.
Ciccimarra, Morgagni, 1875, unbrb.
Claye, Brit. med. Journ., 2. Mai 1874, pag. 574. Nicht zu haben.
Cloutson, Edinb. med. Journ., Juli 1875. Nicht zu haben.
Concato, Rivista clinic., 1866. Nicht zu haben.
Cornil, Gaz. méd., 1864, pag. 534, unbrb.
Cotard, Atrophie partielle du cerveau, Thèse de Paris, 1868, pag. 21. Aufgen. als Fall 85.
Cruveilhier, Anat. path. du corps humain, 8. livr., Tafel I, II, Fig. 1, 3, unbrb.

Cruveilhier, ebenda, Tafel III, Fig. 3, ident. mit Charcot et Pitres, Revue mensuelle, 1877, pag. 440, unbrb.
— Bull. de la soc. anatom. de Paris, 19. December 1873, pag. 858, unbrb.
Curschmann, Deutsches Archiv f. klin. Med., Bd. 10, 1872, pag. 195. Nicht zu haben.
Darolles, Paris méd., 1877, Nr. 44. Nicht zu haben.
David, Soc. de Biologie, 21. November 1874, ident. mit Gaz. méd. de Paris, 1874, Nr. 49, pag. 609, ident. mit Pitres, Lés. du centre ovale, Obs. 54, pag. 115, unbrb.
Davidson, Lancet, März 1877, unbrb.
Dax, Gaz. hebdom., 1866. Im Index nicht genannt, also nicht zu finden.
Day, The Lancet, vol. I, 1875, pag. 119, unbrb.
Decaisne, Paralyses cort. des membres sup., Paris 1879, pag. 19, Obs. 2. Aufgen. als Fall 93.
— ebenda, pag. 29, Obs. 4 (nach einer Beobachtung Darolles'), unbrb.
Delahousse, Arch. génér., December 1877 und Jänner 1878, unbrb.
Demongeot, cit. in Maragliano, Riv. sperim., 1878, pag. 17, mitgetheilt von Bourdon, Rech. clin. s. l. centres mot. Nicht zu haben.
Dentan, Schweiz. Corr., 1876, pag. 46, unbrb.
Dieulafoy, Gaz. des hôpit., 1867, pag. 229, unbrb.
— ebenda, 1868, pag. 150, vielleicht ident. mit Bull. de la soc. anatom. de Paris, 1868, pag. 139, letzteres nicht zu haben. Aufgen. als Fall 19.
Dowse, Med. Times and Gaz., 27. November 1875, pag. 614, unbrb.
Dreschfeld, Lancet, 24. Februar 1877, I, pag. 268. Aufgen. als Fall 117.
Dreyfous, Bull. de la soc. anatom. de Paris, 9. November 1877, pag. 541. Ident. mit Progrès méd., 1878, pag. 13, refer. in Nothnagel, Top. Diagnost. d. Gehirnkrankh., pag. 407. Aufgen. als Fall 23.
— ebenda, 29. März 1878, pag. 197, unbrb.
Dreyfus-Brisac, Soc. de Biologie de Paris, 11. März 1876, unbrb.
— Bull. de la soc. anatom. de Paris, 6. October 1876, pag. 577. Ident. mit Progrès méd., 30. December 1876, cit. in Maragliano, Riv. sperim., 1878, pag. 16, unbrb.
— Bull. de la soc. anatom. de Paris, März 1877, pag. 158. Ident. mit Charcot et Pitres, Revue mensuelle, 1878, pag. 807, Obs. 6. Wegen mangelhafter Ortsangaben unbrb.
Dufourt, Localis. fonctionelles dans les div. form. de la paralysie génér., unbrb.
Duguet, mir nur bekannt aus Legroux, De l'Aphasie, Thèse. Paris 1875, pag. 80, unbrb.
Dumontpallier, Gaz. des hôpit., 9. Februar 1878, pag. 132. (Nach Journ. des conn. méd.) Aufgen. als Fall 25.
Durand-Fondel, Handb. der Krankh. des Greisenalters, übers. von Ullmann, Würzburg 1858, pag. 136, unbrb.
Duret, mir nur bekannt aus Lépine, Localis. cerebr., pag. 118, Obs. 17, unbrb.
Dussaussay, Bull. de la soc. anatom. de Paris, 19. März 1875, pag. 211, refer. in Maragliano, Riv. sperim., 1878, pag. 17, unbrb.

Dussaussay, Soc. de Biologie de Paris, 12. Februar 1876, unbrb.
— Bull. de la soc. anatom. de Paris, 22. December 1876, pag. 753, unbrb.
— und Charcot, ebenda, 29. December, pag. 777, unbrb.
Duval, Article „nerveux" du Dictionnaire de Jaccoud. Nicht zu haben.
Echeverria, On Epilepsy, Newyork 1870, Tafel III und IV, unbrb.
Edinger, Arch. f. Psychiatrie und Nervenkrankh., Band X, 1879, Heft I, pag. 83. Aufgen. als Fall 15.
Empis, Gaz. des hôpit., 1878, unbrb.
Eulenburg, Berliner Klin. Wochenschrift, 1868, pag. 164. Nicht zu haben.
Faisans, Bull. de la soc. anatom. de Paris, April 1877. Ident. mit Progrès méd., 1877, pag. 574, und mit Maragliano, Riv. sperim., 1878, pag. 12. Aufgen. als Fall 21.
Farge, Gaz. hebdom., 1877, 31 und 35, unbrb.
Féréol, L'Union méd., 1873, Nr. 47, pag. 547, unbrb.
Ferrier (nach Fayer), Localis. of the cerebr. disease, London 1878, pag. 32, 2 Fälle, unbrb.
— ebenda, pag. 67, ident. mit Ferrier, Brain, Part II, 1878. Aufgen. als Fall 78.
Finkelnburg, Berliner Klin. Wochenschrift, 1870, Nr. 37, pag. 450. Nicht zu haben.
Follet, Gaz. hebdom., 1873, unbrb.
Foot, Dublin Journ. of med. science, September 1872, 161—186. Nicht zu haben.
Förster, Handb. der Augenheilkunde von Gräfe-Sämisch, VII, 1, pag. 104—145, unbrb.
Foulis, Brit. med. Journ., 1879, Nr. 950, unbrb.
Foville, Gaz. hebdom., 1873, cit. von Maragliano, Riv. sperim., 1878, pag. 16. Im Original nicht zu haben.
Frey, Arch. für Psychiatrie, Band VI, 1876, pag. 327, unbrb.
Frigerro, Arch. ital. per le mal. nerv., 1877, pag. 535, unbrb.
Fürstner, Berliner Klin. Wochenschrift, 1874, pag. 506. Aufgen. als Fall 4.
— Arch. für Psychiatrie und Nervenkrankh., 1875, Band VI, pag. 344, unbrb.
— ebenda, Band VIII, pag. 165, 1. Fall. Aufgen. als Fall 62 und 63.
— ebenda, pag. 168—173, Fall 2—5, unbrb.
Gairdner, Robertson und Coats, Glasgow path. and clin. soc., 9. Februar 1875. Mir bekannt aus Brit. med. Journ., 1. Mai 1875, pag. 568, unbrb.
Gallopain, Bull. de la soc. anatom. de Paris, 23. November 1877, pag. 557. Aufgen. als Fall 160.
Garland, Diss. s. l. mort sub., Thèse de Paris, 1832, pag. 8. Mir bekannt aus Pitres, Lés. du centre ovale, Paris 1877, pag. 47, Obs. 9. Aufgen. als Fall 86.
Gauché, Bull. de la soc. anatom. de Paris, 26. Juli 1878, pag. 409. Aufgen. als Fall 22.
— Soc. de Biologie de Paris, 17. Mai 1879. Mir bekannt aus Gaz. méd. de Paris, 1879, Nr. 24, pag. 309, und Centralbl. f. d. med.

11*

Wissensch., 1879, pag. 880, auffallender Weise im Referate der
genannten Sitzung im Progrès méd., 1879, Nr. 21, pag. 403 nicht
erwähnt. Aufgen. als Fall 126.
Gelpke, Deutsche Zeitschr. für prakt. Heilkunde, 5. August 1875,
Nr. 32, pag. 257, unbrb.
— Archiv der Heilkunde, 1876, unbrb.
Gendron, Bull. de la soc. anatom. de Paris, Februar 1877, pag. 109,
unbrb.
Gerhardt, Jahrb. für Kinderheilkunde, 1876, IX, pag. 324, unbrb.
Gliky, Deutsch. Arch. f. klin. Med., 10. December 1875, pag. 463.
Aufgen. als Fall 26.
Glynn, Brit. med. Journ., 28. September 1878, pag. 471, 1. Fall, unbrb.
— ebenda, 2. Fall. Aufgen. als Fall 132.
—   „   3.   „ Unbrb.
—   „   4.   „ Da man nicht weiss, was von den Symptomen
der directen Wirkung des Abscesses auf die Nervenwurzeln zuzu-
schreiben ist, unbrb.
Gogol, Beiträge z. Lehre v. d. Aphasie. Inaug. Dissert., Breslau 1873,
unbrb.
Golgi, Rivista clinica 1874. In meinem unvollständigen Exemplar der
Rivista clinica di Bologna nicht zu finden.
Goldtammer. Berliner Klin. Wochenschrift, 16. Juni 1879, Nr. 24,
pag. 349, 1. Fall. Aufgen. als Fall 147.
— ebenda, pag. 351, 2. Fall, unbrb.
—   „ 23. Juni 1879, Nr. 25, pag. 367, 3. Fall. Aufgen. als
Fall 149.
Gonzales, Gaz. med. lombard., 16. Jänner 1875, unbrb.
Goodhart, Med. Times and Gaz., 27. November 1875, pag. 613, unbrb.
Götz, Bull. de la soc. anatom. de Paris, 28. Jänner 1876, pag. 81.
Aufgen. als Fall 158.
Gougenheim, Lyon méd., April 1877. Nicht zu haben.
— Soc. méd. des hôpit., 22. Februar 1878, ident. mit Progrès méd.,
16. März 1878, pag. 204, Nr. 11, und Union méd., 7. Mai 1878,
pag. 691. Nach diesen beiden letzteren aufgen. als Fall 127.
Gowers, Brit. med. Journ., 1874. (Vielleicht ident. mit einem der
noch anzuführenden Fälle.) Nicht zu haben.
— Path. Transactions, 1876, pag. 35, unbrb.
— Brain, 1878, vol. I, pag. 50 und 53, unbrb.
— ebenda, pag. 55, ident. mit Path. Transactions, vol. 27, pag. 13.
Aufgen. als Fall 82.
— ebenda, pag. 388, auch vorgetr. in Royal med. and chir. society of
London, 14. Mai 1878, refer. in Nothnagel, Top. Diagnostik d.
Gehirnkrankh., pag. 445, unbrb.
— The Lancet, 15. März 1879. Aufgen. als Fall 90.
Gräfe, Deutsche med. Wochenschrift, Nr. 39, 1878. Nicht zu haben.
Grasset, Progrès méd., April 1876. Mir bekannt aus Landouzy, Con-
vuls. et paralys. Thèse. Paris 1876, pag. 89, Obs. 12. Aufgen.
als Fall 124.
— De la localisations dans les maladies cérébr., Paris 1878, 2. Aufl.
Eigener Fall pag. 122, unbrb.

Grasset, Montpell. méd., April 1878, pag. 323, und Juli 1878, pag. 57, unbrb.
— Maladies du syst. nerv., Paris 1878, unbrb.
— Etudes cliniq. et anatom.-pathol., Montpellier 1878, Fall 1, 3, 4, 5, 6, unbrb.
— ebenda, Fall 2, pag. 8, refer. in Centralbl. f. d. med. Wissensch., 1879, pag. 224. Aufgen. als Fall 137.
— ebenda, Fall 7, 2, pag. 44. Aufgen. als Fall 79.
— De la déviation conjuguée de la tête et des yeux. Montpellier et Paris, 1879 (communicat. à l'Académie de Montpell., Sect. méd., 5. Mai 1879), pag. 14, Obs. 4 und 5, unbrb.
Griesinger, Sammlung von Cysticercusfällen im Gehirn. Gesammelte Abhandl., 1872, I, Fall 2 und 46, unbrb.
Gueniot, Gaz. des hôpit., 1864. Nicht zu haben.
Guignet, Bull. méd. du Nord, T. 17. März 1878, pag. 122. Nicht zu haben.
Guitéras, Phil. med. Times, 26. October 1878. Nicht zu haben.
Gull, Guy's Hospital Reports, 1857. Nicht zu haben.
— ebenda, 1875, Fall 2. Nicht zu haben.[1]
Guyard, Bull. de la soc. anatom. de Paris, 26. November 1875, pag. 730, unbrb.
Haddon, Brain, vol. I, 1878, pag. 250. Aufgen. als Fall 81.
Hanot, Bull. de la soc. anatom. de Paris, 26. December 1873, pag. 869, unbrb.
Harbinson, Brit. med. Journ., 30. Juni 1877, pag. 811, unbrb.
— Journ. of med. science, October 1877. Nicht zu haben.
Hardy, Gaz. des hôpit., 9. December 1877, pag. 1129, Nr. 142, 2 Fälle, unbrb.
— ebenda, 1878, Nr. 89, unbrb.
Haslewood, Lancet, 1872, vol. I, pag. 218, unbrb.
Hayden, Brit. med. Journ., 14. Juli 1877, pag. 49. Aufgen. als Fall 7.
Hayem, Thèse sur l'Encéphalite, Paris 1868, Obs. 12, pag. 105. Aufgen. als Fall 143.
Hébread, Annuaire méd.-chir. des hôpit., 1819, pag. 586, unbrb.
Hemkes, Allgem. Zeitschr. f. Psychiatrie, Band 34, unbrb.
Hennoch, Charité-Annalen, IV. Jahrgang, Berlin 1879. Im Original nicht zu haben. Nach Nothnagel, Top. Diagnostik d. Gehirnkrankh., pag. 420. Aufgen. als Fall 146.
Henrot, Union méd. du Nord-Est, 1877, unbrb.
Herpin, Bull. de la soc. anatom. de Paris, 19. Mai 1876, pag. 396, ident. mit Progrès méd., 14. October 1876, pag. 706. Aufgen. als Fall 155.
Hervey, Bull. de la soc. anatom. de Paris, 9. Jänner 1874, pag. 29. Ident. mit Nothnagel, Top. Diagnostik d. Gehirnkrankh., pag. 430, und mit Landouzy, Thèse, pag. 228. Aufgen. als Fall 166.
Heusinger, Virchow's Arch. f. path. Anat., XI. Aufgen. als Fall 76.

---

[1] Sollten die beiden Fälle von Gull auf einen zurückzuführen sein, und eines der beiden Citate in der Jahreszahl einen Druckfehler enthalten? Da es mir nicht möglich ist, das Original einzusehen, gebe ich die Citate, wie ich sie fand.

Hinze, Petersburger med. Wochenschrift, 1877, Nr. 24, 25, 26, 27. Nicht zu haben.

Hirschberg, Virchow's Archiv, Band 65, pag. 116, cit. in Nothnagel, Top. Diagnostik d. Gehirnkrankh., pag. 431. Wegen mangelhafter Ortsangabe unbrb.

Hirz, Bull. de la soc. anatom. de Paris, 20. März 1874, pag. 248, unbrb.

Hitzig, Unters. über das Gehirn, Berlin 1874, und Arch. f. Psychiatrie, Band III, pag. 231. Aufgen. als Fall 10.

Hoffmann, Petersburger med. Wochenschrift, 1876, Nr. 25. Nicht zu haben.

Homolle, Bull. de la soc. anatom. de Paris, 1874, pag. 873, unbrb.

Hughlings-Jackson, siehe Jackson.

Huguenin, Allgem. Pathol. d. Krankh. d. Nervensystems, 1873, pag. 252, unbrb.

— Correspondenzbl. d. schweiz. Aerzte, 1878, ident. mit Centralbl. f. Nervenkrankh. u. Psychiatrie etc., 1. Jänner 1879, 2 Fälle, unbrb.

— ebenda, 1875, Nr. 7, unbrb.

— Artikel „Hirnabscess" in Ziemssen's Handb. d. spec. Path. u. Therap., IX, 1, pag. 705, 717, 733, unbrb.

Humbert, Bull. de la soc. anatom. de Paris, Mai 1870, pag. 335, ident. mit Landouzy, Convuls. et paralys. Thèse. Paris 1876, pag. 168, Obs. 55. Wegen mangelhafter Angabe der erkrankten Muskeln unbrb.

— ebenda, Juni 1870, pag. 367. Wegen ungenügender Localangabe unbrb.

Hunt, Brain, vol. I, 1878, pag. 574, unbrb.

Hutchinson und Hughlings-Jackson, Med. Times and Gaz., 23. Februar 1861, unbrb.

Jaccoud, Gaz. hebdom., 1878, Nr. 30, pag. 475. Ident. mit Charcot et Pitres, Revue mensuelle, 1878, pag. 813, Obs. 21, und mit Virchow's Jahresbericht, 1878, pag. 105, unbrb.

— ebenda, 28. Februar 1879, Nr. 9, pag. 135. Aufgen. als Fall 125,
— „ pag. 136, unbrb.

Jackson (Hughlings-Jackson), Med. Mirror., September 1869. Nicht zu haben. Nach Bernhard, Arch. f. Psychiatrie, 1874, pag. 713, unbrb.

— Med. Times and Gaz., 16., 23., 30. November, 7., 28. December 1872, wahrscheinlich theilweise ident. mit Jackson, Med. Times and Gaz., 1872, II, pag. 597. Alles im Original nicht zu haben. Letzter Fall refer. in Nothnagel, Top. Diagnostik d. Gehirnkrankh., pag. 423. Ferner vermuthe ich, dass zwei der hier angeführten Fälle ident. sind mit Jackson, Lancet, 16. Juni 1877, I, pag. 876, welche aufgenommen sind als Fall 118 und 119.

— Med. Times and Gaz., 1. März 1873. Nicht zu haben.

— Brit. med. Journ., 10. Mai 1873, unbrb.

— Med. Times and Gaz., 7. Februar 1874. Nicht zu haben.

— nach Bernhard, Archiv f. Psychiatrie, 1874, pag. 713, vielleicht ursprünglich in Med. Mirror., September 1869. Aufgen. als Fall 11.

— Med. Times and Gaz., 1. Mai 1875, pag. 468, unbrb.

Jackson, Med. Times and Gaz., 8. Mai 1875, pag. 498, unbrb.
— ebenda, 15. Mai 1875, pag. 522, unbrb.
— „ 5. Juni 1875, pag. 606. Aufgen. als Fall 6.
— „ 19. „ 1875, „ 660, unbrb.
— „ 24. Juli 1875, pag. 94, unbrb.
— „ 4. September 1875, pag. 264, unbrb.
— „ 18. „ 1875, „ 330, „
— The Lancet, 12. Mai 1877, I, pag. 674, unbrb.
— ebenda, 16. Juni 1877, I, pag. 876, 1. Fall. Aufgen. als Fall 118.
— „ 16. „ 1877, I, „ 876, 2. „ „ „ „ 119.
Jacobs, Deutsche med. Wochenschrift, Jahrg. IV, 1878, pag. 147, unbrb.
Jacubasch, Berliner Klin. Wochenschrift, 1875, Nr. 37, pag. 505, unbrb.
Jastrowitz, Centralbl. f. prakt. Augenheilkunde, December 1877, I,
     pag. 254. Aufgen. als Fall 167.
Immermann, Jahresber. d. med. Abtheil. d. Spitals zu Basel, 1876.
     Nicht zu haben.
Joffroy, Gaz. des hôpit., 1875, pag. 1141, 2 Fälle, wahrscheinlich
     ident. mit Soc. de Biologie, 4. December 1875, unbrb.
— Soc. de Biologie, 8. Jänner 1876. Mir bekannt aus Gaz. méd. de
     Paris, 1876, pag. 45, unbrb.
— et Lepiez, Bull. de la soc. anatom. de Paris, 1871, pag. 208,
     unbrb.
Jones, The Lancet, 1874, II, pag. 449, unbrb.
Itard, Maladies de l'oreille, T. I, pag. 258, Obs. 24, unbrb.
Kahler und Pick, Prager Vierteljahrsschrift, 1879, pag. 6, Fall 1.
     Aufgen. als Fall 113 und 114.
— ebenda, die übrigen Fälle unbrb.
Karrer, Berliner Klin. Wochenschrift, 1874, Nr. 31, unbrb.
Knight, Boston. med. and surgic. Journ., 13. September 1877, Nr. 11,
     pag. 293, unbrb.
Kotsuopulos, Virchow's Arch. f. path. Anat., Band 57, pag. 534, unbrb.
Krafft-Ebing, Allgem. Zeitschrift f. Psychiatrie, 1872, pag. 93, unbrb.
Kretschy, Wiener med. Wochenschrift, März 1879, unbrb.
Kussmaul, Störungen der Sprache. Leipzig 1877, pag. 145, 166, 168,
     unbrb.
Laborde, Gaz. méd., 1859, unbrb.
Labric, Bull. de la soc. anatom. de Paris, 26. Februar, pag. 378. unbrb.
Ladame, Hirngeschwülste, Würzburg 1865, unbrb.
Lancereaux, Gaz. méd., 1866, unbrb.
— Traité de la Syphilis, Paris 1866, Tafel II, Fig. 6, unbrb.
Landouzy, Contrib. à l'étude des convulsions et paralys. Thèse. Paris
     1876, pag. 137, Obs. 24. Aufgen. als Fall 142.
— ebenda, pag. 208, Obs. 82 (nach Rendu), unbrb.
— „ „ 220, „ 87 „ „ „ „
— Bull. de la soc. anatom. de Paris, März 1877, pag. 146, ident.
     mit Progrès. méd., 1877, Nr. 22, pag. 431, unbrb.
— ebenda, 27. April 1877, pag. 330, ident. mit Progrès. méd., 1877,
     Nr. 33, unbrb.
— ebenda, 16. Mai 1877, ident. mit Landouzy, Arch. génér. de
     méd., August 1877, pag. 150, Obs. 6, unbrb.

168 Literatur-Katalog.

Landouzy, Arch. génér. de méd., August 1877, pag. 149, 1. Fall, ident. mit Landouzy, Thèse, pag. 89, und mit Progrés méd., 1876, pag. 406. Aufgen. als Fall 123.
— ebenda, pag. 149, 2. Fall, ident. mit Reynaud, Soc. anatom. de Paris, Juni 1876, pag. 431, unbrb.
— ebenda, pag. 149, 3. Fall, ident. mit Grasset, Progrès méd., April 1876. Aufgen. als Fall 124.
— ebenda, pag. 152, Fall 10 (unter Hardy), unbrb.
— Bull. de la soc. anatom. de Paris, October 1877, pag. 527, unbrb.
— Progrès méd, 1878, pag. 122, offenbar ident. mit Bull. de la soc. anatom. de Paris, 7. December 1877, pag. 599. Aufgen. als Fall 24.
— Bull. de la soc. anatom. de Paris, 29. November 1878, pag. 510, unbrb.
— ebenda, Juni 1879, unbrb.
Lange (Hospit.-Tidend., 14. August, pag. 153, Nr. 157), Virchow's Jahresbericht, 1872, Band II, pag. 51, 3 Fälle, unbrb.
Langlet, Union méd. du Nord.-Est, 3. März 1877, unbrb.
Lasègue, gelesen in Legroux, Thèse de l'Aphasie, Paris 1875, pag. 90, unbrb.
Laudeta, Bull. de la soc. anatom. de Paris, 1862, pag. 505. Nicht zu haben.
Laveran, vorgetr. in Soc. méd. des hôpit., 23. März 1877. Nach Union méd., 10. Mai 1877, pag. 758, Nr. 54, ident. mit Gaz. hebdom., 1877, Nr. 14, unbrb.
Lebec, Bull. de la soc. anatom. de Paris, 8. Juni 1877, pag. 419, ident. mit Progrès méd., 1877, pag. 887. Aufgen. als Fall 14.
Lebec, Piéchaud et Gauché, Bull. de la soc. anatom. de Paris, 4. Jänner 1878, pag. 13, ident. mit Boyer, Lés. cortic., pag. 68, Obs. 43, unbrb.
Lebert, Virchow's Jahresbericht, Band X, pag. 426, 6 Fälle, unbrb.
Lecourtois, Bull. de la soc. anatom. de Paris, Juni 1871, pag. 95, unbrb.
Leger, Bull. de la soc. anatom. de Paris, 1. December 1876, pag. 678, ident. mit Boyer, Lés. cortic., pag. 57, Obs. 27, unbrb.
Legroux, De l'Aphasie. Thèse. Paris 1875, pag. 80 (nach Duguet), unbrb.
— ebenda, pag. 87 und 88 (nach Hirz), unbrb.
— " " 90 (nach Lasègue) unbrb.
Leloir, Bull. de la soc. anatom. de Paris, 15. November 1878, pag. 479, unbrb.
— Soc. de Biologie, 28. December 1878, ident. mit Progrès méd. vom 4. Jänner 1879, Nr. 1, pag. 6, refer. in Nothnagel, Top. Diagnostik der Gehirnkrankh., pag. 418, und im Centralbl. f. d. med. Wissensch., 1879, pag. 699. Aus Gaz. méd., 1879, Nr. 4, aufgen. als Fall 2.
Lépine, Bull. de la soc. anatom. de Paris, 24. April 1874, pag. 363, unbrb.
— ebenda, 13 April 1877, pag. 279, ident. mit Progrès méd., 1877, Nr. 30, pag. 588. Aufgen. als Fall 163.
— Paris méd., 1877, Nr. 12. Nicht zu haben.

Lépine, Revue mensuelle, 1877, pag. 862, unbrb.
— ebenda, pag. 381, unbrb.
— De la localisation dans les maladies cérébr. Thèse. Paris 1875, pag. 33, Obs. 1, unbrb.
— ebenda, pag. 36, Obs. 2, unbrb.
— „ „ 39, „ 3, „
— „ „ 53, „ 6. Aufgen. als Fall 9.
Letulle, Bull. de la soc. anatom. de Paris, Juli 1877, pag. 484, unbrb.
— ebenda, 31. Mai 1878, pag. 303, unbrb.
Lewing, Brit. med. Journ., 13. Juli 1878, unbrb.
Lewkowitsch, Jahrb. f. Kinderheilkunde, 1878, unbrb.
Linsray, Edinb. med. Journ., September 1878, unbrb.
Löchner, Allgem. Zeitschrift f. Psychiatrie, 1874, Bd. 30, pag. 635, unbrb.
Löffler, Generalber. über den Gesundheitsdienst im Feldzuge gegen Dänemark, 1865. Nicht zu haben.
Lucas-Championière, Bull. de la soc. anatom. de Paris, 12. März 1875, pag. 202. Ident. mit Boyer, Lés. cortic., pag. 91, Obs. 56, und Landouzy, Thèse, pag. 229. Aufgen. als Fall 165.
Luciani e Tamburini, Centri sens. cort. Milano 1879, unbrb. Eine Zusammenstellung von Rindenläsionen mit Sehstörungen, auf die im Texte aufmerksam zu machen ich vergessen habe.
Lüderitz, Thüringer ärztl. Correspondenzbl., 1879, Nr. 1, unbrb.
Lussana, Delle Func. del lob. art. del cervello umano. Milano 1879, unbrb.
Luys, Gaz. méd. de Paris, 1876, Nr. 31, 1. Fall. Ident. mit Soc. de Biologie, 8. Juli 1876, und mit Gaz. des hôpit., 1876, Nr. 80, unbrb.
— Gaz. méd. de Paris, 1876, pag. 368, Nr. 31, 2. Fall. Ident. mit Soc. de Biologie, 8. Juli, 1876, unbrb.
— ebenda, 3. Fall, unbrb.
— „ 4. „ „
— Soc. med. des hôpit., 13. Juli 1877. Ident. mit Gaz. des hôpit., 1877, pag. 653, Nr. 82, 3 Fälle, unbrb.
— Bull. génér. des therapeut., 1878, vom 30. März. Ident. mit Nothnagel, Top. Diagnostik der Gehirnkrankh., pag. 445. Im Original l. c. nicht zu finden, nach Nothnagel unbrb.
Maas, Berliner Klin. Wochenschrift, 1869, pag. 127. Nicht zu haben.
Mac Cormac, Brain, Part. II, 1877, pag. 256, unbrb.
Maclaren, Glasgow. med. Journ., Jänner 1875, unbrb.
Mader, Bericht der k. k. Krankenanstalt „Rudolfstiftung" in Wien, 1877, pag. 372 und pag. 478, unbrb.
Magnan, Revue mensuelle, 1878, pag. 30. Aufgen. als Fälle 35 und 36.
— Brain, vol. I, 1878, pag. 562. Aufgen. als Fall 83.
— ebenda, vol. II, pag. 112, Fall 1, 3, 4, unbrb.
— „ „ II, „ 114, „ 2. Aufgen. als Fall 150.
— Soc. de Biologie, 18. Jänner 1879. Mir bekannt aus Progrès méd., 1879, pag. 62, Nr. 4, vom 25. Jänner 1879. Aufgen. als Fall 131.
Mahot, Bull. de la soc. anatom. de Paris, 15. December 1876, pag. 734. Ident. mit Maragliano, Rivista speriment., 1878, pag. 8, und Progrès méd., März 1877. Aufgen. als Fall 161.
Malmsten, Revue des sciences méd., 1877, t. IX, pag. 143. Nicht zu haben.

Marcini, Lo sperimentale, 1878, pag. 252. Gegen die Beweiskräftigkeit dieses Falles sprechen Charcot et Pitres (Revue mensuelle, 1879, pag. 130). Nicht zu haben.

Maragliano, Riv. sperim. di Freniatr. e di Med. leg., 1878, pag. 647, unbrb.

Maragliano e Sepilli, ebenda, pag. 376, 1. Fall, unbrb.
— ebenda, 2. Fall. Aufgen. als Fall 88.

Marcano, Bull. de la soc. anatom. de Paris, 13. Februar 1874, pag. 106. Ident. mit Boyer, Lés. cortic., pag. 66, Obs. 41, unbrb.

Marcé, Bull. de la soc. anatom. de Paris, 1854, pag. 295. Nicht zu haben.

Marchand, Virchow's Archiv f. path. Anatomie, Band 75, pag. 104, unbrb.

Marchant, Bull. de la soc. anatom. de Paris, 5. November 1875, pag. 662. Ident. mit Boyer, Lés. cortic., pag. 64, Obs. 38, unbrb.
— France médicale, 22. December 1877. Ident. mit Charcot et Pitres, Revue mensuelle, 1879, pag. 144, Obs. 47, unbrb.

Marc Sée, Bull. de la soc. de Chirurgie, t. IV, 1878, pag. 334, unbrb.

Marot, Bull. de la soc. anatom. de Paris, 4. Februar [1]) 1876, pag. 138. Ident. mit Progrès méd., 3. Juni 1876, pag. 437, und mit Soc. de Biologie, 19. Februar 1876 (Progrès méd., 1876, Nr. 9, pag. 152). Aufgen. als Fall 159.

Martin, Bull. de la soc. anatom. de Paris, 22. Mai 1874. Ident. mit Pitres, Lés. du centre ovale, Paris 1877, Obs. VII, pag. 45. Aufgen. als Fall 87.
— Progrès méd., 1874, pag. 581. Nicht zu haben, doch wahrscheinlich ident. mit dem vorhergehenden Fall.
— Bull. de la soc. anatom. de Paris, 29. Mai 1874, pag. 429, unbrb.
— Brit. med. Journ., 9. Jänner 1875, unbrb.
— Bull. de la soc. anatom. de Paris, 8. December 1876, pag. 706 (in Ferrier, Localis. of the cerebr. dis., pag. 73, citirt, aber in der Jahreszahl ein Druckfehler), unbrb.
— ebenda, 22. December 1876, pag. 767. Ident. mit Nothnagel, Top. Diagnostik der Gehirnkrankh., pag. 412. Aufgen. als Fall 129.

Martinet, Revue méd., 1824, T. III, pag. 20. Nicht zu haben.

Maunoir, Bull. de la soc. anatom. de Paris, 18. Februar 1876, pag. 163, unbrb.

Maunoury, ebenda, October 1875, pag. 643, ident. mit Boyer, Lés. cortic., pag. 55, Obs. 24, unbrb.

Maygrier, Progrès méd., 1878, pag. 123. Ident. mit Bull. de la soc. anatom. de Paris, 7. December 1877, pag. 604, und mit Boyer, Lés. cortic., pag. 113, Obs. 76, unbrb.

Mayon, Progrès méd., 1876, pag. 827, unbrb.

Merriman, Lancet, 1846, part. I. pag. 389. Nicht zu haben.

Meschede, Virchow's Archiv f. path. Anat., Band 35, 1860, unbrb.
— Deutsche Klinik, 1873, Nr. 32, unbrb.

---

[1]) Ich finde auch diese Sitzung der Soc. anatom. als vom 11. Februar citirt. Es scheint in der That, als fände sich im Bulletin ein Druckfehler.

Meyer, M., Hirnabscesse. Inaugurationsdissert. Zürich 1867, unbrb.
Meynert, Vierteljahrsschrift f. Psychiatrie, pag. 381, unbrb.
Möns, Virchow's Archiv f. path. Anat., 1877, Band 70, pag. 411, unbrb.
Moll. Berliner Klin. Wochenschrift, 1872, Nr. 43, unbrb.
Morbieu, Union méd., 1875, pag. 229, Nr. 19, unbrb.
Morelli, Lo sperim., 1878. Nicht zu haben. Obs. III dieser Abhandl.
    nach Charcot et Pitres, Revue mensuelle, 1878, pag. 806, Obs. V,
    unbrb.
Morelli e Stacchini, Lo sperim., 1872, unbrb.
Mossé, Bull. de la soc. anatom. de Paris, December 1877, pag. 619.
    Ident. mit Charcot et Pitres, Revue mensuelle 1878, pag. 809,
    Obs. XI, unbrb.
— ebenda, 11. Jänner 1878, pag. 29, unbrb.
—   „ 8. Februar 1878, pag. 83, vergl. auch Hofmann und
    Schwalbe's Jahresbericht, 1878, Anat., pag. 256, unbrb.
— ebenda, 1. März 1878, pag. 155. Ident. mit Boyer, Lés. cortic.,
    pag. 142, Obs. 96, unbrb.
— Progrès méd., 1878, Nr. 18, unbrb.
Moutard-Martin, Progrès méd., 1877, pag. 154, unbrb.
Müller, Deutsche Klinik, 1872, Nr. 23, unbrb.
Neelson, Deutsch. Arch. f. klin. Med., 1879, Band 24, pag. 483.
    Aufgen. als Fall 89.
N. N. Gazzetta psychiatrica, 1852. Mir bekannt aus Luciani und Tam-
    burini, Stud. clinic. sui centr. sens. cortic., pag. 8. Nicht zu
    haben.
N. N., Gaz. des hôpit., 1875, pag. 1082, unbrb.
N. N., Med. Times and Gaz., 27. September 1873, unbrb.
Nothnagel, Deutsch. Arch. f. klin. Med., Band 19, unbrb.
— Top. Diagnostik d. Gehirnkraukh., Berlin 1879 (neu public. Fall
    nach Leube), pag. 383, unbrb.
— ebenda, pag. 389, unbrb.
—   „   „ 411, „
—   „   „ 426. Aufgen. als Fall 91.
—   „   „ 429. „   „   „ 92.
Obersteiner, Wiener med. Jahrbücher, 1878, pag. 286, 1. Fall.
    Aufgen. als Fall 45.
— ebenda, 2. Fall, unbrb.
Odier, Manuel du méd. pratiq., 3. Aufl., 1821, pag. 178 Ident. mit
    Charcot et Pitres, Revue mensuelle, 1877, pag. 437, Obs. 36,
    unbrb.
Ogle, Brit. and For. med.-chir. Rev., 1864, t. I, pag. 457, unbrb.
— Med.-chir. Transact., 1870. Nicht zu haben.
Oré, Bull. de l'Acad. de Méd., 1878. Nicht zu haben.
Ormerod, Lancet, 1847, vol. I, pag. 29. Nicht zu haben.
Oudin, Revue mensuelle, 1878, pag. 190, unbrb.
Oulmont, Bull. de la soc. anatom. de Paris, 13. April 1877, pag. 267.
    Ident. mit Progrès méd., 1877, Nr. 32, unbrb.
— ebenda, 27. April 1877, pag. 327, unbrb.
Palmerini, Arch. ital. per le mal. nerv., 1877, fasc. V, pag. 308.
    Aufgen. als Fall 16.

Palmerini, Arch. ital. per le mal. nerv., 1877, fasc. V, pag. 312, unbrb.
— Congresso della soc. freniatr., September 1877, referirt in Riv. sperim., Anno III, pag. 745, 1. Fall. Aufgen. als Fall 80.
— ebenda, 2. Fall, unbrb.
—   „   3.   „ Aufgen. als Fall 84.
— Anal. in Riv. di Freniatria e di med. legale, 1878, unbrb.
Parrot, Bull. de la soc. anatom. de Paris, 1863, pag. 372. Nicht zu haben.
— Bull. de la soc. méd. des hôpit., 1868, pag. 56. Nicht zu haben.
— Bull. de la soc. anatom., December 1872, pag. 570, unbrb.
Pearce, Med. Press. et Circ., 30. October 1878. Nicht zu haben.
Penman, Edinb. med. Journ., October 1879, referirt im Centralbl. f. d. med. Wissensch., 1880, pag. 128, 2 Fälle. Nicht zu haben, im Referat unbrb.
Penneson, Journ. de med. ment., 1874, unbrb.
Perroud, Gaz. hebdom., 12. Februar 1864, Nr. 7, pag. 108. Ident. mit Gaz. méd. de Lyon, 1863, Nr. 22 und 23, 2 Fälle, unbrb.
— ebenda, vom 26. Februar 1864, Nr. 9, pag. 138, 5 Fälle, unbrb.
Peter, Gaz. hebdom., 13. Mai 1864, Nr. 20, pag. 323, Fall 1—6, unbrb.
— ebenda, 20. Mai 1864, Nr. 21, Fall 7—13, unbrb.
—   „   27. „ 1864, „ 22, pag. 358, Fall 14—17, unbrb.
—   „ Fall 18. Aufgen. als Fall 128.
Peterson, Upsala läkareför förhdl, Band 12, pag. 107, 1877, unbrb.
Petřina, Prager Vierteljahrsschrift, Band 133, 1877, Fall 1. Aufgen. als Fall 69.
— ebenda, pag. 98, Fall 2. Aufgen. als Fall 70.
—   „   „ 100, „ 3.   „   „   „ 135.
—   „   „ 102, „ 4.   „   „   „ 74.
—   „   „ 103, „ 5.   „   „   „ 72.
—   „   „ 105, „ 6, unbrb.
—   „   „ 108, „ 7. Aufgen. als Fall 71.
—   „   „ 121—126, Fall 8—10, unbrb.
—   „ Band 134, 1877, pag. 1, unbrb.
Piéchaud, Lebec et Gouché, Bull. de la soc. anatom. de Paris, 1878, pag. 13. Ident. mit Charcot et Pitres, Revue mensuelle, 1878, pag. 808, Obs. IX. Aufgen. als Fall 39.
Pierret, Bull. de la soc. anatom. de Paris, 6. März 1874, pag. 196. Ident. mit Maragliano, Riv. sperim., 1878, pag. 17, und mit Nothnagel, Top. Diagnostik d. Gehirnkrankh., pag. 407, und mit Landouzy's Thèse, pag. 225, unbrb.
Pietrasanta, Soc. de méd. do Paris, 1861. Nicht zu haben.
Piorry, Bull. de l'Académie de méd., 1864—1865, t. 30, pag. 793, unbrb.
Pitres, Bull. de la soc. anatom. de Paris, 19. November 1875, pag. 708, offenbar ident. mit dem dritten von jenen Fällen, welche derselbe Autor in der Soc. de Biologie am 15. Jänner 1876 vorgelegt hat, und der aufgenommen wurde als Fall 18.

Pitres, Soc. de Biologie, 8. Jänner 1876, mir bekannt aus Progrès
méd., 1876, Nr. 4, pag. 59. Es scheint, dass dieser Fall auch mit
dem eben genannten identisch ist, und dass eine der beiden Da-
tumsangaben unrichtig ist.
— Gaz. méd., 1876, pag. 474, Nr. 40. Ident. mit Soc. de Biologie,
15. Jänner 1876, 1. Fall, unbrb.
— ebenda, pag. 489, Nr. 41. Ident. mit Soc. de Biologie, 15. Jänner
1876, 2. Fall, unbrb.
— ebenda, pag. 498, Nr. 42. Ident. mit Soc. de Biologie, 15. Jänner
1876, 3. Fall. Aufgen. als Fall 18.
— Soc. de Biologie, 19. Februar 1876. Ident. mit Progrès méd.,
1876, pag. 152, Nr. 9, offenbar identisch mit Charcot et Pitres,
Revue mensuelle, 1877, Nr. 3, pag. 181. Aufgen. als Fall 29.
— Bull. de la soc. anatom. de Paris, 21. April 1876. Ident. mit
Progrès méd., 1876, Nr. 37, pag. 648, unbrb.
— ebenda, 1. December 1877, pag. 672. Ident. mit Boyer, Lés. cortic.,
pag. 64, Obs. 37. Aufgen. als Fall 162.
— ebenda, 29. December 1876, pag. 777 (als Bemerkung zu einem
Vortrag Marchant's mitgetheilt), unbrb.
— Gaz. méd. de Paris, 1877, Nr. 3, pag. 27. Ident. mit Soc. de
Biologie, 21. October 1876, 1. Fall. Aufgen. als Fall 53.
— ebenda, 2. Fall. Aufgen. als Fall 122.
—   „   3.—5. Fall, unbrb.
—   „   Nr. 5, pag. 54, unbrb.
— Lésions du centre ovale, Paris 1877, Obs. 7, pag. 45. Ident. mit
Martin, Bull. de la soc. anatom. de Paris, 22. Mai 1874. Aufgen.
als Fall 87.
— ebenda, pag. 47, Obs. 9. Ident. mit Garland, Dissert. s. l. morts
sub. Thèse de Paris, 1832, pag. 8. Aufgen. als Fall 86.
— und Frank, Soc. de Biologie, 30. December 1877. Ident. mit
Progrès méd., 1878, Nr. 3. unbrb.
Pouley, Archiv für Augen- und Ohrenheilkunde von Knapp und Moos,
1877, pag. 27, unbrb.
Poulin, Bull. de la soc. anatom. de Paris, 18. Jänner 1878, pag. 49,
unbrb.
— ebenda, 13. December 1878, unbrb.
Prevost et Cotard, Gaz. méd. de Paris, 1866, pag. 202, 203, 204,
205 (2 Fälle), 251 (2 Fälle), 252 (2 Fälle), 253 (1. Fall), unbrb.
— ebenda, pag. 253 (2. Fall). Aufgen. als Fall 48.
—   „   „   254, 310 (3 Fälle), 311 (3 Fälle), 338, 339 (1. Fall),
unbrb.
— ebenda, pag. 339 (2. Fall). Aufgen. als Fall 49.
—   „   „   339 (3. Fall), 340, 365 (2 Fälle), 366 (3 Fälle),
367 (2 Fälle), 397, 398 (4 Fälle), 399, 400 (2 Fälle), 428, 429,
unbrb.
Proust, Acad. de méd., im Original nicht zu haben. Referirt von
Charcot et Pitres, Revue mensuelle, 1877, pag. 187. Anmerk.
Obs. 14, unbrb.
— Gaz. hebdom., 1878, Nr. 14, unbrb.
Proust et Terillon, Bull. de l'Acad. de méd., 1876. Nicht zu haben.

Quénu. Bull. de la soc. anatom. de Paris, 31. Mai 1878, pag. 315, unbrb.
— ebenda, April 1877, unbrb.
Quinquaud, ebenda, 1869, pag. 273. Ident. mit Landouzy, Thèse, Paris 1876, pag. 211, Obs. 83, unbrb.
Raymond, Soc. de Biologie, 8. April 1876. Ident. mit Gaz. méd. de Paris, 1876, pag. 238, unbrb.
Raynaud, Bull. de la soc. anatom. de Paris, Juni 1876, pag. 431, unbrb.
— ebenda, 28. Juli 1876, pag. 522. Ident. mit Charcot et Pitres, Revue mensuelle, 1877, Nr. 3, pag. 187 (nach diesen die Zeichnung der Läsion ausgeführt), und ident. mit Boyer, Lés. cortic., pag. 132, Obs. 91. Aufgen. als Fall 28.
Reinhard, Archiv f. Psychiatrie und Nervenkrankh., IX, pag. 147. Wegen Complicirtheit des Falles unbrb.
Remak, Berliner Klin. Wochenschrift, 1874, pag. 506. Aufgen. als Fall 5.
Renault, Bull. de la soc. anatom. de Paris, November 1872, pag. 500, unbrb.
Renaut, ebenda, 2. October 1874, pag. 642, unbrb.
Rendu, Lyon méd., 1877, Nr. 13. Ident. mit Landouzy, Arch. génér. de méd., August 1877, pag. 151, Obs. VIII. Ident. mit Revue mensuelle, 1877, pag. 390. Cit. in Nothnagel, Top. Diagnostik d. Gehirnkrankh., pag. 413, unbrb.
— Bull. de la soc. anatom. de Paris, 27. December 1878, pag. 581. Aufgen. als Fall 41.
Revillout, Gaz. des hôpit., 15. Juni 1878, Nr. 69, pag. 545, unbrb.
— ebenda, Nr. 98, unbrb.
Rey, Bull. de la soc. anatom. de Paris, April 1872, unbrb.
Richer, („Inédite, service de M. Charcot, 1878"), angef. von Boyer, Lés. cortic., pag. 102, Obs. 65, unbrb.
— ebenda, pag. 66, Obs. 40, unbrb.
Riez, Press méd. belge, Nr. 9, 1878. Nicht zu haben.
Ringrose-Atkins, Patholog. Illustration of the localisation of the mot. funct. of the brain. Cork (1877?). Nicht zu haben.
— Brit. med. Journ., 4. Mai 1878, pag. 639. Ident. mit Virchow's Jahresber., 1878, pag. 104, und Boyer, Lés. cortic., pag. 101, Obs. 64, und pag. 129, Obs. 85, und pag. 142, Obs. 97, und pag. 61, Obs. 32, 1. Fall. Aufgen. als Fall 136.
— ebenda, pag. 640, 2. Fall, unbrb.
— „ „ 640, 3. „ Ident. mit Ringrose-Atkins, Journ. of ment. science, October 1876. Aufgen. als Fall 134.
— ebenda, pag. 641, 4. Fall, unbrb.
— „ 11. Mai 1878, pag. 675, 5. Fall. Aufgen. als Fall 133.
— „ ebenda, pag. 676, 6. Fall, unbrb.
Ripping, Allgem. Zeitschr. f. Psychiatrie, 1874, pag. 122, unbrb.
Rizzi, Gaz. med. lomb., 10. März 1849, Nr. 12, unbrb.
Rodocalat, Bull. de la soc. anatom. de Paris, 1870, pag. 289, unbrb.
Rojnitza, Sur l'aphasie avec hémiplegie et gangrène simultanée des extremités. Thèse de Paris, 1874, unbrb.

Rosenstein, Berliner Klin. Wochenschrift, 1868, Nr. 17. Im Original nicht zu haben. Aufgen. nach Nothnagel, Top. Diagnostik d. Gehirnkrankh., pag. 424, als Fall 145.
Rosenthal, Handb. d. Nervenkraukheiten, 1870, pag. 50, unbrb.
— Wiener méd. Presse, 1878, pag. 689. 1. Fall. Aufgen. als Fall 3.
— ebenda, pag. 728, Fall 2. Aufgen. als Fall 44.
— „ „ 759, „ 3. „ „ „ 50.
— „ „ 789, „ 4. „ „ „ 51.
— Wiener med. Blätter, Nr. 24 und 25, 1878, unbrb.
Rouchet, Bull. de la soc. anatom. de Paris, 17. Mai 1878, pag. 260, Aufgen. als Fall 12.
Royero, Rivista med.-quir. de la Habana, Februar 1877, referirt in Gaz. hebdom. de méd. et de chir., 1877, Nr. 26. Ein Fall, in dem beide Stirnlappen fast ganz zerstört waren, ohne dass mich interessirende Symptome aufgetreten wären. Wegen mangelhafter Angabe der hinteren Gränze der rechtsseitigen Läsion unbrb.
Russel, Med. Tim. and Gaz., 9. September 1866. Nicht zu haben.
— ebenda, 26. Juli 1873. Nicht zu haben.
— „ 1874, I, Nr. 1246, unbrb.
— „ 20. Februar 1875, pag. 197, unbrb.
— Brit. med. Journ., 2. December 1876, pag. 709, unbrb.
— Med. Times and Gaz., 20. October 1877, pag. 432, unbrb.
Sabourin, Bull. de la soc. anatom. de Paris, 20. October 1876, pag. 584, unbrb.
— ebenda, 1. December 1876, pag. 667. Ident. mit Boyer, Lés. cortic., pag. 58, Obs. 30. Aufgen. als Fall 116.
— ebenda, 19. Jänner 1877, pag. 45. Ident. mit Progrès méd., 1877, Nr. 20, pag. 391. Aufgen. als Fall 164.
Samt, Berliner Klin. Wochenschrift, 1875, pag. 542, 1. Fall, unbrb.
— ebenda, pag. 545, 2. Fall, Aufgen. als Fall 68.
— Arch. f. Psychiatrie, Band III, pag. 751, unbrb.
— ebenda, Band V, pag. 202, 1. Fall. Aufgen. als Fall 52.
— „ pag. 205, 2. Fall. Aufgen. als Fall 64.
— „ „ 209, 3. „ pag. 211, 4. Fall, pag. 212, 5. Fall, unbrb.
Sander, Ueber Aphasie, Arch. f. Psychiatrie, 1869, unbrb.
Sazie, Bull. de la soc. anatom. de Paris, 15. December 1876, pag. 735. Ident. mit Boyer, Lés. cortic., pag. 47, unbrb.
Schlesinger, Deutsch. Arch. f. prakt. Med., 1877, Nr. 7, unbrb.
Scholz, Berliner Klin. Wochenschrift, 1872, Nr 42, pag. 501, unbrb.
Schwarzenthal, Wiener med. Presse, 1871, Nr. 34, unbrb.
Scotti, Gaz. medica di Milano, 1844. In meinem unvollständigen Exemplare nicht zu finden.
Seeligmüller, Neuro-pathol. Beobachtungen, Halle 1873, 7 Fälle, unbrb.
— Archiv f. Psychiatrie und Nervenkraukh., Band VI, Heft 3, pag. 823, 1876, unbrb.
Seguin, Transact. of the Americ. Neurolog. Association, vol. II, 1877, (Post-Paralytic Chorea), unbrb.
— ebenda, vol. II, 1877 (Loc. cerbr. Les.), Sep.-Abdr. pag. 13, Fall 1. Ident. mit Boyer, Lés. cortic., pag. 97. Aufgen. als Fall 139.

Seguin, Transact. of the Americ. Neurolog. Association. Sep.-Abdr. pag. 14, Fall 2. Ident. mit Boyer, Lés. cortic., pag. 88, Obs. 54, unbrb.
— ebenda, pag. 18, Fall 3. Ident. mit Boyer, Lés. cortic., pag. 88, Obs. 53, unbrb.
— ebenda, pag. 22, Fall 4. Ident. mit Boyer, Lés. cortic., pag. 94, unbrb.
— ebenda, pag. 25, Fall 5. Ident. mit Boyer, Lés. cortic., pag. 149. Aufgen. als Fall 138.
— ebenda, pag. 27, Fall 6. Ident. mit Boyer, Lés. cortic., pag. 114, unbrb.
— ebenda, pag. 33, Fall 7. Ident. mit Boyer, Lés. cortic., pag. 112, unbrb.
— Philadelph. med. et surg. Rep., 14. September 1878. Nicht zu haben.
Sestié, Bull. de la soc. anatom. de Paris, 1833. Nicht zu haben.
Shaw, Americ. Neurolog. Association, 1877, Obs. II. Ident. mit Charcot et Pitres, Revue mensuelle 1878. pag. 806, Obs. IV. Aufgen. als Fall 38.
Simon, Berliner Klin. Wochenschrift, 1871, Nr. 49 und 50, unbrb.
— Die Gehirnerweichung bei Irren, Hamburg 1871, unbrb.
— Virchow's Archiv, 1872, Band 56, pag. 273, 2 Fälle, unbrb.
— Deutsche Klinik, 1873, 17, 18, unbrb.
— Berliner Klin. Wochenschrift, 1873, Nr. 4, pag. 37, unbrb.
— ebenda, Nr. 5, pag. 52. Aufgen. als Fall 27.
Skae, Journ. of Ment. Sc., Juli 1874, pag. 255, unbrb.
Smith, Ophthalm. Hosp. Rep., VIII und IX. Nicht zu haben.
— Shingleton, Brit. med. Journ., 6. Juni 1874, pag. 736. Nicht zu haben.
Sprimont, citirt von Charcot et Pitres, Revue mensuelle, 1877, und von Maragliano, Riv. sperim., 1878, pag. 12, unbrb.
Stachler, Bull. de la soc. anatom. de Paris, 13. December 1878, pag. 530, unbrb.
Stackler, ebenda, 15. März 1878, pag. 173. Aufgen. als Fall 13.
Stark, Berliner Klin. Wochenschrift, 1874, pag. 400, unbrb.
Sydney, The Lancet, 1874, t. II, pag. 449, unbrb.
Talamon, Bull. de la soc. anatom. de Paris, 14. Juni 1878, pag. 344, unbrb.
Tamburini, Rivista clinic. di Bologna, August 1872, pag. 251, unbrb.
— ebenda, 1879. In meinem unvollständigen Exemplar nicht zu finden.
Tapret, Bull. de la soc. anatom. de Paris, 30. November 1877, pag. 573. Ident. mit Charcot et Pitres, Revue mensuelle, 1878, pag. 806, Obs. II, unbrb.
Thibault, Bull. de la soc. anatom. de Paris, 1844, pag. 93. Nicht zu haben.
Thoners, ebenda, November 1871, pag. 314, unbrb.
Tiling, Petersburger med. Zeitschr., IV. Heft, 3, 4, 1874. Nicht zu haben.
Tillaux, Paris méd., 1870, Nr. 50. Nicht zu haben
Treskow, Deutsche Zeitschrift f. Chirurgie, I, pag. 307; referirt im Centralbl. f. d. med. Wissensch., 1872, pag. 535, 3 Fälle, unbrb.
Treves, Lancet, 9. und 16. März 1878, I, pag. 344 und 378, unbrb.
Tripier, Soc. de Biologie, 24. Februar 1877. Ident. mit Gaz. méd., 1877 Nr. 11, pag. 131, unbrb.

Tuke und Fraser, Journ. of ment. science. April 1872, pag. 46 bis
56. Nicht zu haben.
Turck, Sitzungsber. d. Wiener Akad. d. Wissensch.. Band 36, unbrb.
Trousseau, Clinique de l'hôtel Dieu, 2. edit., t. II, deutsche Ueber-
setzung pag. 634, unbrb.
— Lec. clin., II., unbrb.
Troisier, Bull. de la soc. anatom. de Paris, Mai 1872, pag. 262.
Ident. mit Maragliano, Riv. sperim., 1878, pag. 14, unbrb.
— ebenda, Juni 1872, pag. 320, unbrb.
— Soc. de Biologie, 13. December 1873. Gaz. méd., 1874, Nr. 2,
pag. 25, unbrb.
Vauttier, Essai sur le ramolissement cérébr. lat. Thèse, Paris 1868,
pag. 44, Obs VI. (Recueillie par Bourneville, communiquée par
Charcot.) Aufgen. als Fall 73.
— ebenda, pag. 47, Obs. VIII. Aufgen. als Fall von Charcot et
Pitres, Revue mensuelle, 1877, Obs. III.
Vermeil, Bull. de la soc. anatom. de Paris, 22. März 1878, pag. 194.
Ident. mit Charcot et Pitres, Revue mensuelle, 1878, pag. 807,
Obs. VIII. Aufgen. als Fall 1.
— (cit. nach Bourdon). Mir bekannt aus Decaisne, Paralys. cortic. du
membre sup., Paris 1879, pag. 23. Obs. III. Aufgen. als Fall 94 u. 95.
Verneuil, Paris méd., 1877, Nr. 44. Nicht zu haben.
Vetter, Deutsch. Arch. f. klin. Medic., 1878, Band 22, pag. 421,
1. Fall, unbrb.
— ebenda, pag. 424, 2. Fall (beobachtet von Birch-Hirschfeld). Aufgen.
als Fall 61.
Villard, Bull. de la soc. anatom. de Paris, Februar 1870, pag. 186, unbrb.
Virchow (Perlgeschwülste), Virchow's Archiv, 1855. Band VIII. Alle
Fälle unbrb. mit Ausnahme des im Nachtrag gebrachten pag. 417.
Aufgen. als Fall 75.
Voisin, Album d'observations inédites, exposé en 1878 au pavillon de
l'Anthropologie. Mir bekannt aus Boyer, Lés. cortic., pag. 51,
Obs. 15. Aufgen. als Fall 97 und 98.
— ebenda, ebenso pag. 51, Obs. 16. Aufgen. als Fall 99.
Völkel, Berliner Klin. Wochenschrift, 1875, Nr. 45, pag. 611.
Wallebay, Des Paralysies partielles du membre sup. d'origine cortic.
Thèse. Paris 1878, unbrb.
Wannebroucq, Bull. méd. du Nord, März 1878, t. 17, pag. 108. Nicht
zu haben.
Weiss J., Wiener med. Wochenschrift, 1877, Nr. 18, 19, unbrb.
Weiss, Bull. de la soc. anatom. de Paris, 8. Februar 1878, pag. 74, unbrb.
Wernher, Deutsche Zeitschrift f. Chirurgie, X, pag. 453, unbrb.
— Virchow's Archiv, Band 56, pag. 289, unbrb.
Wernicke, Der aphatische Symptomencomplex, 1874, unbrb.
— Berliner physiol. Gesellsch., 5. April 1878. Archiv f. Anatom.
und Physiol., II, pag. 178, unbrb.
Yeo-Burney, Brain, vol. I, 1878, pag. 273, unbrb.

Erklärung der Tafeln.

Tafel I. Fünf Ansichten der linken Hemisphäre:
  A. Seitenansicht.
  B. Obenansicht.
  C. Mediale Seite.
  D. Untenansicht.
  E. Ansicht von hinten.

Es sind die wichtigsten *Sulci* und *Gyri* mit Namen versehen. Letztere sind durch rothe Linien, die ihren Verlauf mitmachen, markirt. Die *Lobuli* sind durch in sich selbst zurücklaufende solche Linien bezeichnet. Die Namen der Windungen sind roth, die der Furchen schwarz geschrieben.,

Ferner ist auf dieser Tafel meine Eintheilung der Rindenoberfläche in Quadrate zum Zwecke der procentischen Berechnung wiedergegeben. Da, wo sich wegen der perspectivischen Ansicht die Quadrate zu sehr gehäuft hätten und dadurch undeutlich geworden wären, habe ich die Fläche punktirt. Es ist dies der Fall an einer Stelle von *A*, und einer von *E*. Die hier weggelassenen Quadrate sind in anderen Ansichten deutlich.

In Tafel II bis XV sind alle Läsionen meiner Sammlung von Krankenfällen wiedergegeben. Die Zeichnung derselben geschah, indem die zerstörte Rindenpartie durch parallele Linien schraffirt wurde. Dadurch, dass die Richtung der Linien variirt werden konnte, war es möglich, mehrere Fälle an einer Stelle aufzutragen. Eine Linie jedes solchen schraffirten Feldes wurde durch Punktreihen verlängert und an das Ende derselben die Nummer des Krankenfalles meiner Sammlung, dessen Läsion dargestellt werden soll, geschrieben. Manche Fälle zeigen in einer Zeichnung zwei Nummern. Es sind das die, welche zwei Läsionen an verschiedenen Stellen haben. Um in dieser Beziehung Missverständnisse zu vermeiden, ist bei jedem derartigen Fall in der Sammlung angegeben: (2 Mal). Die zu Grunde gelegten Zeichnungen der Rindenoberfläche sind die Ecker's. [1]

Ausser dem Zwecke der Wiedergabe der einzelnen Läsionen dienen diese Tafeln noch zur Eruirung der Rindenfelder, und zwar:

Tafel II und III enthalten alle latenten Läsionen aufgetragen; die erstere die der rechten, letztere die der linken Hemisphäre.

Die mit rother Schraffirung bedeckten Stellen zeigen demnach alle jene Antheile der Rinde, welche verletzt sein können, ohne eine Störung der Motilität oder Sensibilität zu erzeugen. Die weiss gebliebenen Stellen an diesen Tafeln markiren andererseits jene Rindenantheile,

---

[1] Die Hirnwindungen des Menschen. Braunschweig, Vieweg und Sohn, 1869.

welche exquisit motorisch, bezüglich sensibel sind. Es ist jedoch zu bemerken, dass einige Stellen der Rinde, speciell an der medialen und der unteren Hirnfläche, in keinem meiner Fälle Sitz einer Läsion sind. Es sind das die Stellen, welche in den Tafeln XVI bis XXIV Nummern tragen.

Auf Tafel III ist ein Fall, der dahin gehört, nicht gezeichnet, weil sonst das Liniengewirre zu gross geworden wäre. Es ist dies der Fall 155. Er ist auf Tafel XV *D* gezeichnet.

Es liegt in der Methode der negativen Fälle, dass die Läsion eines Falles gelegentlich auf mehreren Ansichten wiederkehrt.

Tafel IV und V stellt das absolute Rindenfeld der oberen Extremität nach der Methode der negativen Fälle dar. Es sind alle Läsionen, bei welchen keine Motilitätsstörungen des Armes und der Hand vorhanden waren, aufgetragen. Um nicht bei jeder derartigen Tafel, die nach der Methode der negativen Fälle construirt ist, wieder alle latenten Läsionen zeichnen zu müssen, verfuhr ich so, dass ich die Region der latenten Läsionen, wie sie Tafel II und III ergaben, durch kleine Nullen markirte. Nur da, wo in einer solchen Tafel schon anderweitige Läsionen sassen, sparte ich die Nullen. Auf diese Weise tritt wieder das absolute Rindenfeld der oberen Extremität weiss aus der schraffirten Umgebung hervor.

Tafel VI und VII stellen ebenso nach der Methode der negativen Fälle das absolute Rindenfeld der unteren Extremitäten dar, und zwar Tafel VI für die rechte, Tafel VII für die linke Hemisphäre. Bei letzterer sind wegen Mangel an Raum folgende Fälle, obwohl sie hieher gehören, nicht gezeichnet: 15, 141, 145, 147, 151, 165, 166. Sie würden natürlich das Resultat in Bezug auf die Form des Rindenfeldes nicht ändern.

Tafel VIII, IX und X enthalten alle Läsionen, bei welchen keine Motilitätsstörung des *N. facialis* vorhanden war. An der rechten Hemisphäre (Tafel VIII) fehlt ein absolutes Rindenfeld, doch ist der mittlere Theil des *Gyrus centralis anterior* nur mit einer Läsion bedeckt. Für die linke Hemisphäre waren die Läsionen so zahlreich, dass sie auf zwei Tafeln (IX und X) vertheilt werden mussten. Denkt man sich die sämmtlichen Läsionen dieser beiden Tafeln auf eine aufgetragen, so sieht man, dass ein Theil des *Gyrus centralis anterior* frei bleibt, also absolutes Rindenfeld des *N. facialis* ist. Nicht gezeichnet ist der Fall 15. Er würde auf das Resultat keinen Einfluss nehmen.

Tafel XI zeigt für beide Hemisphären sämmtliche Läsionen, welche von Störung der Motilität der Zunge begleitet waren. Gibt also das Rindenfeld nach der Methode der positiven Fälle. *A* die rechte, *B* die linke Hemisphäre.

Tafel XII und XIII zeigt in derselben Weise alle Läsionen, welche von centralen Sehstörungen begleitet waren. Erstere Tafel stellt die rechte, letztere die linke Hemisphäre dar.

Tafel XIV und XV tragen alle jene Läsionen meiner Sammlung, die in keiner der früheren Tafeln gezeichnet wurden, nach. Auf XV *B* findet sich der Fall 15, in dem drei kleine Verletzungen der Rinde vorhanden waren, so klein, dass ich sie mit meiner Schraffirmethode nicht wiedergeben konnte. Ich habe sie deshalb voll gezeichnet und zu einem dieser Flecke die Nummer geschrieben.

Tafel XVI bis XXIV stellen die Rindenfelder nach der Methode der procentischen Berechnung wiedergegeben dar. Auf Abbildungen, wie diejenige ist, welche der Tafel I zu Grunde lag, ist in jedem Quadrat ein Helligkeitston aufgetragen, welcher der Procentzahl, die die Berechnung des Rindenfeldes für dieses Quadrat ergeben hat, entspricht. Es sind zwölf Helligkeitstöne verwendet; sie finden sich in der jeder Tafel beigedruckten Scala. An dieser Scala sind Zahlen angebracht, welche die Procente angeben, denen jeder Ton entspricht. Bei Vergleichung der Tafeln dieser Serie erkennt man die ungleiche Intensität der verschiedenen Rindenfelder.

Einige Quadrate zeigen Nummern. Es sind das jene wenigen, welche in keinem meiner Krankenfälle Sitz einer Läsion sind. Andere sind punktirt. Es sind die, welche wegen zu starker perspectivischer Verkürzung nicht mehr gut dargestellt werden konnten.

Tafel XVI. Das Rindenfeld der oberen Extremität. Rechte Hemisphäre.

Tafel XVII. Dasselbe. Linke Hemisphäre. Es ist im Text darauf hingewiesen worden, dass und warum die dunkle Färbung im *Cuneus* und *Lobulus extremus* hier ohne Bedeutung ist.

Tafel XVIII. Das Rindenfeld der unteren Extremität. Rechte Hemisphäre. Es ist diese Tafel bei der Reproduction zu dunkel ausgefallen. Sie sollte den Charakter der Tafel XIX haben, d. h. die mittleren und unteren Theile der Centralwindungen sind weit entfernt absolutes Rindenfeld zu sein, was sie auf dieser Tafel fast zu sein scheinen. Auch die anderen Partien sind zu dunkel.

Tafel XIX. Dasselbe. Linke Hemisphäre.

Tafel XX. Das Rindenfeld des *Facialis*. Rechte Hemisphäre.

Tafel XXI. Dasselbe. Linke Hemisphäre.

Tafel XXII. Das Rindenfeld der Sprache. Linke Hemisphäre.

Tafel XXIII. Das Rindenfeld des Gesichtssinnes. Rechte Hemisphäre. Die mittlere Figur zeigt die Hemisphäre von hinten gesehen.

Tafel XXIV. Dasselbe. Linke Hemisphäre.

Tafel XXV. Auf dieser Tafel ist ein Theil der Localisationen, die die Untersuchung für die linke Hemisphäre ergab, so anschaulich es sich machen lässt, zusammengestellt.[1] Es sind grosse und kleine farbige Kreise aufgetragen. Die Stellen, welche mit zerstreuten grossen Kreisen besetzt sind, bedeuten absolute Rindenfelder, die kleinen Kreise besetzen die relativen Rindenfelder. Die Intensität der letzteren ist durch die Dichte, in der die Kreise stehen, angedeutet. Und zwar bedeutet:

Roth		das Rindenfeld der oberen Extremität,
Braun	„	„ „ unteren „
Gelb	„	„ „ Muskeln des *Nervus facialis*,
Schwarz	„	„ „ Zungenmuskeln,
Grün	„	„ „ Sprache mit Einschluss des Wortverständnisses,
Blau	„	„ des Gesichtssinnes.

---

[1] Hirnabgüsse, welche nach Art dieser Tafel bemalt sind, fertigt der Diener Georg Matauschek am Wiener physiologischen Institute an.

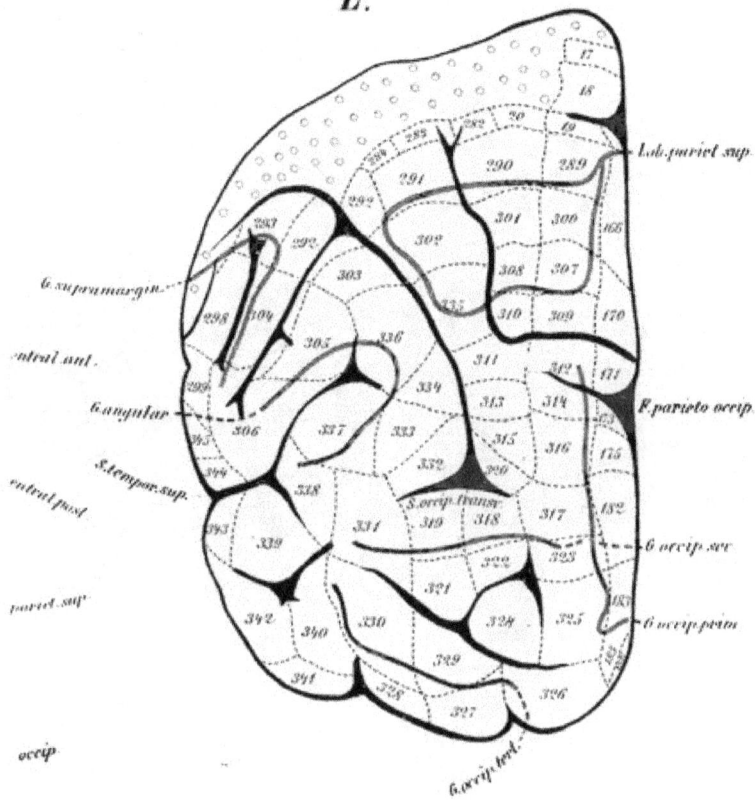

E.

G. supramargin.

entral ant.

G. angular

S. tempor. sup.

entral post

pariet. sup

occip

Lds. pariet. sup.

F. parieto occip.

G. occip. sec.

G. occip. prim

G. occip. tert.

Die linke Hemisphäre mit ihrer Eintheilung in Felder

Taf. I

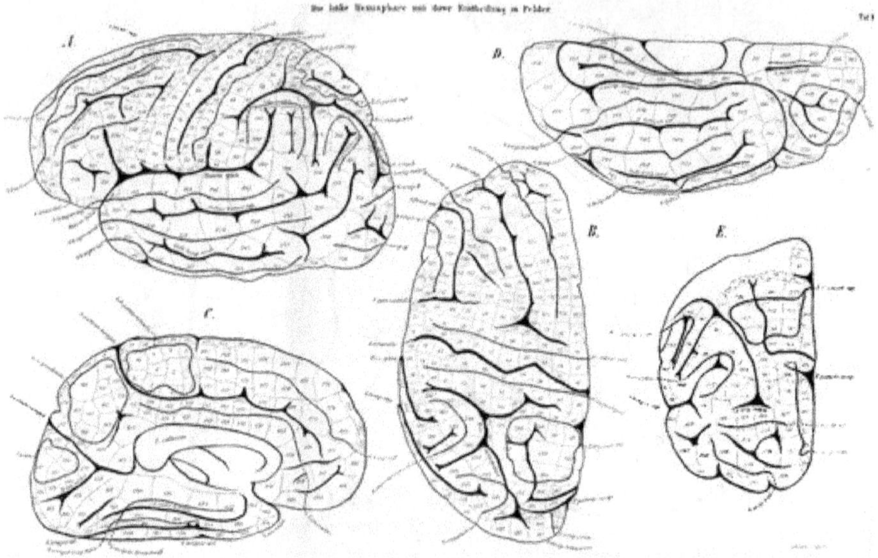

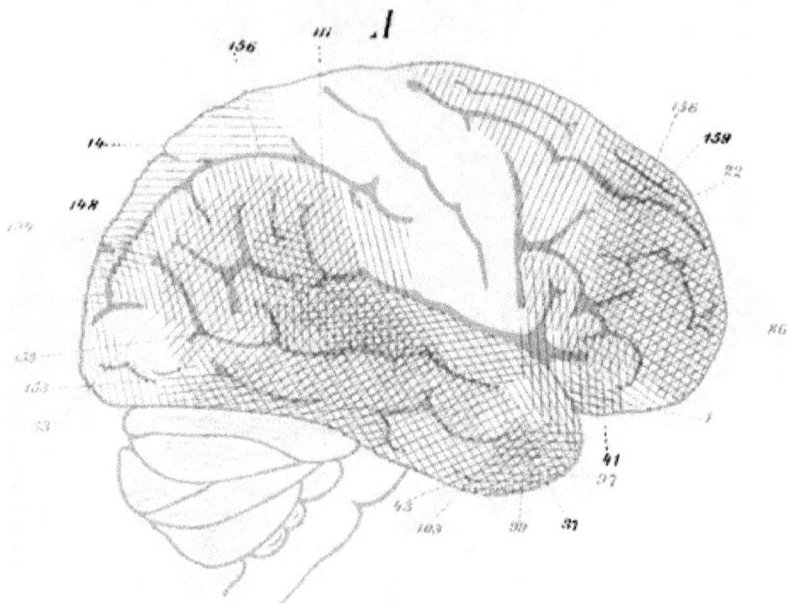

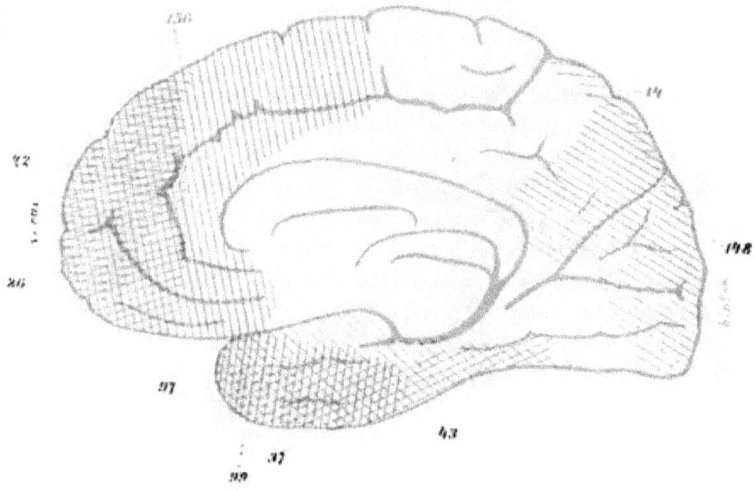

B

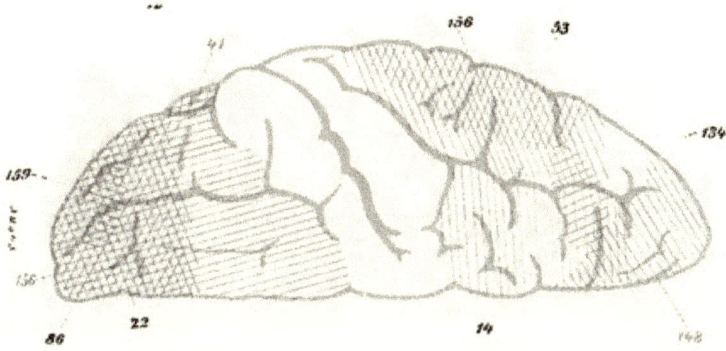

D

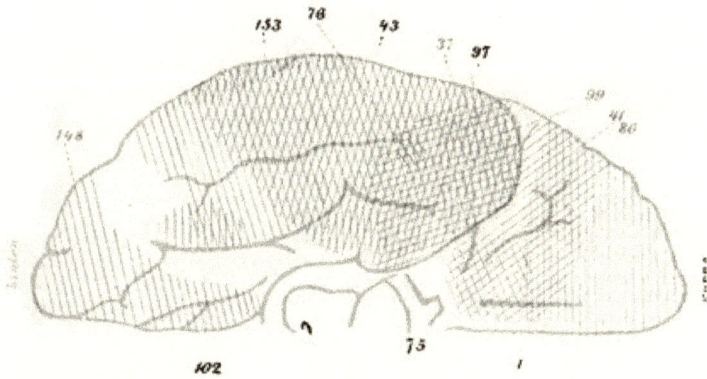

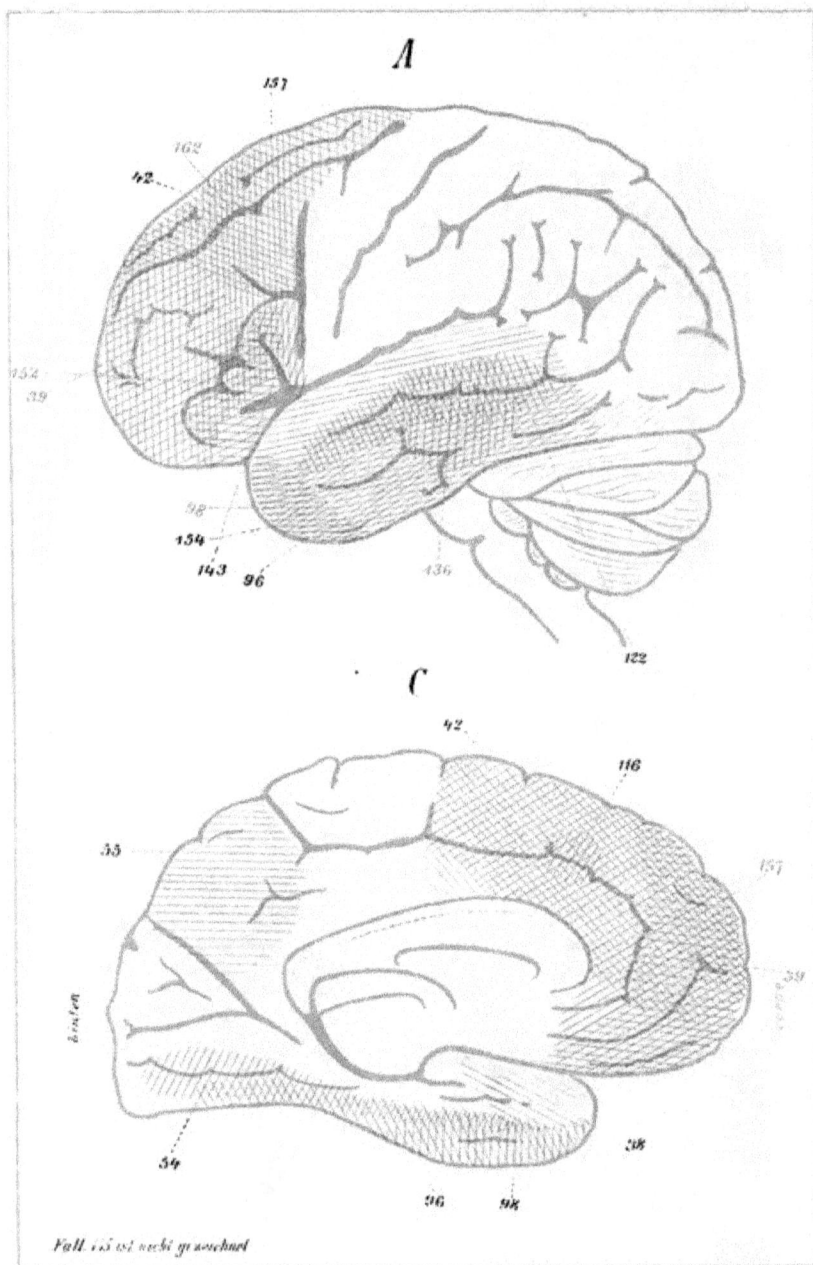

A

C

Fall ... ist nicht gezeichnet.

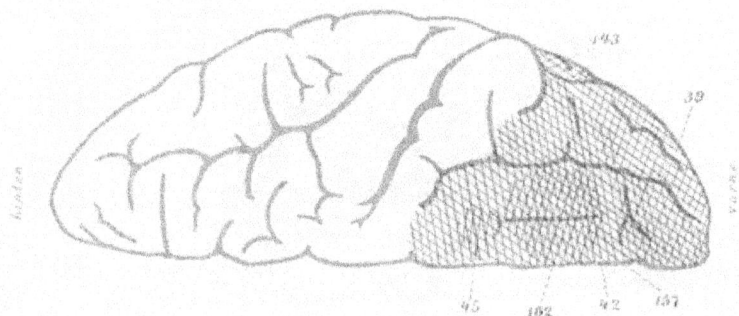

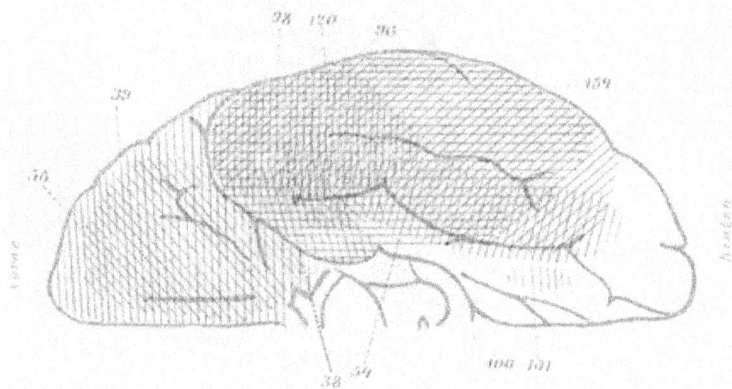

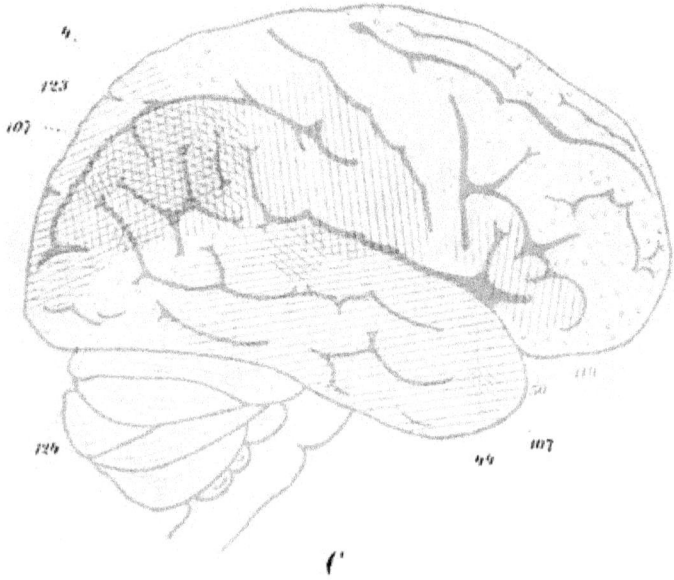

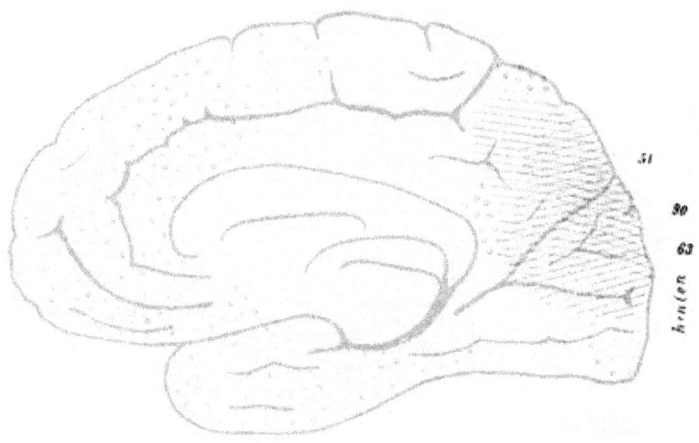

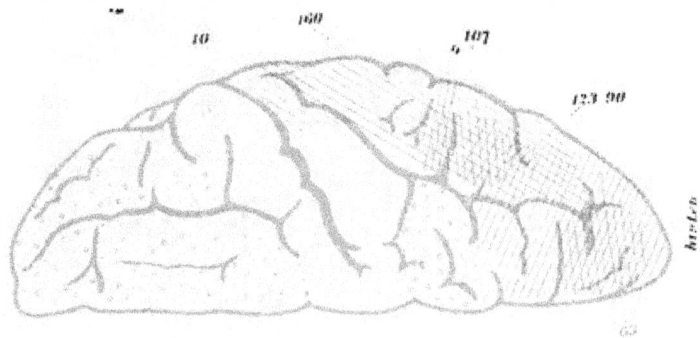

I)

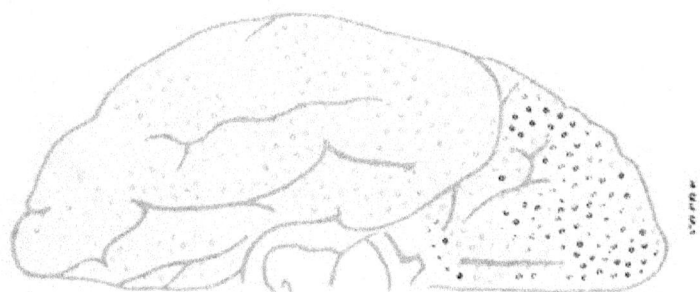

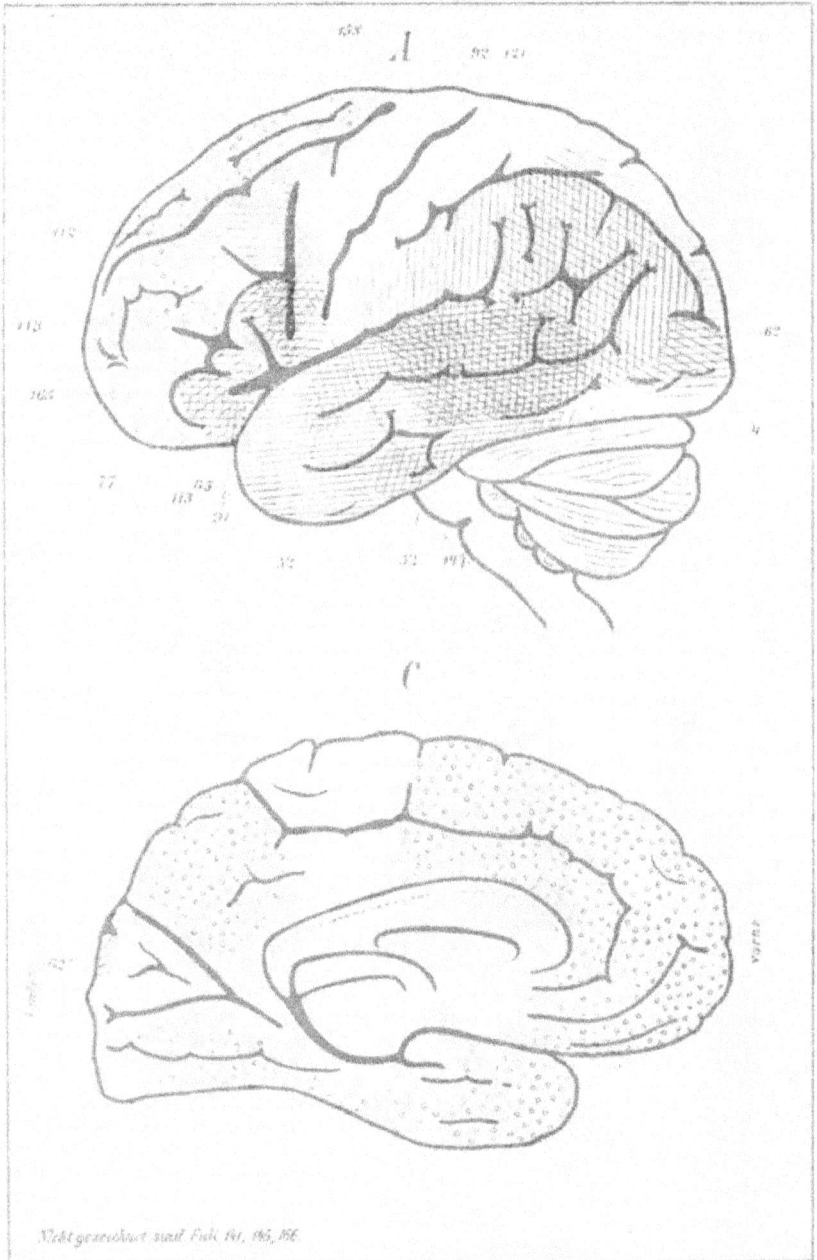

Nicht gezeichnet nach Fall 94, 95, 96.

B

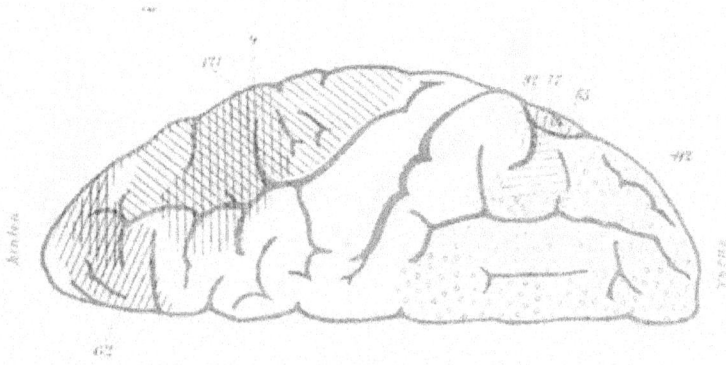

D

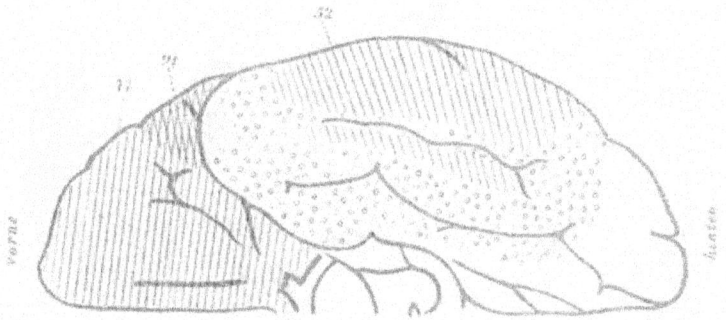

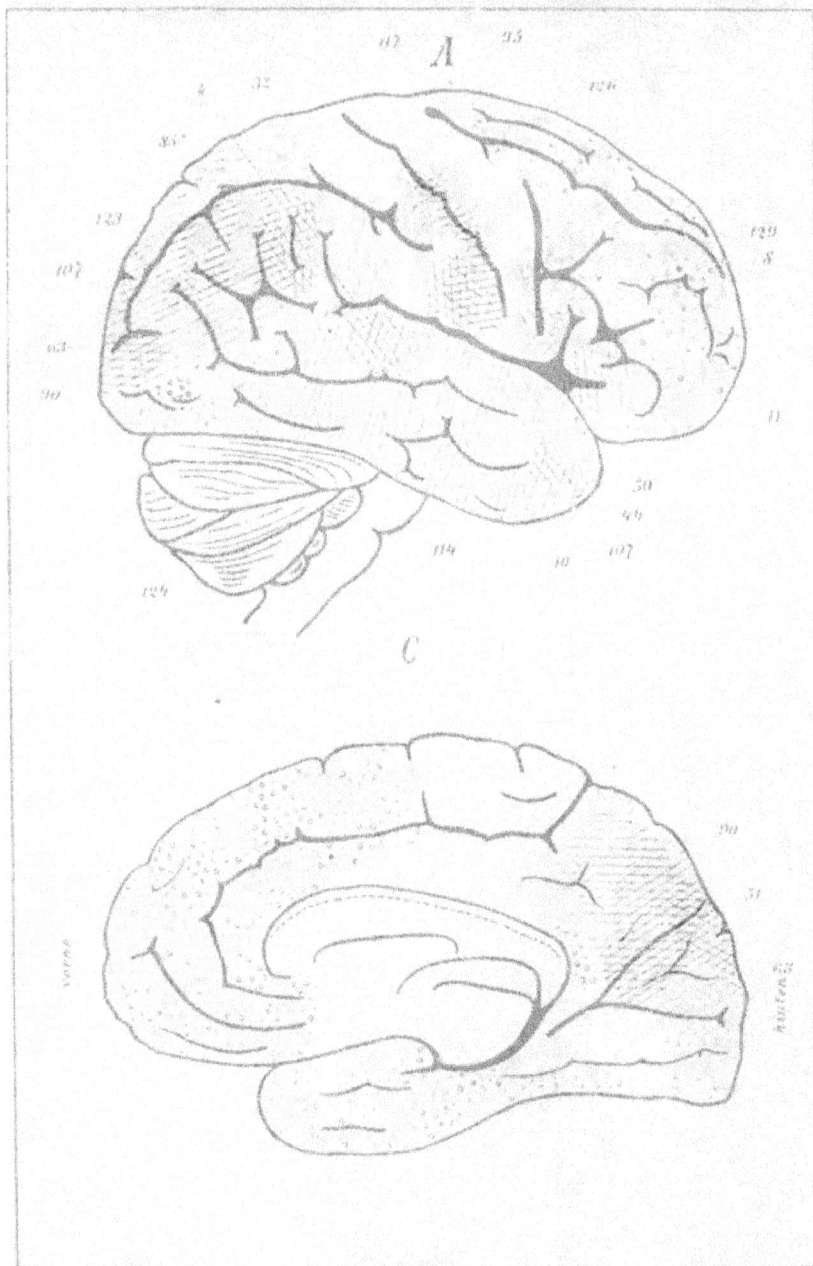

B

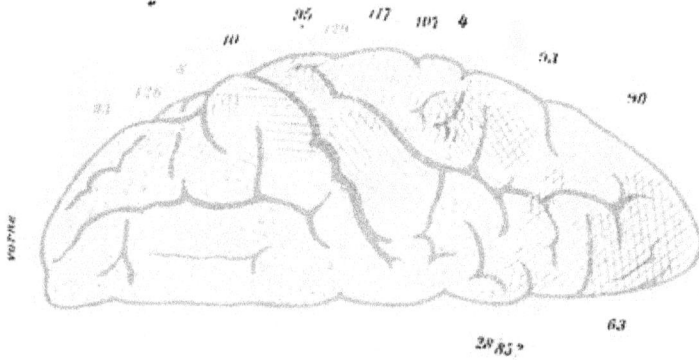

D

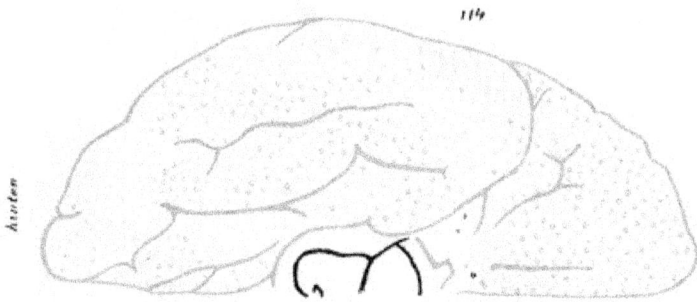

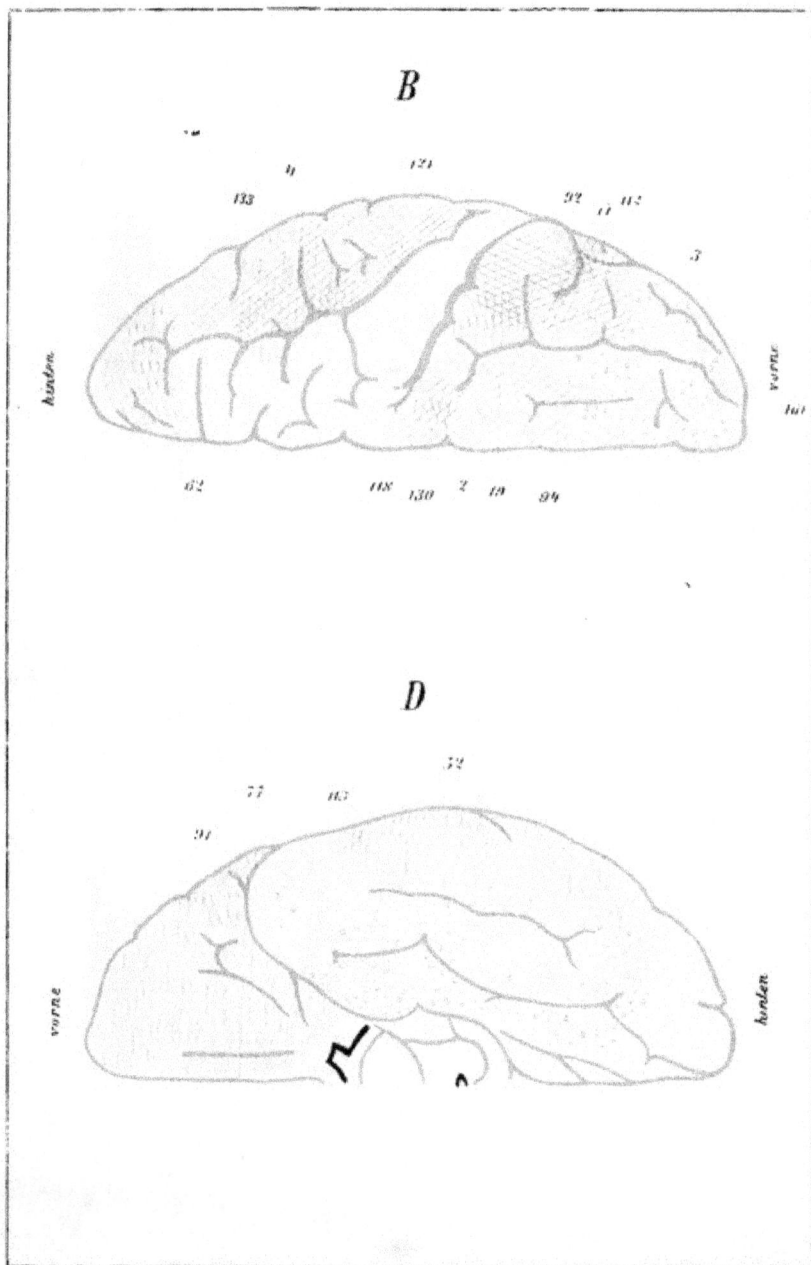

B

D

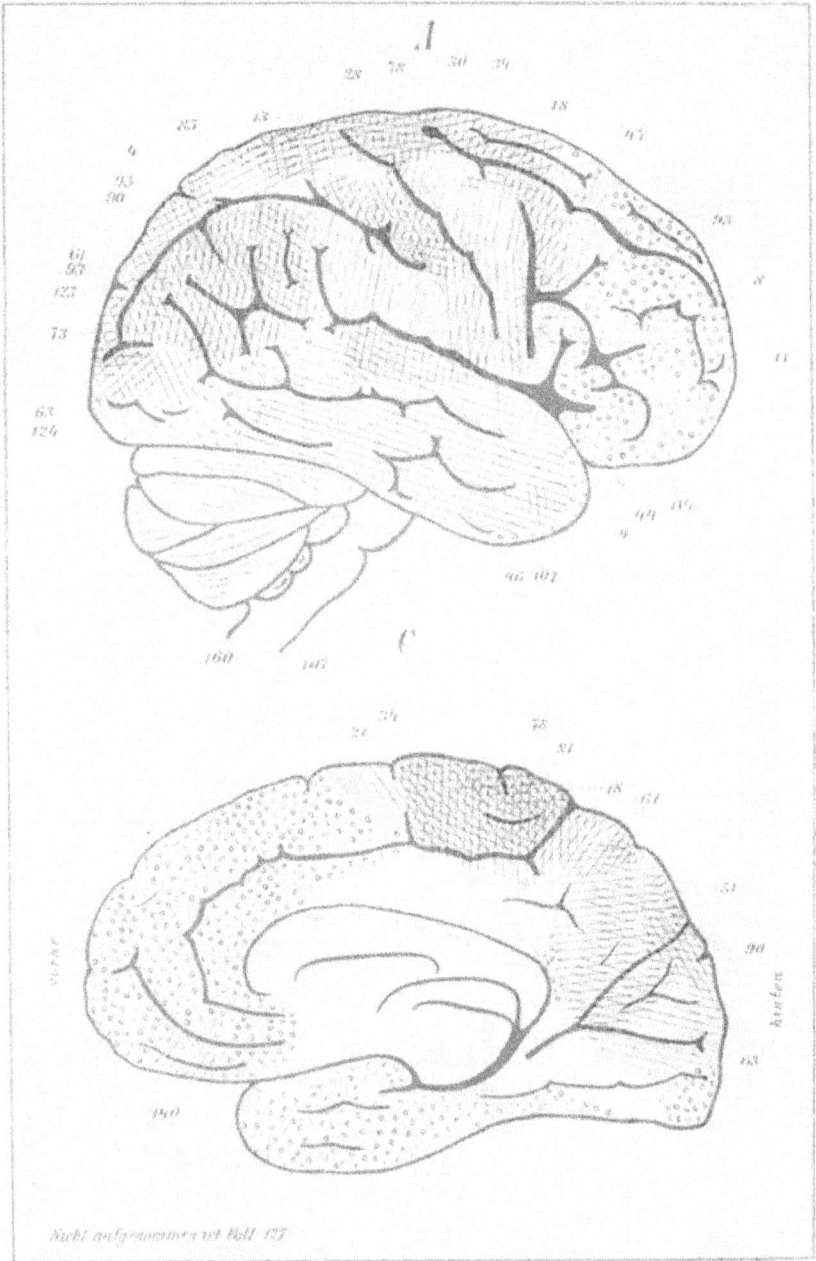

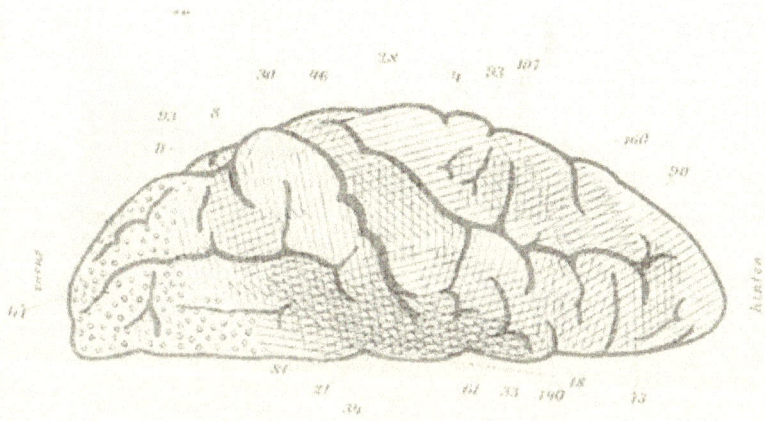

B

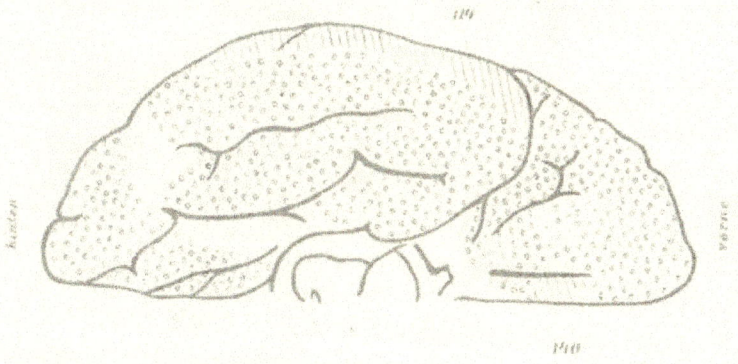

D

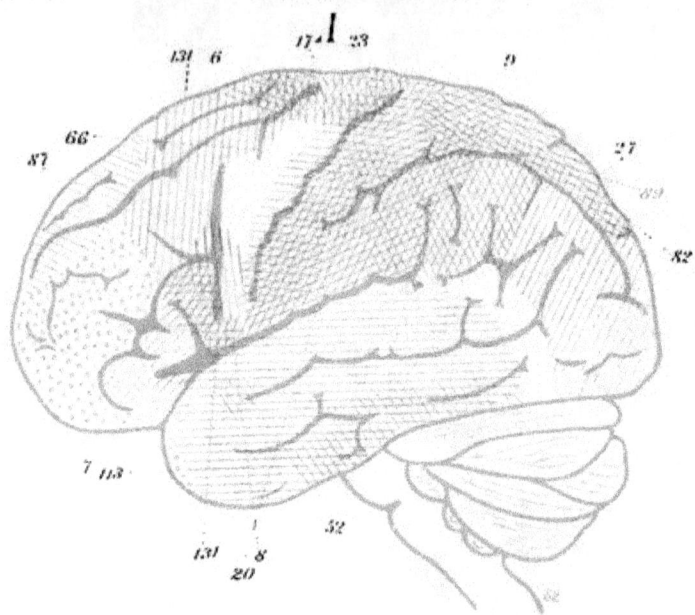

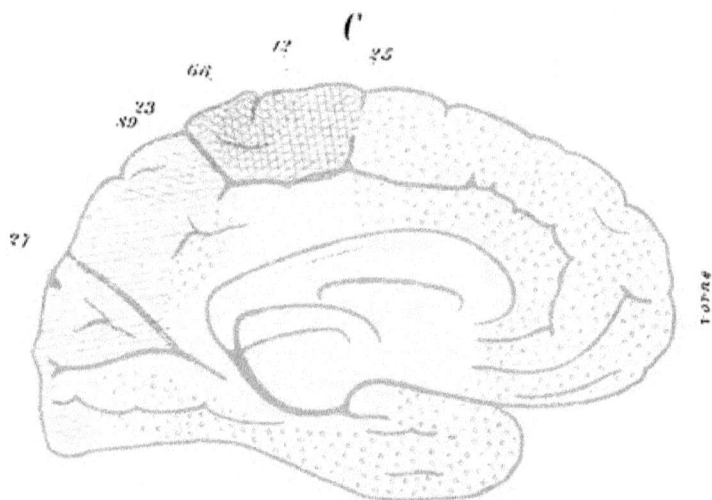

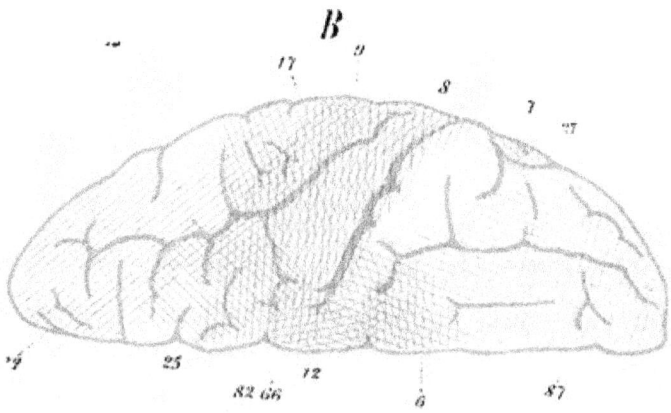

B

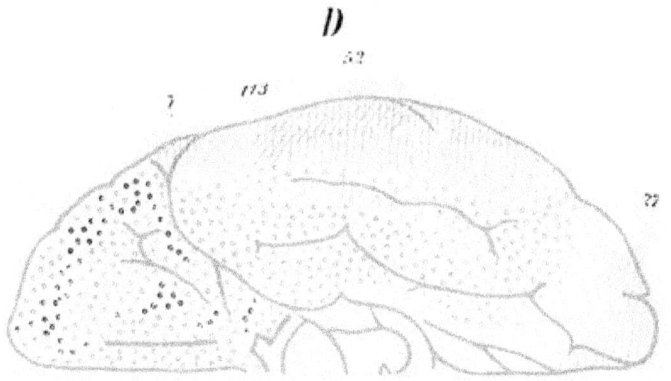

D

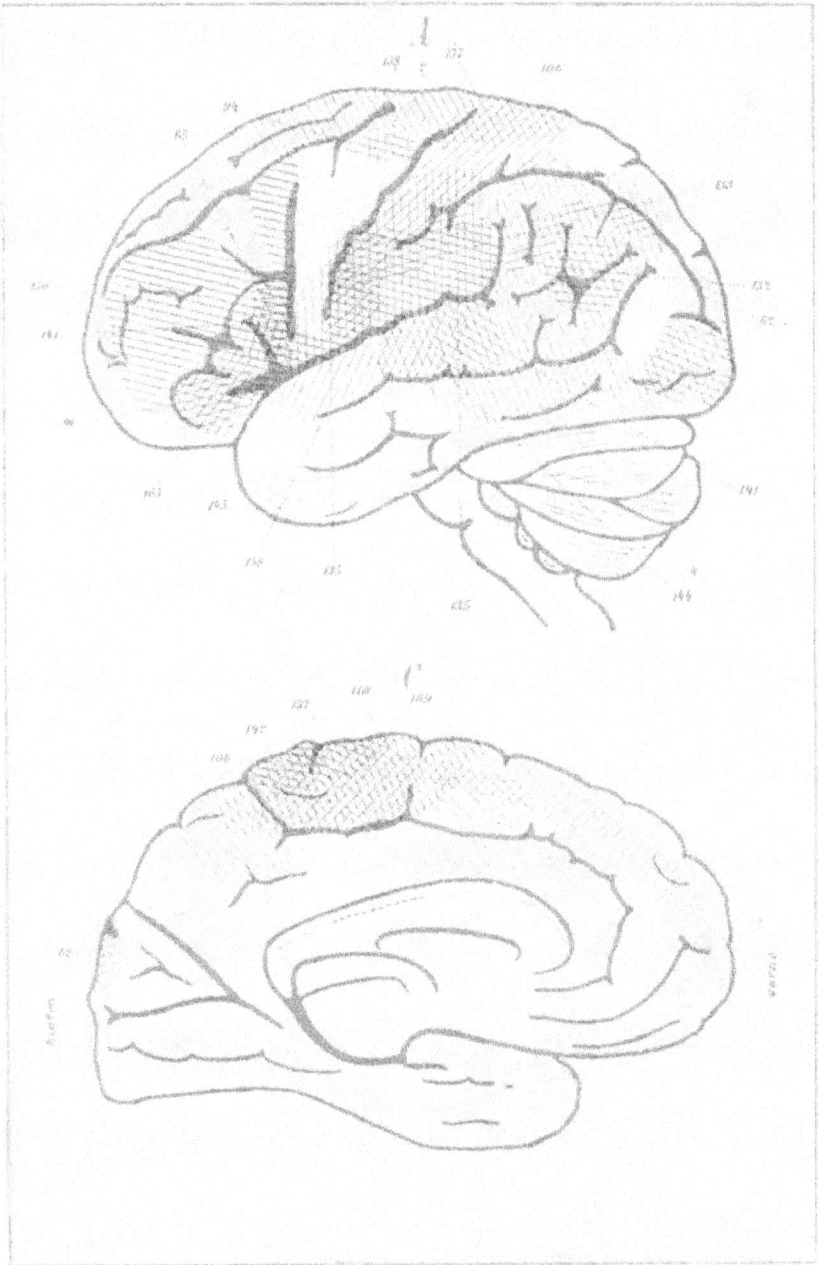

B

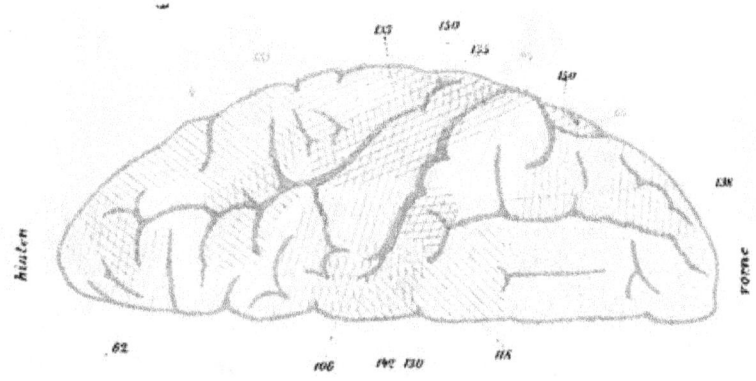

hinten

vorne

82   106   140 130   HK   135

D

vorne

hinten

Störungen der Functionen des N. hypoglossus.
(A Rechte Hemisphäre, B Linke Hemisphäre.)

Taf XI

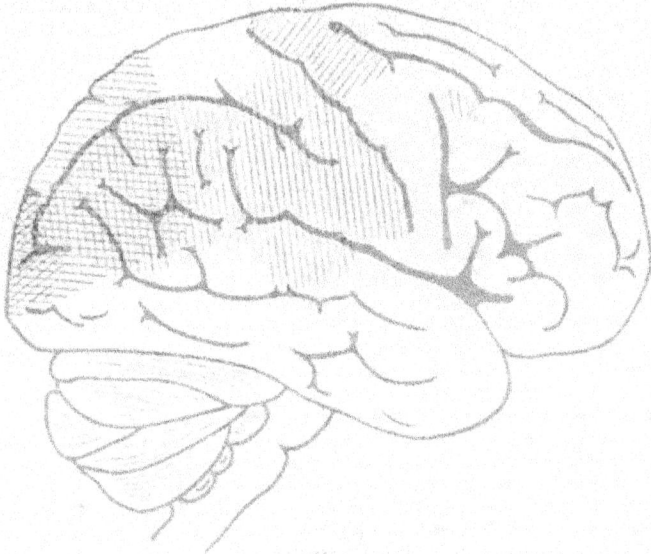

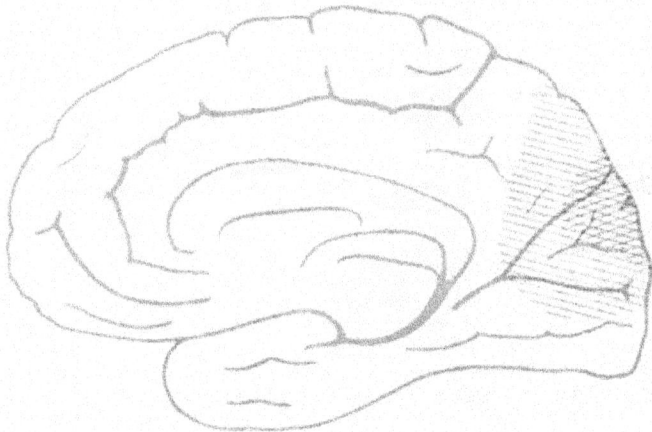

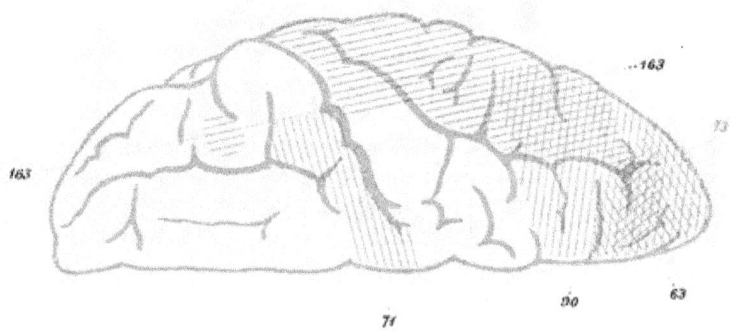

163

71

50

63

/)

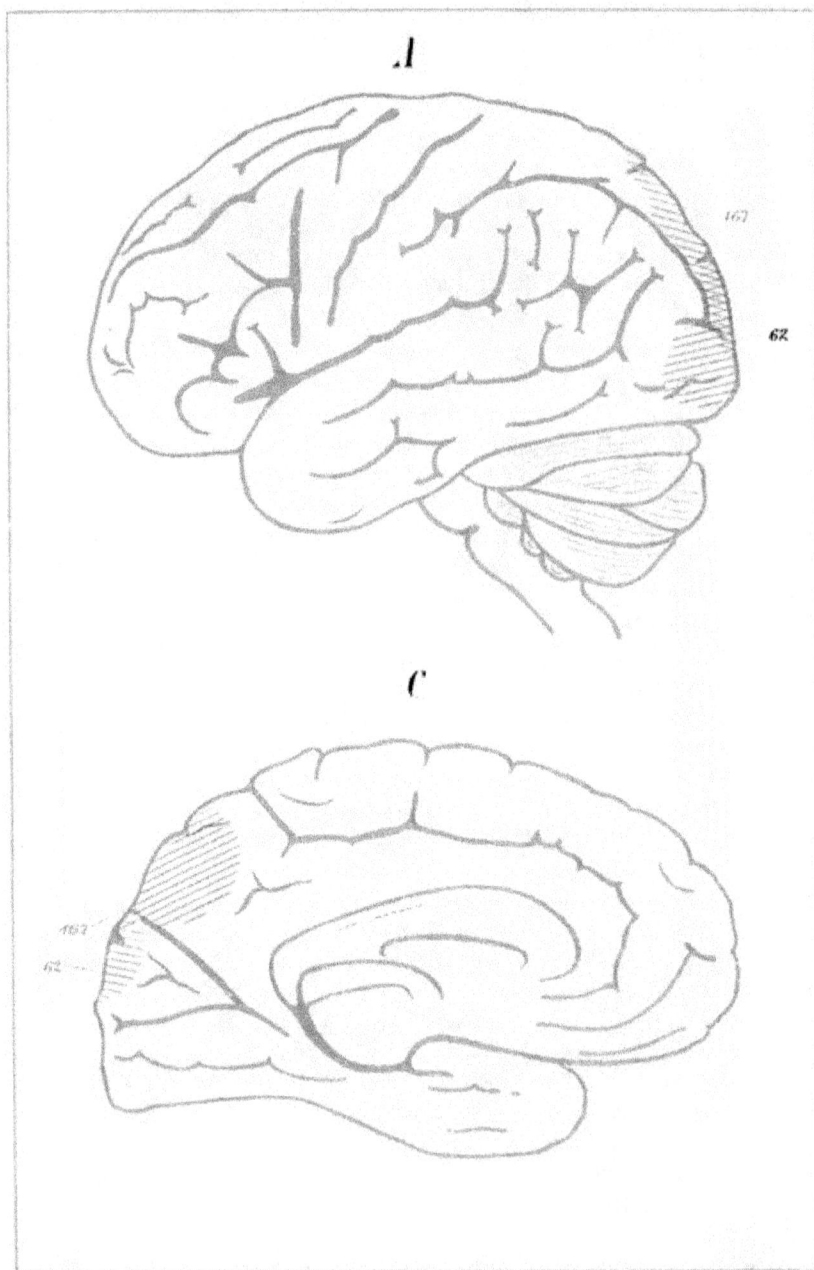

A

C

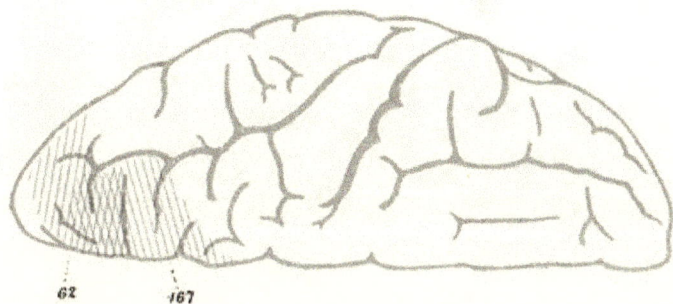

B

62   467

D

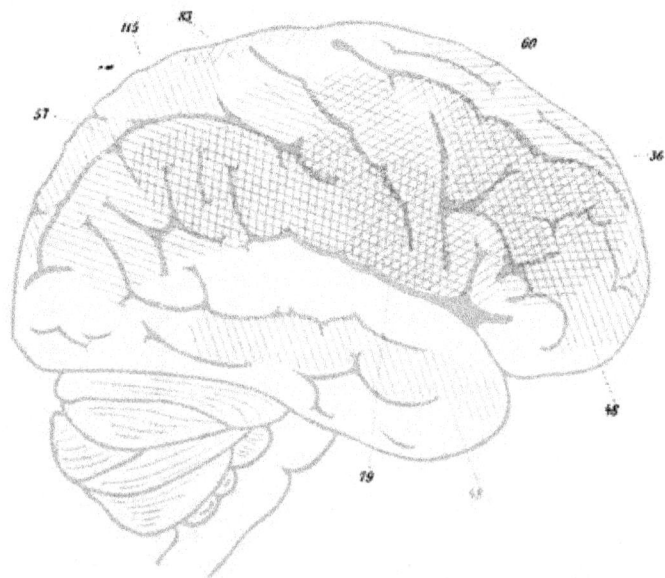

B

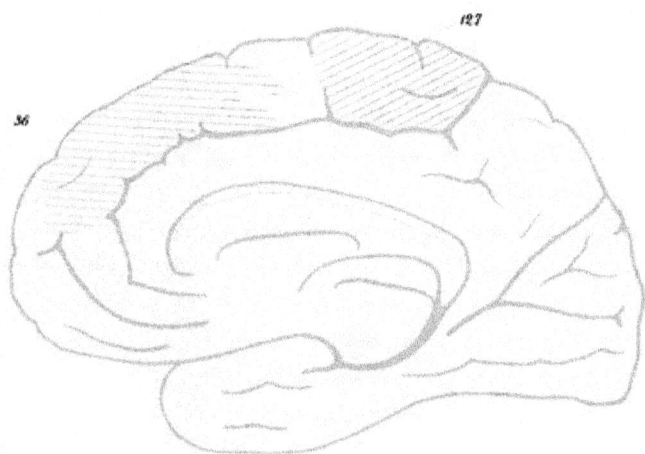

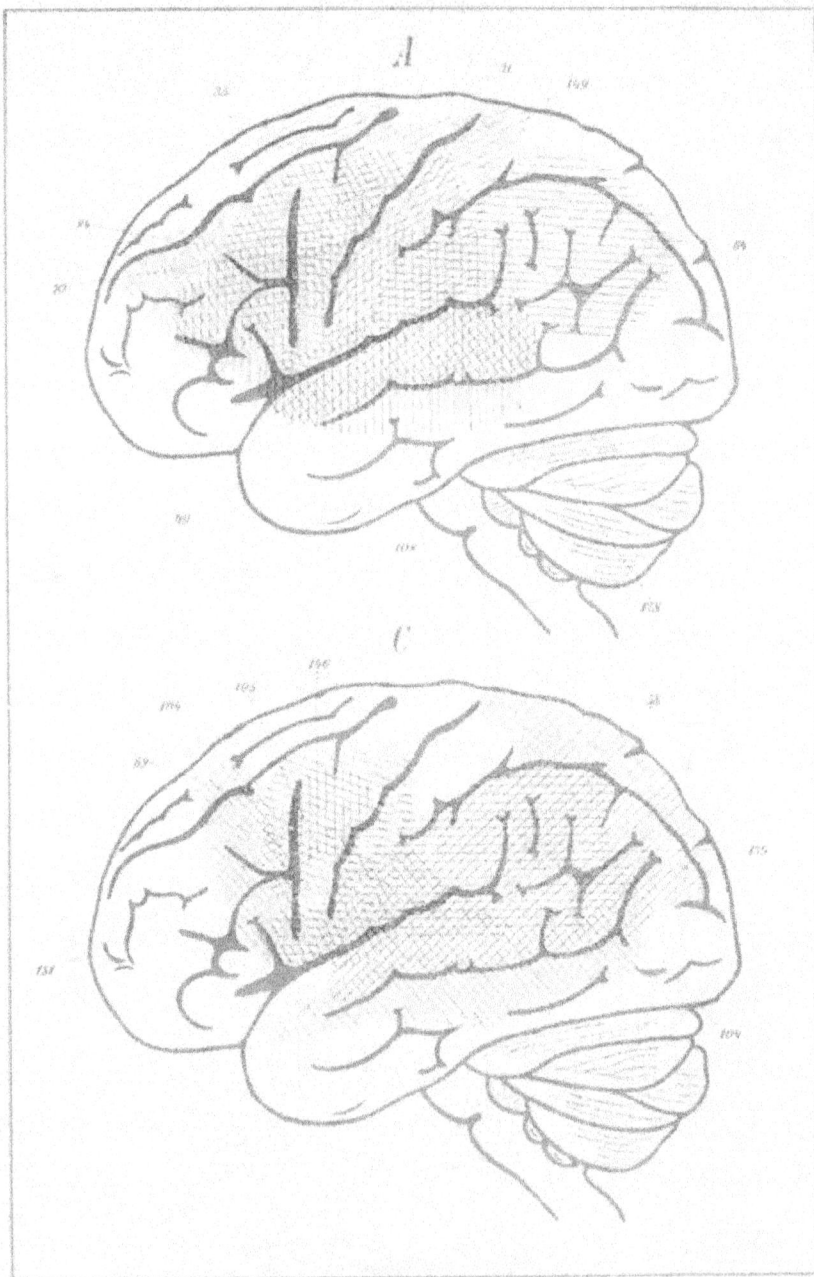

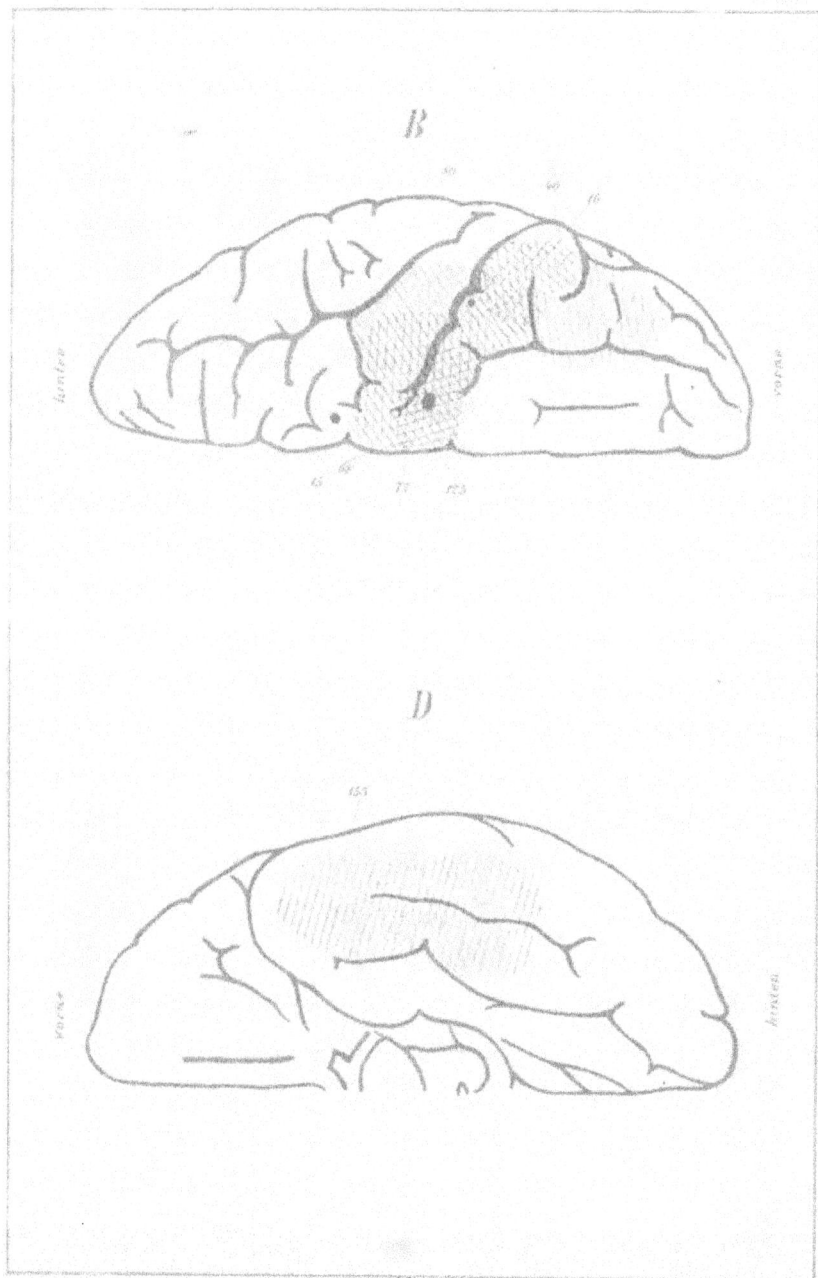

B

D

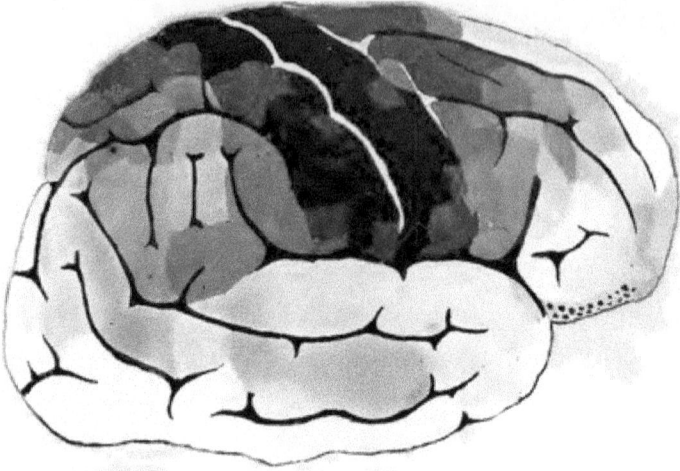

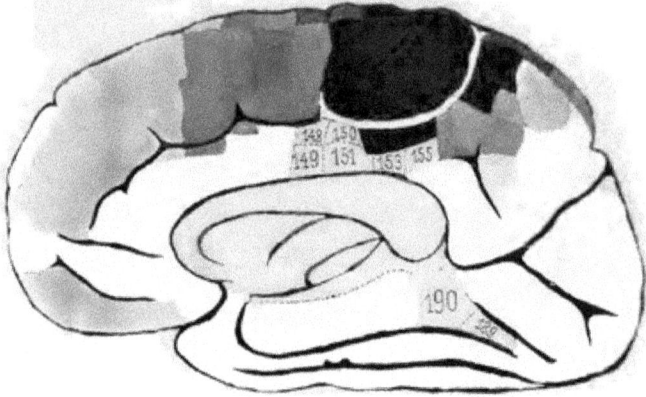

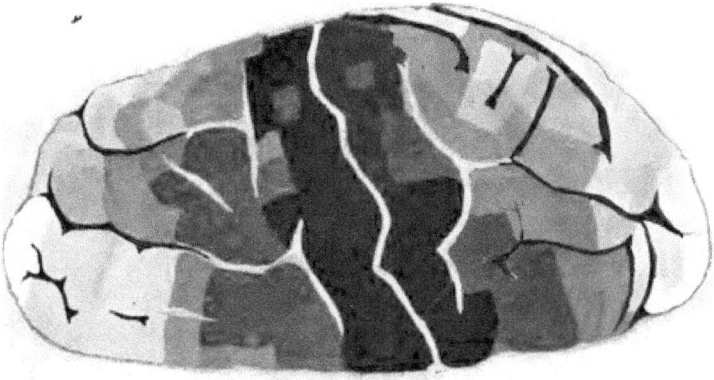

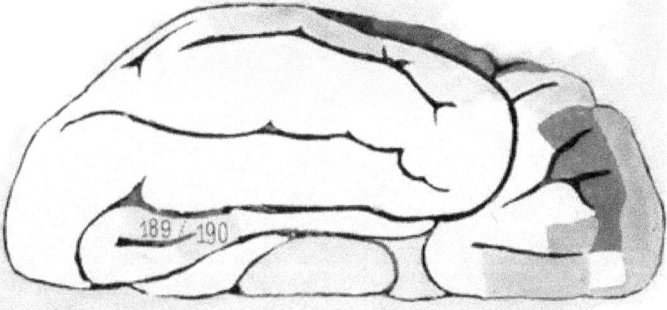

189 / 190

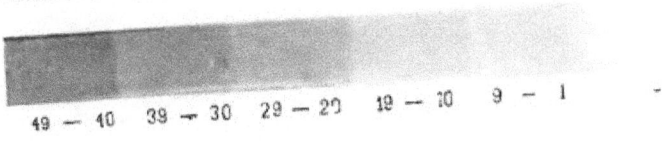

49 — 40   39 — 30   29 — 20   19 — 10   9 — 1

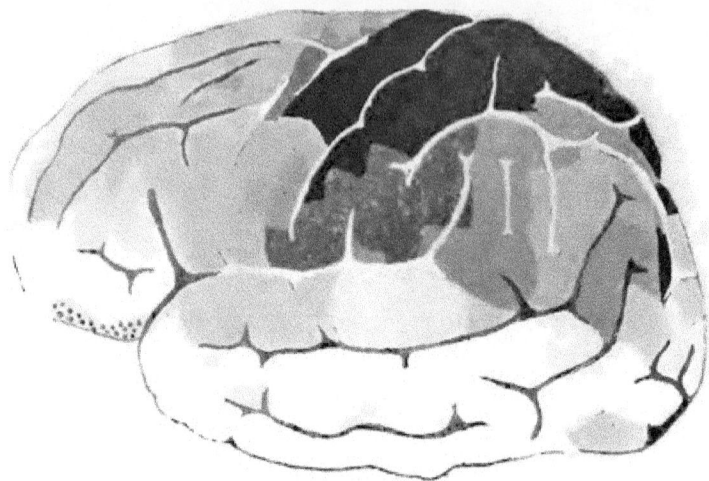

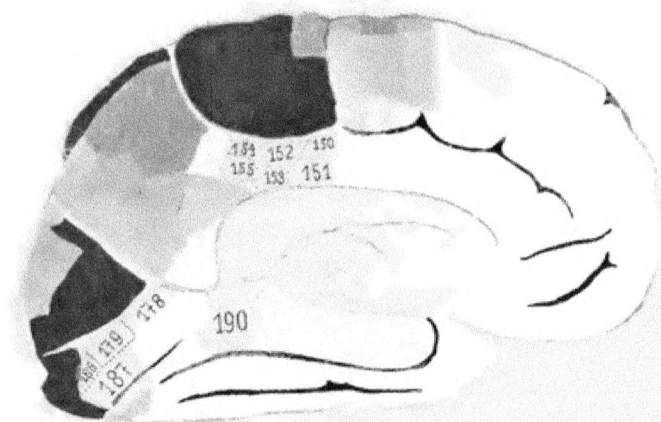

184 152 150
155 153 151

186 179 178
181 190

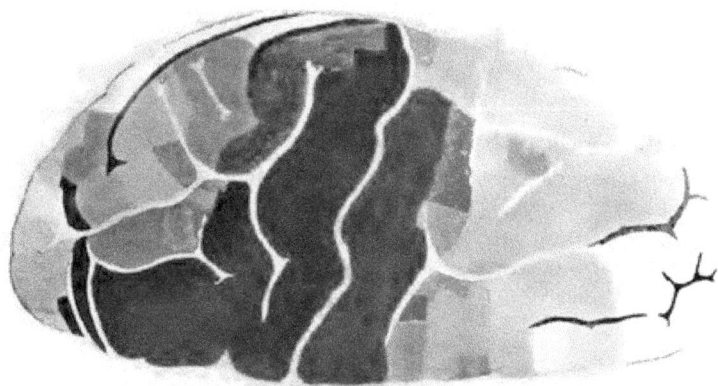

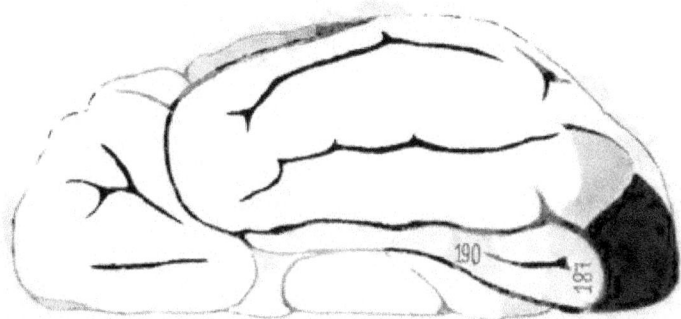

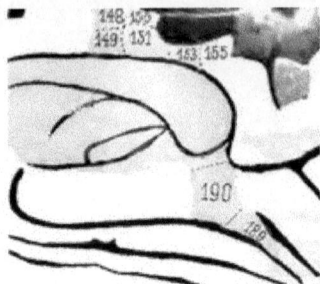

189 / 190

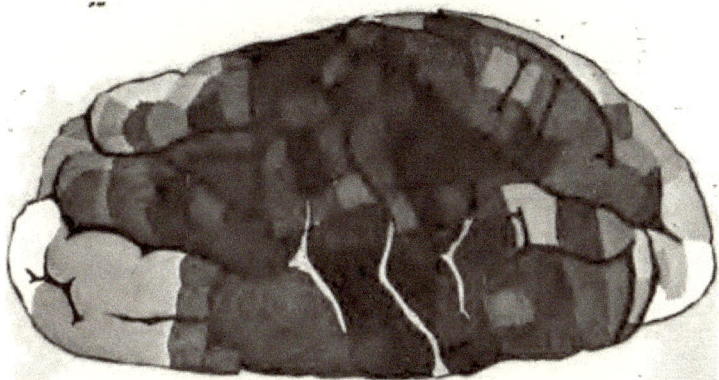

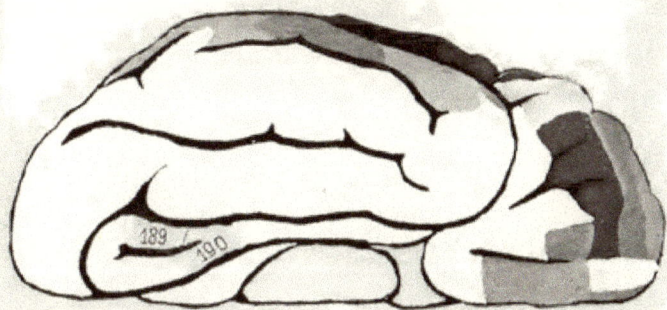

49 — 40   39 — 30   29 — 20   19 — 10   9 — 1   0

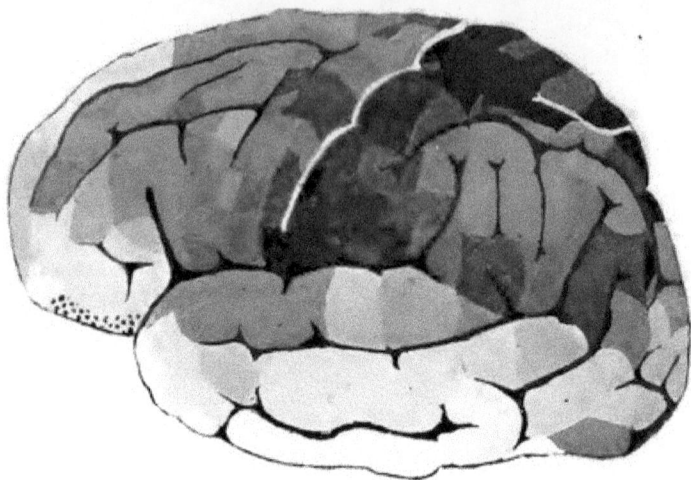

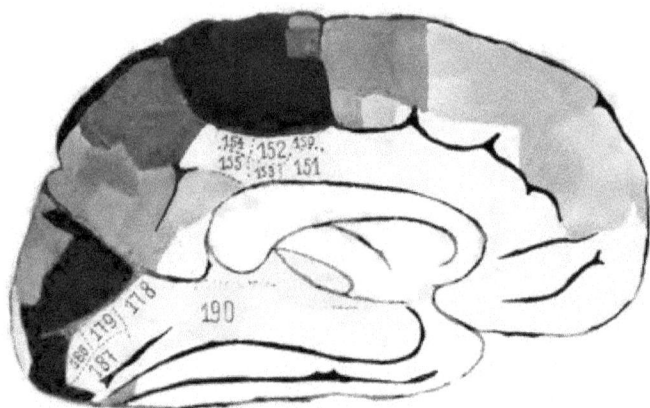

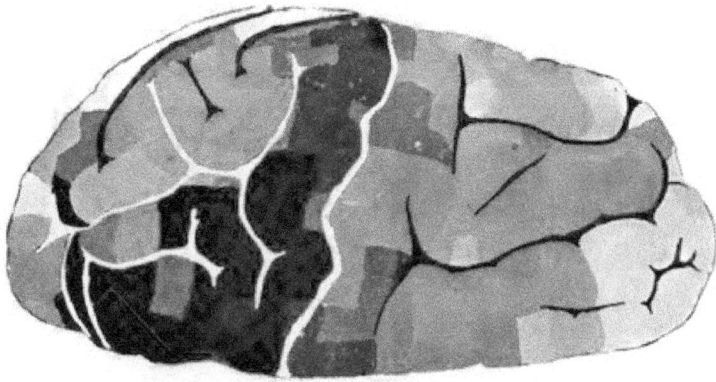

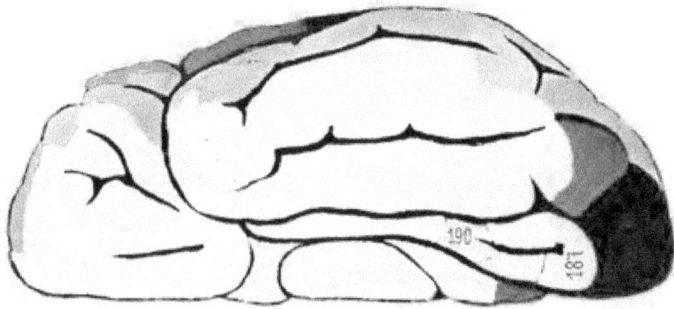

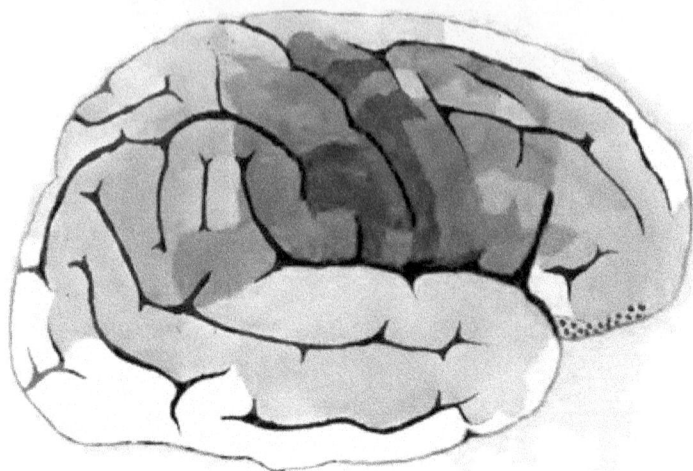

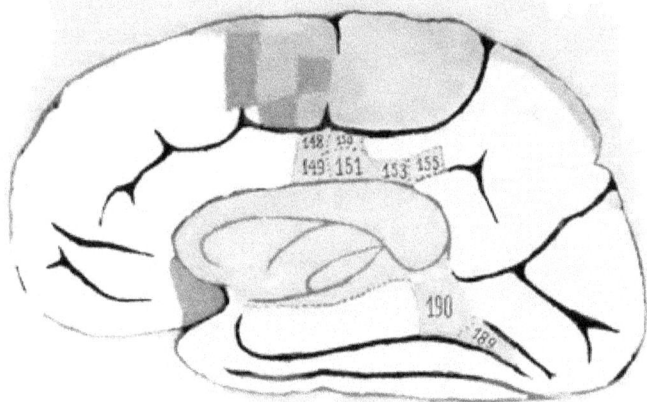

189   190

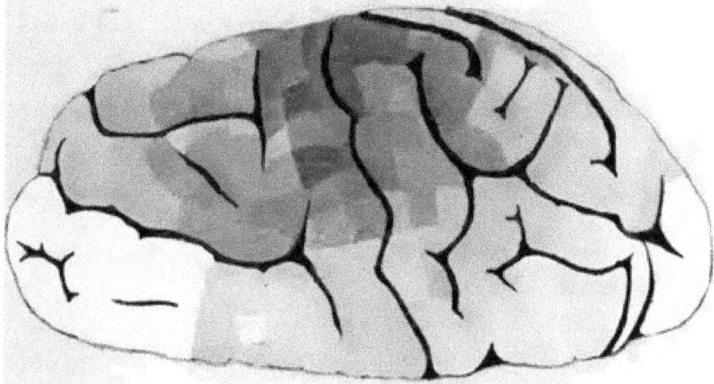

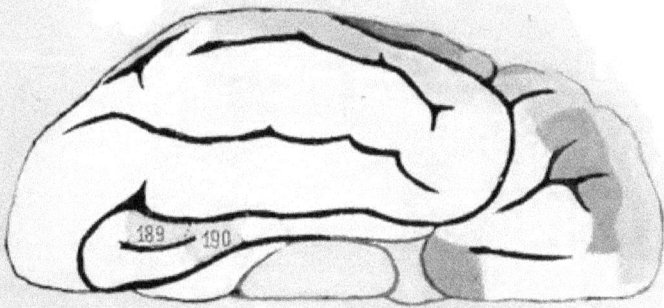

48 — 40   39 — 30   29 — 20   19 — 10   9 — 1   0

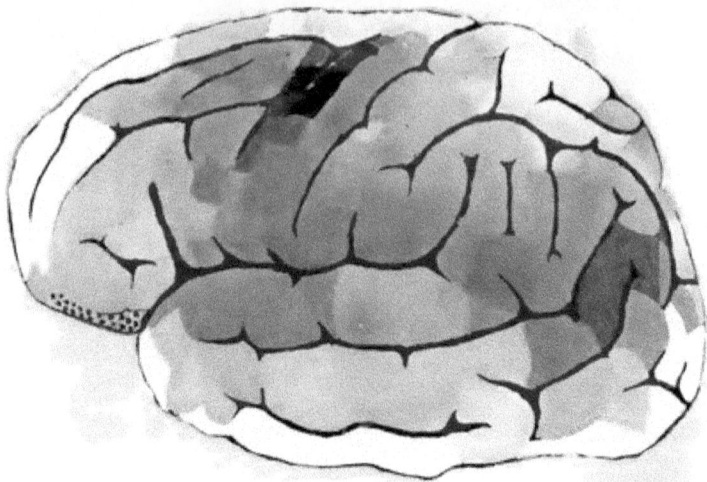

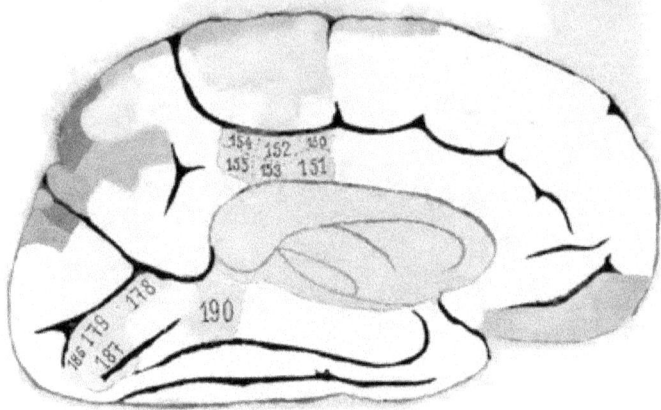

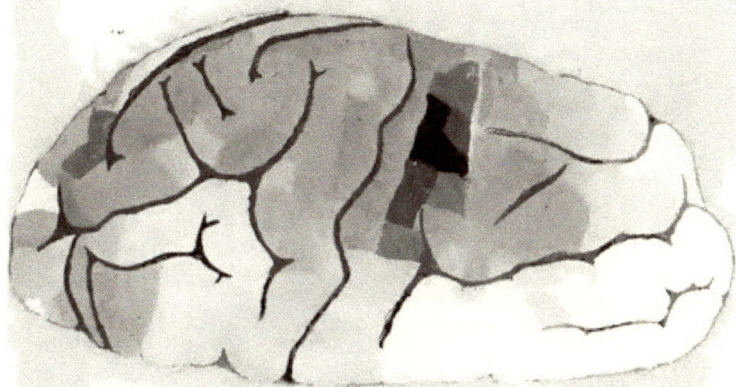

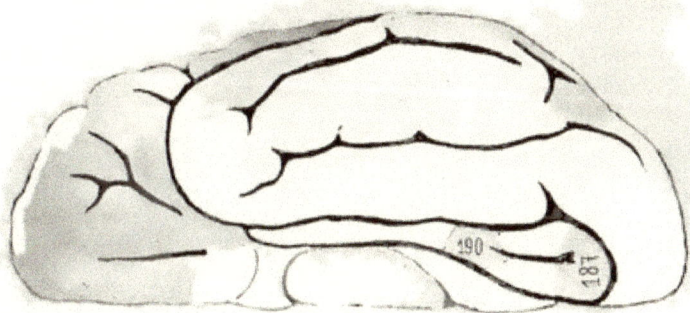

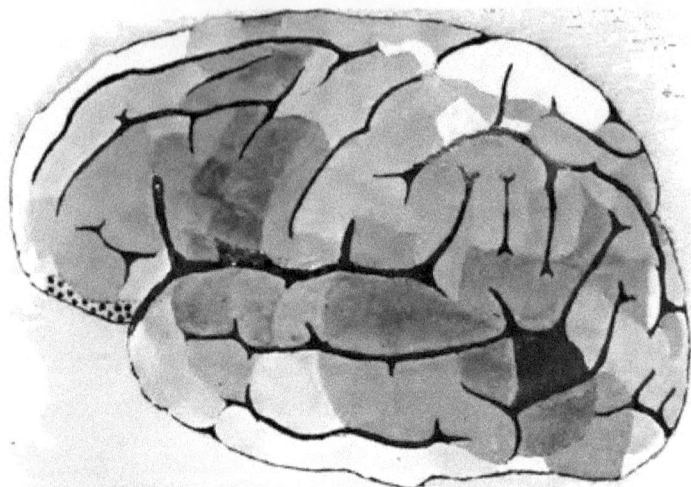

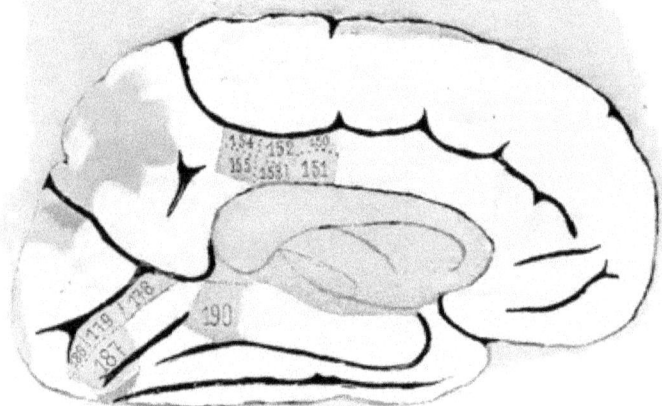

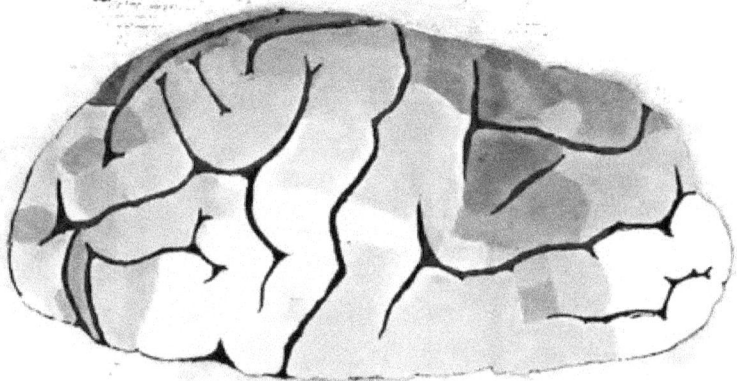

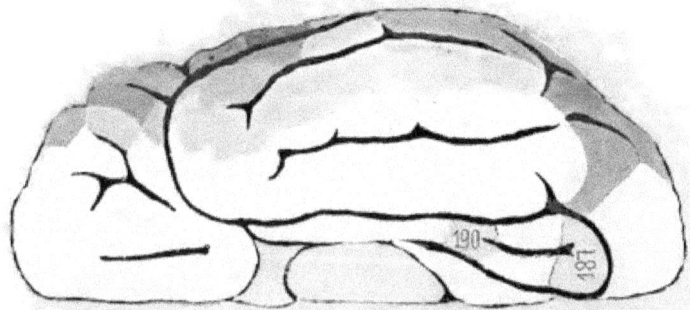

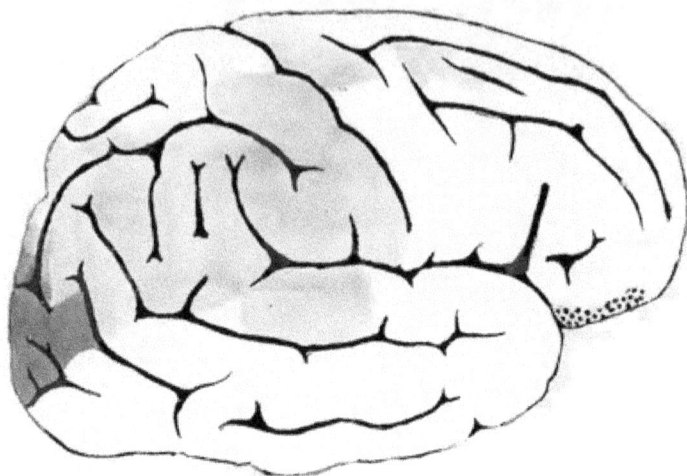

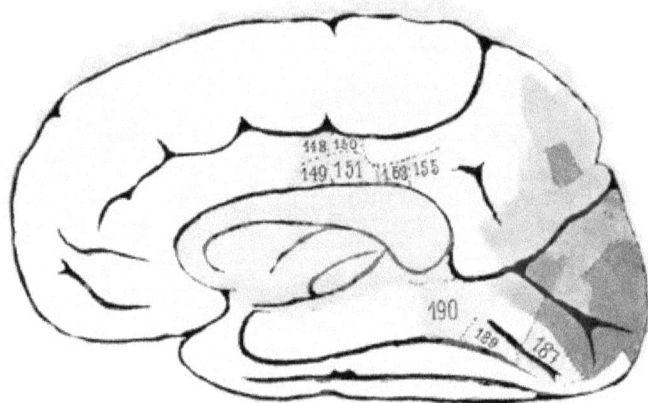

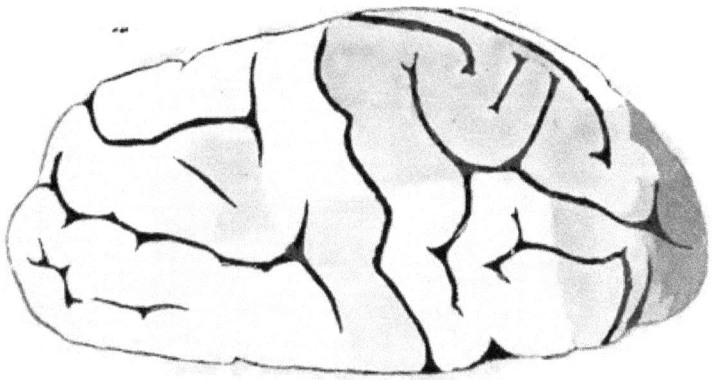

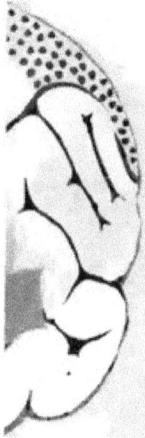

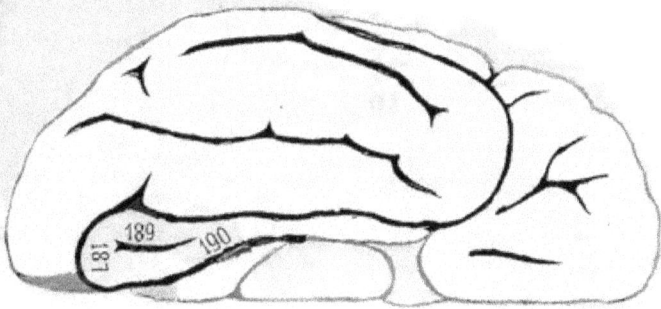

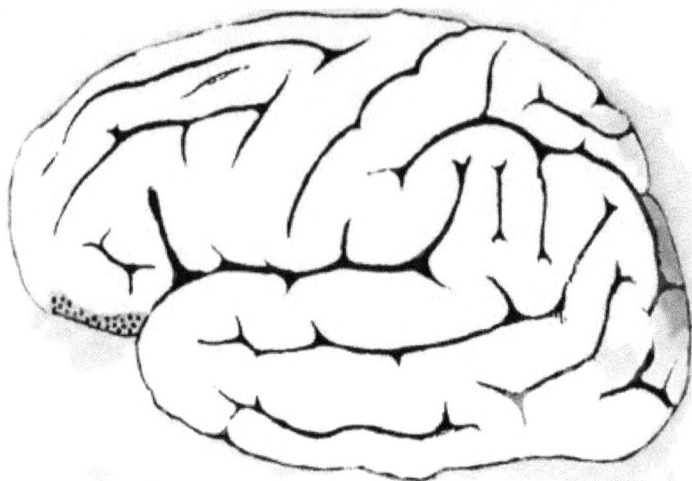

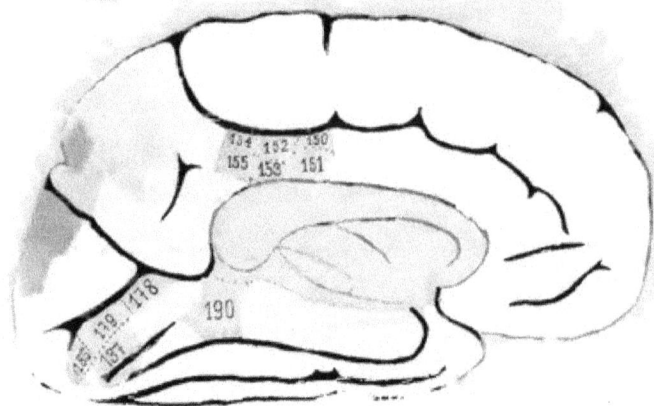

134 152 150
155 158 151

139 178

190

TAF XXIV

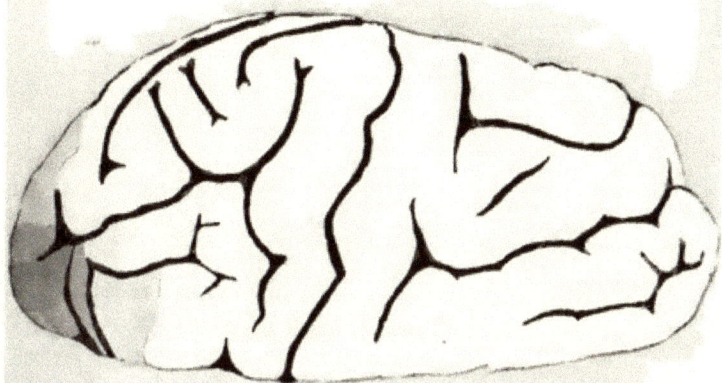

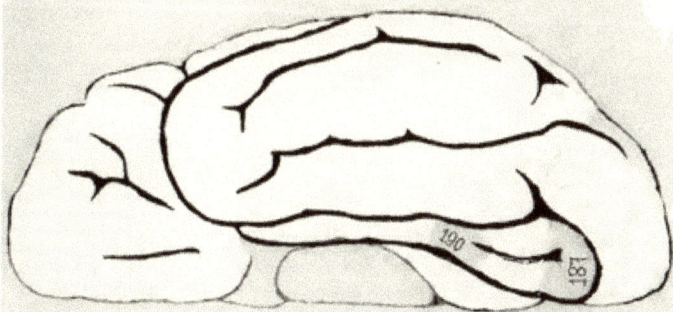

49 — 40   39 — 30   29 — 20   19 — 10   9 — 1

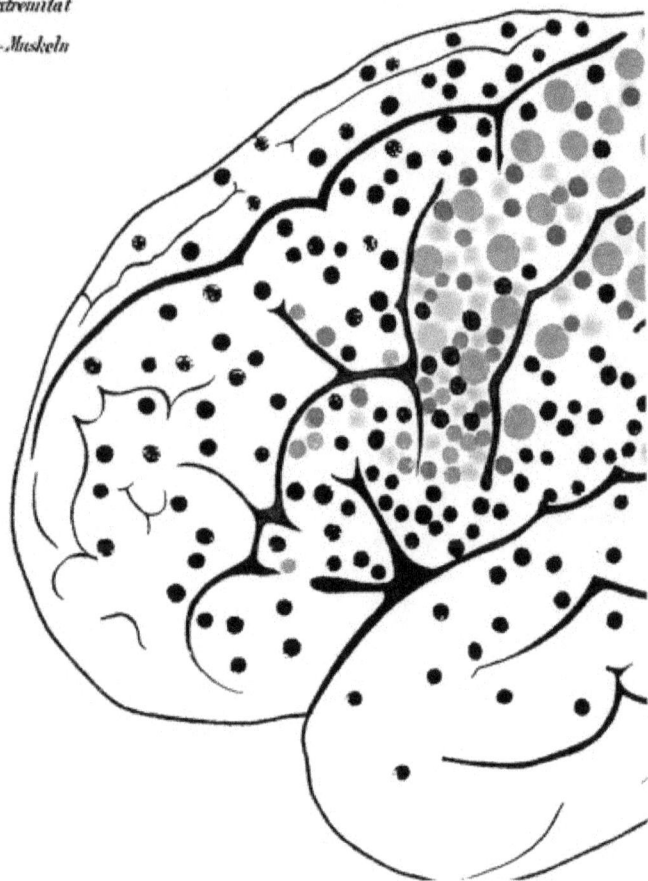

Obere Extremität

Untere Extremität

Facialis-Muskeln

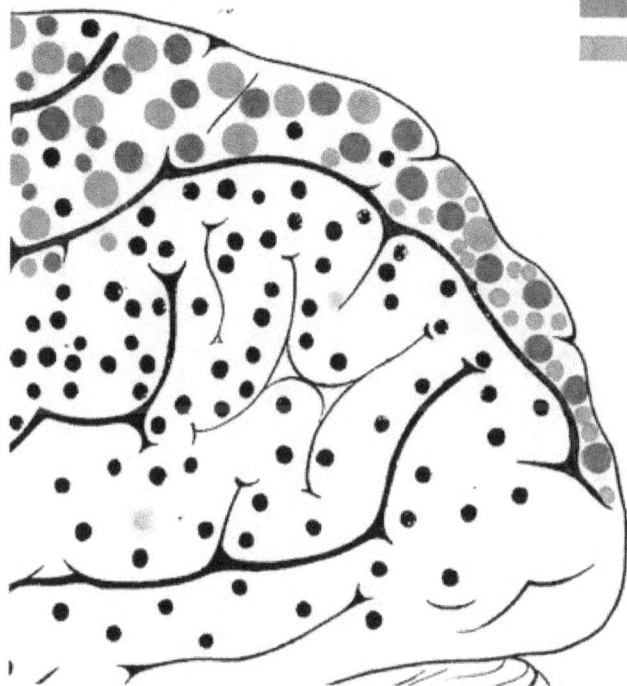

Hypoglossus - Muskeln
Sprache
Gesichtssinn

www.ingramcontent.com/pod-product-compliance
Lightning Source LLC
Chambersburg PA
CBHW021514210326
41599CB00012B/1247